Diagnose in mechatronischen Fahrzeugsystemen VIII

Bernard Bäker, Andreas Unger (Hrsg.)
und 40 Mitautoren

TUDpress

Diagnose in mechatronischen Fahrzeugsystemen VIII

Neue Verfahren für Test, Prüfung und Diagnose von E/E-Systemen im Kfz

Prof. Dr.-Ing. Bernard Bäker
Dipl.-Ing. Andreas Unger (Hrsg.)
und 40 Mitautoren

TUD*press*
2014

Bibliografische Information der Deutschen Nationalbibliothek
Die Deutsche Nationalbibliothek verzeichnet diese Publikation in der Deutschen Nationalbibliografie; detaillierte bibliografische Daten sind im Internet über http://dnb.d-nb.de abrufbar.

Bibliographic information published by the Deutsche Nationalbibliothek
The Deutsche Nationalbibliothek lists this publication in the Deutsche Nationalbibliografie; detailed bibliographic data are available in the Internet at http://dnb.d-nb.de.

ISBN 978-3-944331-59-1

Verlag der Wissenschaften GmbH
Bergstr. 70 | D-01069 Dresden
Tel.: 0351/47 96 97 20 | Fax: 0351/47 96 08 19
http://www.tudpress.de

Gesetzt vom Autor.
Printed in Germany.

Vorwort

Der Wunsch nach mehr Sicherheit, Komfort und Energieeffizienz durch neue Assistenzsysteme, sowie mobilen Internetanwendungen im Fahrzeug erfordert die Entwicklung einer Vielzahl miteinander vernetzter mechatronischer Fahrzeugsysteme. Um den Zielkonflikt zwischen Individualisierung der Fahrzeuge und kostengünstiger Entwicklung und Fertigung zu lösen, wird der größte Teil dieser Systeme mit flexibel konfigurierbaren Hard- und Softwarestrukturen realisiert.

Durch diese zunehmende Variantenvielfalt und der Vernetzung zwischen dem Fahrzeug, seiner Umwelt und dem Kunden ergeben sich neue Herausforderungen für die technische Systembeherrschung in Bezug auf Sicherheit, Zuverlässigkeit und Risikoanalyse sowie der Erfüllung gesetzlicher Vorgaben und somit der Diagnose. Diese Herausforderungen betreffen in verschiedenen Detaillierungsstufen den gesamten Fahrzeuglebenszyklus.

Remotediagnose, „End to End"-Diagnosemethoden bei domänenübergreifenden Systemen, neue Standardisierungen wie OTX, ODX, WWH-OBD, wissensbasierte Diagnoseverfahren und neue Fehlererkennungsmechanismen in Steuergeräten prägen dabei die Zukunft der Fahrzeugdiagnose. Hierbei zeichnet sich ein Technologiesprung hin zur Diagnose 4.0 ab.

Anhand aktueller Entwicklungsberichte, Systemvorstellungen und Praxisbeiträgen werden auf der 8. Tagung „Diagnose in mechatronischen Fahrzeugsystemen" der aktuelle Stand und die Trends für F&E im Themenfeld Diagnose, Test und Prüfung vorgestellt. Beschreibungen zu neuen innovativen Technologien und Konzepte von zukünftigen denkbaren Systemlösungen runden die Darstellungen ab.

Dieses Buch entstand anlässlich der 8. Tagung „Diagnose in mechatronischen Fahrzeugsystemen" in Dresden und wendet sich gleichermaßen an Entwickler, Konstrukteure und Personen aus den Bereichen: Forschung, Entwicklung, Produktvalidierung, Qualitätsmanagement, Produktion und After Sales.

Ein besonderer Dank gilt allen Autoren und Referenten, die mit ihren aktuellen und interessanten Beiträgen dieses Buch ermöglicht haben. Ein weiterer Dank geht an Frau Bock und Frau Wrenczycki von der CMD Congress Management GmbH in Dresden und Frau Schüßler vom TUDpress Verlag in Dresden für die gute Zusammenarbeit.

Dresden, im Mai 2014

Andreas Unger

Bernard Bäker

Inhaltsverzeichnis

Diagnose im Steuergerät

Zukunft der Offboarddiagnose

OBD

Keynote

1 Diagnose 4.0 - Herausforderungen durch zunehmende Vernetzung zw. Fahrzeug, Kunde und Umwelt

Dipl.-Ing. **Marc-Oliver Nandy**, Dr. **Ralf Schmidgall**, Daimler AG, Stuttgart

Abstract

Since the beginning of classical vehicle diagnosis in the 1980s the customers' expectations, vehicle functionalities as well as the technology have been changed significantly. In the past a vehicle was a singular object and diagnosis only an expert tool. Today we recognise a continuously increasing crosslinking between the vehicle, its environment and the customer.
New vehicle's functionality and driver assistance systems as well as their connectivity to external systems provide new issues from diagnosis perspective.
Due to those aspects and to fulfil all these challenges we need an additional technology leap and a new diagnostic generation 4.0.

Kurzfassung

Seit dem Beginn der klassischen Fahrzeug-Diagnose in den 1980er Jahren haben sich Kundenerwartungen, Fahrzeugfunktionen und Technologie deutlich verändert. Während das Fahrzeug in der Vergangenheit als alleinstehendes Objekt betrachtet werden konnte und die Diagnose ein Tool für Experten war, erleben wir derzeit eine zunehmende Vernetzung zwischen dem Fahrzeug , seiner Umwelt und dem Kunden.
Neue Fahrzeugfunktionen und Assistenzsysteme sowie deren zunehmende Verbindung mit einem vernetzten Umfeld stellen auch die Diagnose vor neue Aufgaben.
Um den zukünftigen Herausforderungen begegnen zu können, bedarf es eines weiteren Technologiesprungs hin zur Diagnose 4.0.

2 Demonstration of Secure On-Board Diagnostics

Dr. **Stephanie Bayer**, Dipl.-Math. **Thomas Enderle**, **Petr Vyleta**, ESCRYPT GmbH, München

Abstract

The onboard diagnostics interface of a vehicle allows efficient access to the vehicle's electronics. On the one hand this level of access is vital for maintenance; on the other hand this interface also provides an easy way for unauthorized persons to gain access to various critical services of an ECU (Electronic Control Unit). Many tools available on the market enable even beginners to tamper with the car, e.g. manipulate the software, change the mileage or misuse diagnostic services.
To avoid unauthorized access to the electronics and to protect services against manipulation, automotive industry adopted the use of simple security measurements, e.g. simple challenge-response protocols specified in ISO 14229[4]. However, most of those security measures are easy to circumvent and therefore they will not be able to satisfy security demands in the future.
The authors of [6] discussed possible security risks and gave an outline of methods how to secure communication between diagnostic testers and ECUs. One of these methods is to enhance the UDS protocol. This paper provides an overview of different approaches building on said method, which offer different levels of security and usability, e.g. by using pre-stored public keys or certificated based authentication. The applicability of the proposed solutions is demonstrated by giving performance results obtained from a specially built demo implementation.

Kurzfassung

Die Diagnoseschnittstelle eines Fahrzeuges erlaubt effizienten Zugang zu der Fahrzeugelektronik. Einerseits spielt dieser Zugang bei der Wartung eine große Rolle, aber anderseits erleichtert dieser Zugang auch unberechtigten Zugriff auf die Fahrzeugelektronik. Im Handle verfügbare Diagnosegeräte erlauben es auch unerfahrenen Personen die Software anzupassen, den Kilometerstand zu verändern oder den Diagnose-Service auf andere Weise zu missbrauchen.
Um die Fahrzeugelektronik vor unberechtigten Zugang und Manipulation zu schützen hat die Automobilindustrie angefangen einfache Sicherheitslösungen umzusetzen, z.B. das einfache Challenge-Response Protokoll, beschrieben in ISO 14229 [4]. Leider sind diese Sicherheitslösungen einfach zu umgehen und werden deswegen nicht den hohen Sicherheitsbedarf der Zukunft erfüllen.
In [6] gaben die Autoren eine kurze Übersicht über die Schwachstellen der Diagnoseschnittstelle und der verbundenen Risiken, die Autoren gingen aber auch auf mögliche Lösungen ein. Dieser Beitrag führt die Arbeit weiter und gibt einen Überblick über verschiedenen Methoden die auf dem vorhandenen UDS „Seed and Key" Protokoll aufzubauen. Zum Beispiel ist es möglich die Authentifizierung mit Hilfe vorgespeicherten Schlüsseln oder auf mit Hilfe von kryptographischen Zertifikaten zu entwerfen. Die Anwendbarkeit der verschiedenen vorgeschlagen Lösungen wird durch Messwerte gezeigt.

1. Introduction

In the nineties of the last century OBD-I and OBD-II, respectively EOBD, were introduced as manufacturer independent electronic onboard diagnostic interfaces for vehicles. From then onwards access to the car's electronic over these interfaces was very easy. On the one hand, this level of access is vital for maintenance; on the other hand, this interface also provides an easy way for unauthorized persons to gain access to various critical services of an ECU (Electronic Control Unit). Many tools available on the market enable even beginners to tamper with the car. For example the mileage of a vehicle can now be changed in a few seconds without leaving any traces by using a diagnostic tester [2], or Koscher et al. [3] describe how one can change parameters or circumvent the electronic locking system. Therefore, the introduction of the onboard diagnostic interface is also a big milestone for automotive security [1], since such attacks need to be avoided.

Automotive industry had learned from these examples and adopted the use of simple security measurements. For instance they implemented the simple challenge-response-protocol as specified in ISO 14229 [4], to avoid unauthorized access to the electronics and to protect services against manipulation. However, most of those security measures are even now easy to circumvent and therefore they will not be able to satisfy security demands in the future. More specifically, the usage of electronics and diagnostic interfaces inside of vehicles is expanding very quickly; hence, financial critical and driver related data is processed inside the vehicle, and leakage and manipulation of this data is to be avoided at all cost.

The authors of [6] discussed possible security risks and gave an outline of methods how to secure communication between diagnostic testers and ECUs. One of these methods is to enhance the UDS protocol. This paper provides an overview of different approaches building on said method, which offer different levels of security and usability, e.g. by using pre-stored public keys or certificate based authentication. The applicability of the proposed solutions is demonstrated by giving performance results obtained from a specially built demo implementation.

2. Background

Automotive industry is using many different bus systems and diagnostic standards, among them the European On-Board-Diagnostic (EOBD) standard. Since 2004 EOBD is mandatory in Europe for all vehicles. This standard defines the diagnostic connector (OBD), manufactory-independent Diagnostic Trouble Codes (DTC), and the coverage of the on-board diagnostics. Diagnostic communication is used to connect the in-vehicular diagnostic service with external diagnostic tools. One of the most used communication protocols is the Unified Diagnostic Services (UDS) Protocol, which is implemented by many automotive manufacturers. The purpose of UDS is to get information from or set values in various ECUs in the car.

UDS was specified in ISO 14229 [4] and describes different messages and data sequences that allow, for instance, to establish different level of access, to read out error memory, or to update software on an ECU. For all this UDS is the mutual foundation and allows creating a set of different diagnostic services, which can be used manufacturer-independently. However, the UDS standard describes functional specifications and does not specify in detail how the diagnostic services should be implemented in detail.

Even more, the standard does not specify any security mechanism; for instance, when accessing basic functionality, there is no authentication needed. Therefore, the diagnostic interface is not only useful for garages, but also enables unauthorized persons to access in-vehicular ECUs and diagnostic services. This can lead to various attacks, as discussed by the authors of [6]. For example, an attacker could overload CAN busses with data and provoke Denial of Service attacks, or send malicious data which triggers unwanted behavior of ECUs. In fact, the authors of [3], [4] were able to hack a vehicle and for instance stop the brake to work completely.

Some diagnostic functions are defined in the standard to be only available for authorized users and to protect these functions UDS provides *Security Access* functionality. The access protocol for UDS is a challenge-response protocol, called "Seed-and-Key", the general message flow can be found in Figure 1. In this paper we will use challenge-response to describe the protocol, to prevent notational confusions. In UDS the challenge is called seed and the response called the key. The diagnostic tester request access to a secured function and the ECU challenges the tester with a random number. Using a secret key the tester calculates a response and sends this value back to the ECU. The ECU can verify the answer and authorize the tester to use the requested function.

However, the UDS standard does not specify in detail how the Security Access should be implemented and which cryptographic algorithms should be used. For instance, it is recommended to calculate a new challenge value for each access request. If the same challenge is used more than once, the access could be circumvented by replaying recorded data without knowing the underlying algorithm. Another problem is that often very short challenges and response values are used [3] and therefore the access can be broken using Brute Force.

Furthermore, UDS is normally used over CAN and CAN broadcasts the messages to all available receivers without any authentication of the sender. This allows an attacker to hijack an active session. This problem could be avoided if the UDS service included authentication and integrity checks.

Another problem is that for organizational reasons the same symmetric keys are used in many cars and these keys have to be saved in many testers. In the moment an attacker can obtain the symmetric key in one way or the other, he is able to attack all vehicles which use the same key.

In the rest of the paper we will discuss how those shortcomings can be fixed and give also some performance results.

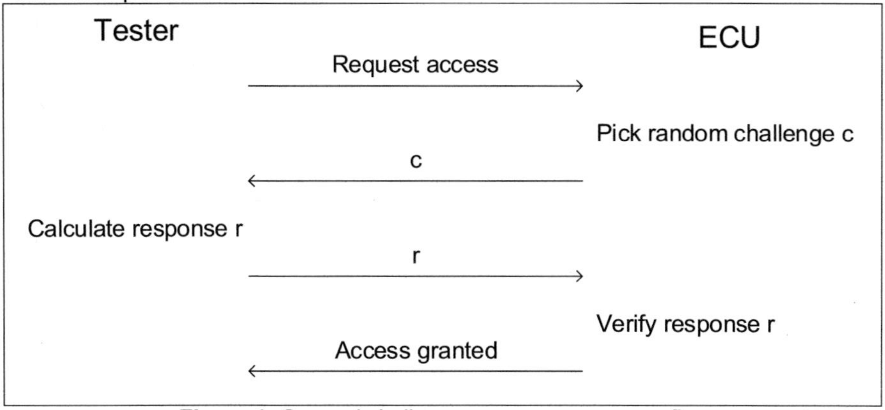

Figure 1: *General challenge-response message flow*

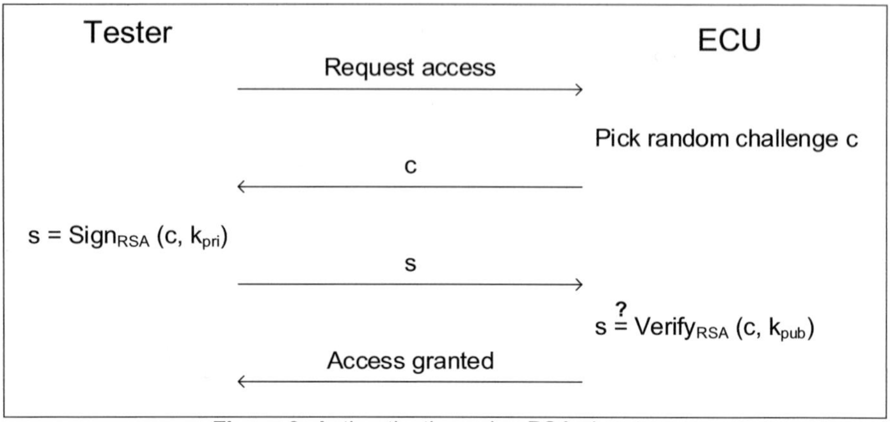

***Figure 2:** Authentication using RSA signatures*

3. Security Solutions

The simple challenge-response protocol defined for secure access in UDS is far behind the security required today. We will show several proposed methods of authentication with increased security level. Figure 1 shows that we can treat the Security Access protocol as a simple two stage message exchange scheme. This flexibility allows us to implement a wide range of authentication methods. We can even perform key agreement and secure any further communication, while still following the UDS standard.

3.1 Authentication

The Security Access protocol described in the UDS standard is a simple challenge-response protocol which only states that the diagnostic tester should answer the challenge with a valid response calculated from the challenge and a secret cryptographic key. It is not specified how this response is calculated from the challenge. One way could for instance be that the diagnostic tool calculates a response from the challenge using a linear function. However, linear functions usually cannot provide adequate security. A more secure approach is that the tester calculates a digital signature for the received challenge using a cryptographic key. A digital signature gives a recipient the possibility to verify that a message has indeed been sent by the sender and has not been altered.

Authentication Using RSA-Signatures
The simplest authorization method based on signatures is that the tester has a fixed private RSA key k_{pri}, and the ECU knows the corresponding public key k_{pub}. Having received the challenge from the ECU the tester will calculate the RSA signature for the challenge using its private key and send the signature back to the ECU, see Figure 2.
This method resembles a one way authentication of the tester to the ECU; there is no authentication of the ECU to the tester. The method is simple to implement and if the

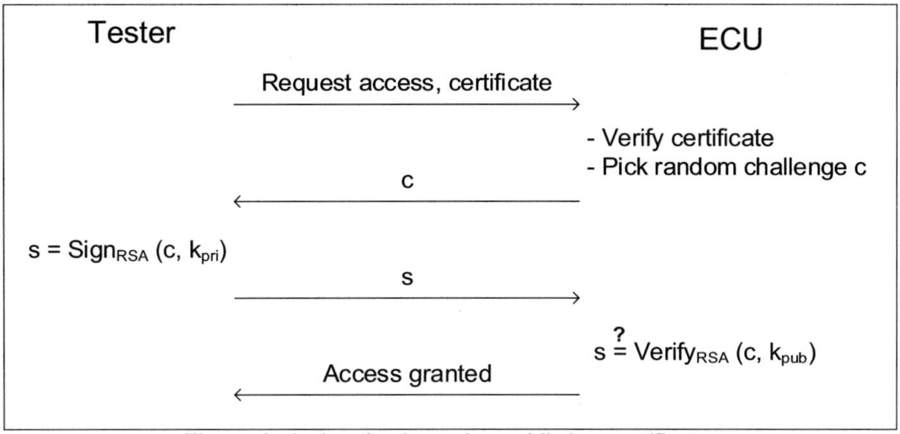

Figure 3: *Authentication using public key certificates*

public and private key are chosen correctly, then the verification of the RSA signature is orders of magnitude faster than signature generation, which lightens the load for the ECU. In total only one RSA signature has to be transferred from the tester to the ECU.

This solution however requires that the public/private key pair is fixed. This means that either every single ECU has to store the public key of every allowed tester, which is impossible memory wise. Or a public/private key pair has to be distributed to a large set of testers, which is a security threat for the following reason: If (or to use a more realistic term - when) even a single tester gets compromised, the whole system is compromised and there is no easy repair short of exchanging all key pairs simultaneously. Furthermore this solution allows no integrity or authentication checks on the communication sent between the tester and the ECU.

Authentication Using Certificates

To overcome some of the problems using basic RSA signature we can base the authentication on RSA certificates. For this solution a Public Key Infrastructure (PKI) with a trusted Certificate Authority (CA) is needed. A Certificate mainly consists of a public key, signed using the public key of the CA. This enables every tester to have its own unique key pair, but be recognized as legitimate by presenting its public key in form of a CA signed certificate.

The ECU knows the public key of the CA, trusts the validity of it, and trusts the CA to only sign legitimate certificates. The tester owns a signed certificate with the corresponding public/private key pair. Having received an access request, the ECU checks first the correctness of the public key by verifying the certificate using the CA's public key. After the tester has received the challenge, it will calculate a signature for it using its private key. The tester sends this signature together with its public key certificate to the ECU and the ECU verifies the correctness of the signature for the challenge using the tester's public key.

This addresses the main drawback of plain RSA authentication, which is that an ECU has to save a public key for each tester. In the certificate based solution every tester can have a different RSA key pair, and the ECU still stores only one single RSA public key, that of the Certificate Authority.

This approach possesses little performance difference, since the ECU has to perform only one more signature verification. The biggest drawback of using certificates is that much more data needs to be transmitted compared to the approach using plain RSA. However, by choosing a suitable certificate type, we can limit the impact of this drawback.
It is important to mention, that similar to RSA signatures the leakage of a private key gives access to all OBDs. But, certificates can be time limited, permission limited, etc., which limits the impact of this drawback. The first counter measurement gives an attacker only a limited time frame and the second can restricted the access to a small subset of the ECUs. Furthermore, it is possible to exchange certificates very easily on a tester, which allows updating the certificates periodically.
Permission limitation in certificates allows also for finer granularity in giving access rights to one ECU, which gives the certificate holder a pre-specified level of access to an ECU.
Communication after a successful authentication is, however, still unsecured. An attacker can still hijack the session after a successful authentication, and could perform potentially harmful actions. The attacker simply needs to wait for a successful, legitimate authentication and can then send his own commands. This attack would, for example be applicable in the case of chip tuning, where the owner of the car plants an attack device on its bus before a regular garage check-up; another example is that a virus on an infected ECU uses that check-up for spreading to other ECUs.

3.2 Secure Channel

While UDS does not specify any means of secured communication, there are possibilities for the vehicle manufacturer to specify their own services and sessions with their own message flow, which allows using secured communication. We can still use the Security Access service for the authentication and key agreement necessary to establish such a secured channel.
Such a channel can either protect the authenticity of the communication against illegitimate modification with a symmetric MAC (Message Authentication Code), or, in addition also protect confidentiality of the messages, in order to prevent an attacker from reading any communication content. This could be achieved with the addition of a symmetric cipher. There are cipher modes (such as GCM) that combine MAC and encryption. It is vital not to forget authentication, because encryption alone would still be susceptible to manipulation attacks.
Nonetheless these methods for securing the communication require the presence of a shared, secret key on both the tester and the ECU. It is advisable, that this secret key is different for each ECU and tester (key diversification, prevent a single successful attack to be reusable for other ECUs and testers), and that it is different for every authentication (prevent a single successful attack to be reusable for other sessions on the same ECU). Thus, after both parties have been authenticated to each other, they have to perform a key agreement, that is, to compute a shared secret from which they both can derive one or more symmetric keys for channel protection using some method previously agreed on.
One of the most widely used key agreement schemes is the Diffie-Hellman scheme. Originally designed for cyclic groups over finite fields, it is also possible to use an elliptic curves (ECDH) variant. ECDH has the advantage that calculations are much faster and the involved elements tend to be smaller for a similar level of security.

Classical Diffie-Hellman

Establishing a shared secret using the Diffie-Hellman key exchange scheme requires firstly a cyclic group over a finite field described by primes q, p and a generator g. Since these parameters are not private information, it is highly recommended to use some fixed, predefined parameters which are considered not to have any known security weakness [7]. In the first step the ECU picks a random number α smaller than q and calculates the Diffie-Hellman public key $a = g^{\alpha} \bmod p$, and sends a to the tester. The tester picks β smaller than q and calculates the Diffie-Hellman public key $b = g^{\beta} \bmod p$, and sends b to the ECU. Both parties can then calculate the shared secret $s = b^{\alpha} = a^{\beta} \bmod p$, see also Figure 4.
Now both parties are in possession of shared secret s smaller than p and they can use a key derivation function to create a shared key for a symmetric encryption scheme. In the last step the ECU will send a key confirmation to the tester in order to verify that both sides created the same shared symmetric key. Note that this is necessary to thwart some classes of attacks.

Elliptic Curve Diffie-Hellman (ECDH)

The Diffie-Hellman key exchange for elliptic curves works similar to the classical Diffie-Hellman key exchange. In this case, a description of a cyclic group over an elliptic curve is required. As an additional optimization, we considered a slightly variation of the C(0,2) scheme, which itself is a variant of ECDH using a static shared key with bidirectional key confirmation, as proposed in Section 5.2.1 of [8].
Introducing random nonces from both parties is used in the key derivation to make the resulting key different for every new authentication in order to avoid session replay, see Figure 6 for details.
This variant of the ECDH allows us to omit the calculation of Diffie-Helman public keys a, b after the first successful authentication Instead the tester and the ECU will have a signed ECC certificate and each party uses the public ECC key of the other party and its own private key to calculate the static shared secret, which will be constant for any later session between those specific parties.
An advantage of the static shared key variant is that both parties could cache the value of the static shared intermediate secret for some time and only derive the shared key from it by using new nonce in each step. That allows two previously authenticated parties to vastly speed-up the authentication and key agreement.

3.3 Additional Security Measures

In order to further secure the access, it is possible to store the tester's private keys or the certificates on a Smart Card. The authentication protocols look exactly the same as without the Smart Card, the only difference is that the tester's part is partly done on the Smart Card. From the ECU point of view, it makes no difference if a Smart Card is being used or not. The advantage of this method is, that a Smart Card can have special hardware protection measures and thus can protect the private key much better than a tester.

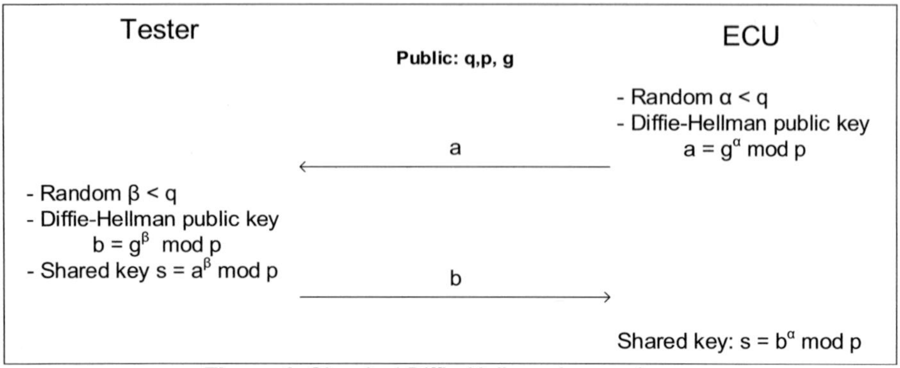

Figure 4: *Classical Diffie-Hellman key exchange*

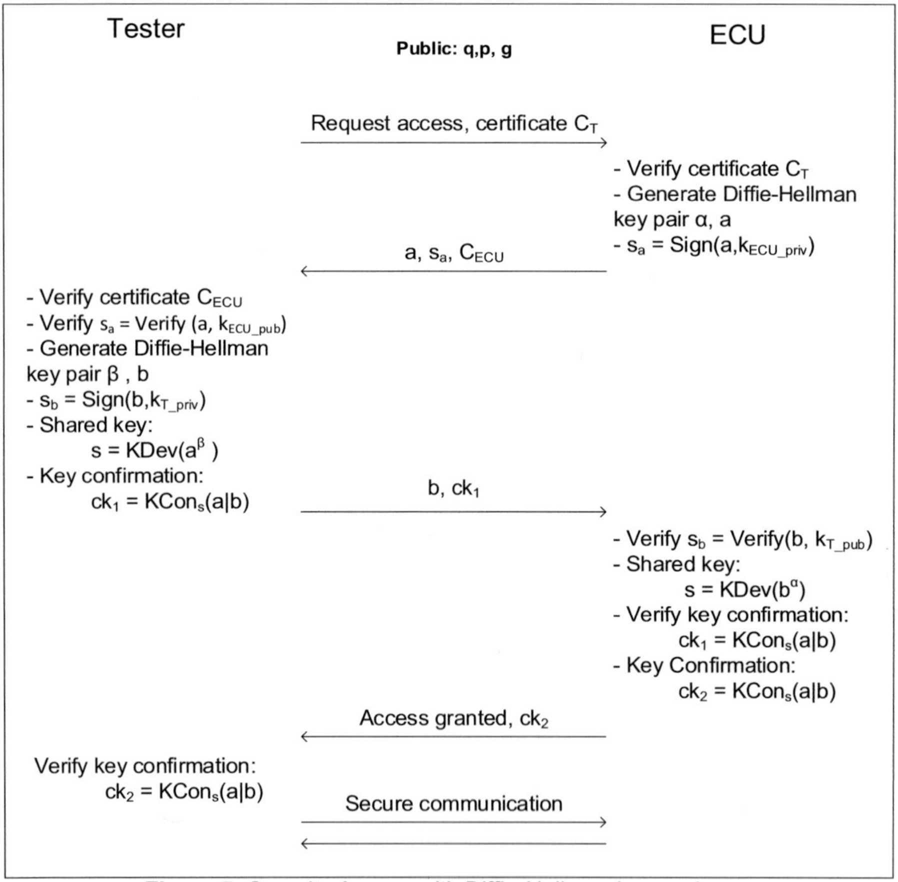

Figure 5: *Security Access with Diffie-Hellman key exchange*

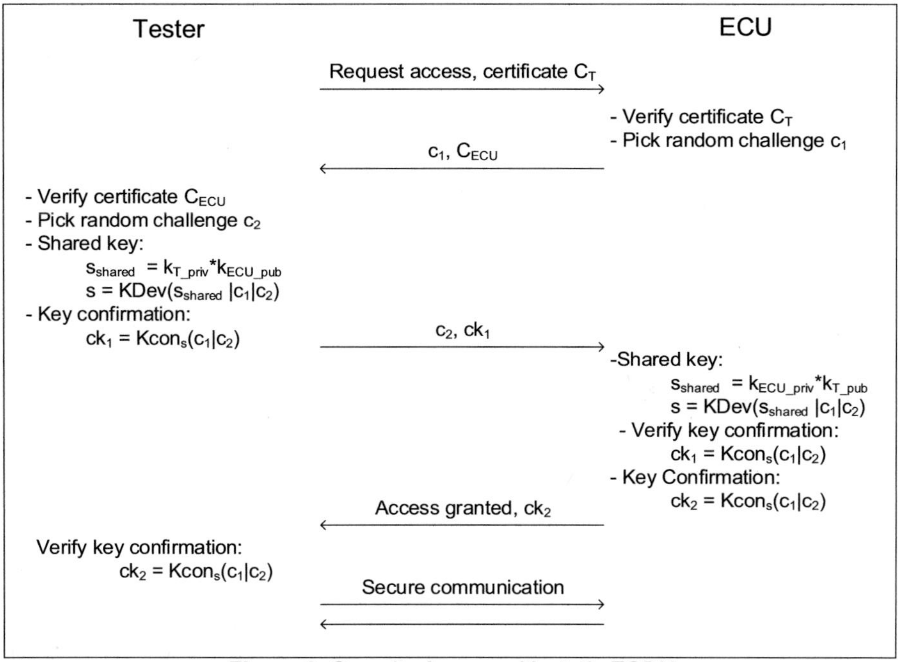

Figure 6: *Security Access with static ECDH*

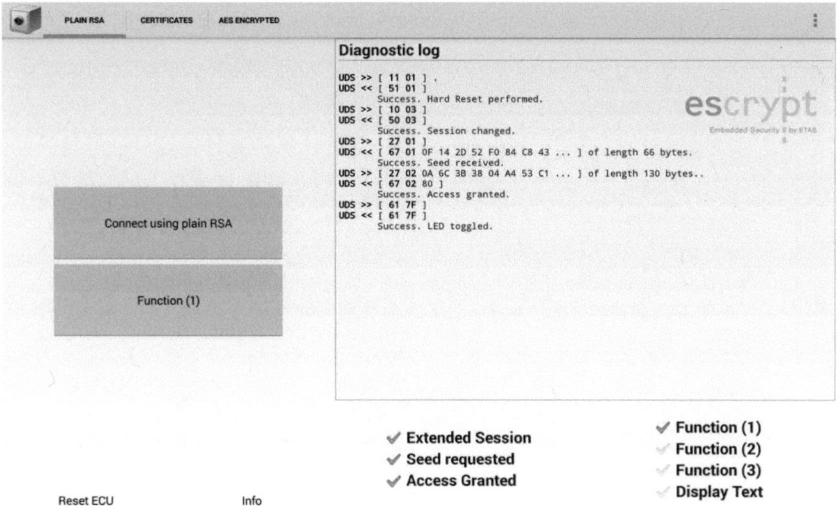

Figure 7: *Interface of demo*

4. Demo

For the demo setup, we used an Arduino DUE which represents the ECU, and an Android 4.4 tablet representing the Tester. They are connected using a serial line over USB.

4.1 ECU Model

The functionality of our ECU model is very simple. It can display the currently active session and level of authentication on a 20x4 characters display. The protected functionality is simulated by three LEDs which can be toggled only after Security Access was given to the tester.

4.2 Tester Application

The application on the tablet has a very simple button interface which enables to perform authentications and to execute the protected functionality, see Figure 7. The log on the right is showing the communication with the ECU and the user can check for a success or a fail of the required action.

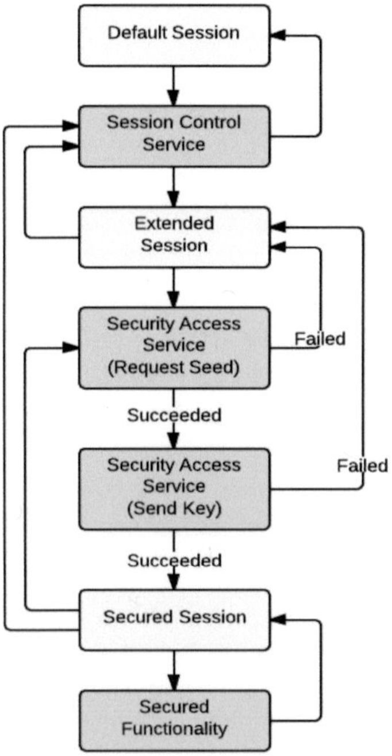

Figure 8: *Control flow to access secured session*

4.3 Communication

The communication between the ECU and the tester is implemented via Serial line over USB. Only the UDS application layer protocol was implemented, we did not take into account any lower level protocols like CAN. In addition we didn't have to implement any addressing since the Tester is connected to the ECU directly. So we are sending only the payload of the UDS message without the addressing part of the UDS Application protocol data unit.

4.4 Authentication Process

To demonstrate that our solutions for secure access are working we defined different "Secured Sessions". These sessions are inaccessible through regular Session Control service, but rather after successful authentication. Different protected functionality is defined to be executed from different secured sessions after successful authentication.

After boot-up the ECU is set into so called Default Session which allows only for limited functionality, it is not even possible to call Security Access. The Security

Access functionality can only be accessed from a non-default session; we have chosen to use the Extended Diagnostic session for this. Figure 8 shows the control flow to access a secured session.

4.5 Algorithms and Standards

In the Section 3 we have discussed general methods used for authentication and establishing secured communication. In this section we will give a short overview of asymmetric and symmetric encryption algorithms, hash functions etc. used in our demonstration setup, see Table 1.
The algorithms and parameters were chosen so that they offer a bare minimum level of security, which means that there are no practical feasible attacks against them at the time of writing. At the same time the performance is fast enough to be used in practical applications, see also Section 5. It has to be mentioned here, that for implementations in the field it is highly recommended to use cryptographic algorithms and parameters which offer a higher level of security, as those implementations will be in the field for decades, during which attacks will be refined and computational resources available to attackers will get much (in the past exponentially) cheaper [7].

5 Results

We have not implemented every possible combination of the above stated algorithms, but rather we decided for a subset of combinations which demonstrates the possibilities and advantages of implementing more "advanced" methods. In Table 2 we can see the list of combinations which were implemented.
Table 3 shows the times our demo need for the authentication process and for the key agreement. The times presented are not including the time needed for communication, which is around 200 ms.

Domain	Option	Description
Signature	RSA	Standard 1024-bit RSA signature.
	ECDSA	160-bit elliptic curve digital signature.
Certificate	X.509	X.509 certificates standardized by ITU-T [9]
	CVC	Card Verifiable Certificates.
Hash	SHA-1	160-bit hash function
	RIPEMD	160-bit hash function used for legacy reasons inside CVC
Key Exchange	Diffie-Hellman	Traditional Finite Field Diffie-Hellman key agreement over a 1024-bit finite field.
	ECDH	Static elliptic curve Diffie-Hellman using a 160-bit Brainpool elliptic curve.
Symmetric Cipher	AES-GCM	AES-128 used in the GCM mode to encrypt and authenticate data

Table 1: Overview of algorithms and standards used

We see that the performance of the tester is faster than the ECU. Even though we did put the more computationally difficult operation on the tester, it still outperformed the ECU. This will happen in the real world as well, since normally the ECU has only limited computationally power, whereas the tester can be quite powerful. The performance of the Smart Card based solution is slower; however, the whole authentication is still less than one second and therefore feasible for real life.
We see that the performance of the authentication based on RSA signatures without certificates is really fast, for the ECU. Using certificates doubles the time, but this was expected, since two signatures need to be verified.
The performance of the classical key agreement is very slow, around 9 second for the ECU and around 1 second for the tester side using a Smart Card. We see that the implementation based on elliptic curves gives us better performance; in this case the key agreement can be carried out in less than 2 seconds on the ECU. Also the performance gain of using a cached static shared secret is quite noticeable; in this case the whole key agreement has the same performance a basic authentication.
It is also worth to note that the secured communication is by its speed indistinguishable from the unsecured communication.
All in all our results show that the proposed solutions are applicable in real life, besides the variant based on the classical Diffie-Hellman key agreement.

Authentication	Certificate	Signature	Hash	Key Agreement	Secure channel	Storage of certificate / private key
Plain RSA	n/a	RSA	SHA-1	n/a	n/a	Tester
Certificate	X.509	RSA	SHA-1	n/a	n/a	Tester
	CVC	RSA	SHA-1	n/a	n/a	Tester
	CVC	RSA	SHA-1	n/a	n/a	Smartcard
Secure Channel	CVC	RSA	SHA-1	DH	AES-GCM	Tester
	CVC	RSA	SHA-1	DH	AES-GCM	Smartcard
	CVC	ECDSA	SHA-1	ECDH	AES-GCM	Tester

Table 2: Combination of algorithms used

Authentication	Certificate	Signa-ture	Hash	Key Agree-ment	Time Authentication ECU / Tester	Time Key Agreement ECU /Tester
Plain RSA	-	RSA	SHA-1	n/a	150 ms / 100 ms	-
Certificates	X.509	RSA	SHA-1	n/a	300 ms / 100 ms	-
	CVC	RSA	SHA-1	n/a	300 ms / 100 ms	-
	CVC/ Smart Card	RSA	SHA-1	n/a	300 ms / 900 ms	-
Secure Channel	CVC	RSA	SHA-1	DH	-	9 s / 200 ms
	CVC/ Smart Card	RSA	SHA-1	n/a	-	9 s / 1000 ms
	CVC	ECDSA	SHA-1	ECDH	-	1500 ms / 100 ms
	CVC	ECDSA	SHA-1	ECDH – cached	-	150 ms / 100 ms

Table 3: Performance measurements of our demo

6 Conclusion

We illustrated briefly possible security risks and provided an overview of different approaches built on the UDS Security Access service. Different variants can be constructed that offer different levels of security and usability. It is possible to use pre-stored keys, which gives a lower level of security compared to using certificates. Certificates offer similar performance results and enable subsequent secure communication. With the exception of fined field based DH, all of the proposed solutions are feasible in practice as demonstrated by our specially built demo implementation.

Literatur

[1] Marko Wolf. „Automotive Security: Vom Tachodreh zum Autovirus“. In *Elektronik automotive* 10/2012.

[2] A.V. Thiemel, M. Janke, B Steurich. “Tachomanipulation – Technisch Vorbeugen”. ATZ Elektronik 02/2013.

[3] Koscher et al. „Experimental Security Analysis of a Modern Automobile“. In *IEEE Security & Privacy Symposium*, 2010.

[4] ISO 14229. „Unified Diagnostic Services (UDS)“, Revision 2006.

[5] Seite „Fahrzeugdiagnose“, In: Wikipedia, Die freie Enzyklopädie. Bearbeitungsstand: 09. Februar 2014, 13:34 UTC. URL: http://de.wikipedia.org/wiki/Fahrzeugdiagnose

[6] H. Cankaya, T. Wambera, M. Wolf, „IT-Sicherheitsfall Fahrzeugdiagnose“, In Tagungsband Diagnose in mechatronischen Fahrzeugsystemen 2013

[7] A. Lenstra, E. Verheul, „Selecting cryptographic key sizes“, Journal of Cryptology 14, 2001

[8] NIST, „NIST Special Publication 800-56A“, 2007.

[9] ITU-T, “X.509: Information technology – Open Systems Interconnection – The Directory: Public-key and attribute certificate frameworks”, 2005

3 *Quality of Service* in Ethernet-basierten Fahrzeugnetzwerken und ihre Auswirkungen auf die Diagnose

Johannes Römer, **Jan Lautenbach**, P+Z Engineering GmbH, Gaimersheim

Abstract

The continuous advancement of electronic systems heavily influences the technology found in today's cars. This technical progress will leverage new and highly demanding electronic features. The latest generation of infotainment and advanced driver assistance systems is already pushing the well-established automotive network technologies to their limits. Considering the current trend to connect cars among each other, to their environment and to the Internet it seems natural to find a new network system based on IP technology, which is ubiquitous nowadays. Ethernet promises to serve this purpose. This article explains the operation principle of Ethernet and names the challenges arising from its usage as an in-car network. As an example, strategies for managing quality of service are discussed in detail. The text concludes with an attempt to describe the impact this will have on car diagnostic systems in the near future.

Kurzfassung

Die rasante Weiterentwicklung elektronischer Systeme führt auch im Automobil zu immer neuen, technisch extrem anspruchsvollen Funktionen. Infotainment-Komponenten, die in ihrer Funktionsvielfalt aktueller Consumer-Elektronik entsprechen, aber auch die ausgefeilten Fahrerassistenzsysteme bringen die heute üblichen Vernetzungstechnologien an ihre Grenzen. Berücksichtigt man den gegenwärtigen Trend zur Vernetzung des Automobils mit der Umwelt, liegt es nahe, die allgegenwärtige IP-Technologie – die mit DoIP auch die Diagnose erreicht hat – nahtlos ins Automobil zu integrieren. Ethernet ist dafür als bewährte und zugleich skalierbare Technik ein vielversprechender Lösungsansatz. Damit einher geht die Vereinheitlichung der Vernetzungsarchitektur, d.h. die gemeinsame Integration von Funktionen mit unterschiedlichsten Anforderungen an die Dienstgüte. Der Beitrag gibt einen Überblick über etablierte Lösungen zur Sicherstellung der Quality of Service in Ethernet-Netzwerken und deren Evaluierung aus der Perspektive der Automobilindustrie. Als Ausblick werden die in der Vorentwicklung gemachten Erfahrungen auf die zukünftige Diagnose im Fahrzeug übertragen. Darauf aufbauend werden die vielfältigen Aspekte, die sich durch die Integration von Ethernet auch für die Fahrzeugdiagnose ergeben könnten, beleuchtet.

1. Einleitung

Elektronische Systeme sind aus aktuellen Kraftfahrzeugen nicht mehr wegzudenken, ja, sie wurden gar zum Hauptinnovationstreiber des gesamten Automobilbereichs. In den letzten Jahren verlief die Entwicklung auf diesem Gebiet derart rasant, dass selbst eine so komplexe Funktionalität wie das autonome Fahren für Serienfahrzeuge in greifbare Nähe gerückt ist.

Immer leistungsfähigere elektronische Komponenten ermöglichen von Fahrzeuggeneration zu Fahrzeuggeneration immer mehr neue Funktionen. Aber auch im Automobil gilt die aristotelische Regel, dass das Ganze mehr ist als nur die Summe seiner Teile. Die hochspezialisierten Steuergeräte stellen, für sich genommen, lediglich einen relativ kleinen Fortschritt dar. Erst im Verbund miteinander wird das gesamte Potential der neuen Technologien ausgeschöpft. Diese Verbindung basiert allein darauf, dass die einzelnen Geräte miteinander kommunizieren, d.h. Informationen austauschen. Die fahrzeuginterne Vernetzung bildet mithin das Rückgrat der gesamten Elektronikarchitektur und ist zugleich das Fundament, auf dem alle zukünftigen Erweiterungen aufbauen müssen.

Trotz der zentralen Stellung, die ihnen zukommt, fristen die automobilen Netzwerktechnologien ein Schattendasein. Den Kunden interessieren nur Funktionsmerkmale, nicht aber Implementierungsdetails. Alle Hersteller bedienen sich daher der gleichen Lösungen. Die Entwicklung der gängigen Bussysteme CAN, LIN, FlexRay und MOST wurde von der Automobilindustrie gemeinschaftlich angestoßen bzw. forciert um die spezifischen Anforderungen an die Vernetzung in Kraftfahrzeugen zu erfüllen. Sie decken das gesamte Spektrum ab und ermöglichen den kostengünstigen Transport einfacher Sensordaten ebenso wie die Übermittlung zeitkritischer Informationen im Bereich Fahrerassistenz oder umfangreicher multimedialer Inhalte in der Infotainment-Domäne.

Der Fortschritt der letzten Jahre hat unweigerlich zur Folge, dass in absehbarer Zeit die Grenzen der genannten Systeme erreicht werden. Sie sind nicht skalierbar und daher den steigenden Anforderungen an die fahrzeuginterne Kommunikation nicht gewachsen. Gleichzeitig werfen Szenarien wie Car-to-X, die Anbindung des Automobils ans Internet oder die nahtlose Integration von Consumer-Elektronik völlig neue Fragen auf, für die es zumindest aus Sicht der Vernetzung noch keine befriedigenden Antworten gibt.

Eine Auflösung dieser Problematik kann nur durch die Einführung einer völlig neuen Technologie gelingen. Die in der Branche wohl am häufigsten genannten Schlagworte in diesem Zusammenhang lauten „Ethernet“ und „IP“. Das vom heimischen PC bekannte System zur Verbindung von Computern aller Art ist ein vielversprechender Kandidat bei der Auswahl des nächsten automobilen Netzwerksystems.

In diesem Beitrag geben wir zunächst einen kurzen Überblick über die Besonderheiten von Ethernet und zeigen mögliche Einsatzbereiche im Automobil auf. Da Ethernet nicht für die Verwendung in Kraftfahrzeugen konzipiert wurde gilt es einige Faktoren zu berücksichtigen, für die es in aktuellen E/E-Architekturen kein Äquivalent gibt. Diese Herausforderung diskutieren wir beispielhaft am Begriff der Dienstgüte. Ausgehend von den praktischen Erfahrungen, die wir im Rahmen einer Technologieevaluierung gesammelt haben, geben wir abschließend einen kurzen Ausblick auf die vielfältigen Folgen, die sich durch den Einzug von Ethernet ins Automobil für den Bereich der Fahrzeugdiagnose ergeben könnten.

2. Ethernet im Fahrzeug

Es gibt viele Argumente für den Einsatz von Ethernet in Fahrzeugen. Das augenfälligste darunter ist sicherlich die Bandbreite. Während CAN und FlexRay im Bereich von 1 bzw. 10 Mb/s liegen kann selbst das aus den neunziger Jahren stammende Fast Ethernet mit 100 Mb/s aufwarten. Im Consumer-Bereich ist Gigabit-Ethernet bereits Gang und Gäbe und professionelle Anwender setzen auf Derivate mit 10 Gb/s und mehr.
Dies zeigt auch bereits die zweite große Stärke der Technologie: Ethernet ist nahezu beliebig skalierbar. Diese Skalierbarkeit resultiert aus einer relativ strengen Trennung der Kommunikationsschichten in Anlehnung an das OSI-Referenzmodell. Die Bitübertragungsschicht (durch die die Bandbreite limitiert wird) kann ausgetauscht werden, ohne dass sich dadurch die Schnittstelle zu den höheren Protokollebenen ändern würde. Selbst ein Mischbetrieb mit unterschiedlichen Übertragungsraten im gleichen Netzwerk ist denkbar.
Hervorragende Kompatibilität zum Internet Protocol (IP) und der darauf aufsetzenden Protokollfamilie ist das dritte wichtige Kriterium. Dies betrifft vor allem die Schnittstellen nach außen, etwa für den Diagnosezugang mit DoIP (*Diagnostics over Internet Protocol*, ISO 13400) oder die Anbindung an Internetdienste.
Mit Blick auf die höheren Protokollebenen beginnen leider die Begrifflichkeiten zu verschwimmen. Wenn in der allgemeinen Diskussion von Ethernet im Automobil-Kontext die Rede ist, dann dient der Begriff zumeist als Sammelbecken für unterschiedlichste Aspekte, beginnend bei neuartigen, für den Einsatz in Fahrzeugen angepassten Physical-Layer-Varianten und endend bei Spezialprotokollen (wie z.B. dem bereits erwähnten DoIP). Als Grundlage für die weitere Diskussion wollen wir daher zunächst eine etwas präzisere Begriffsdefinition versuchen und die wichtigsten bzw. interessantesten Eigenschaften der Technologie aufzeigen.

2.2 Grundlagen der Technologie

Das Ziel der ursprünglichen Entwickler von Ethernet in den 1970er Jahren war es, eine möglichst universell einsetzbare Technologie zur lokalen Vernetzung von Computern zu schaffen. Die vorgeschlagene Lösung fand herstellerübergreifenden Anklang und erreichte dadurch eine gewisse Verbreitung. Der eigentliche Durchbruch kam dann mit der offenen Standardisierung durch die IEEE als unabhängiges Gremium, die 1980 begann und bis heute kontinuierlich fortgesetzt wird. [1]
Im Laufe der Jahre ist kaum ein Stein auf dem anderen geblieben und das moderne Ethernet hat nur noch wenig mit seinen frühen Ahnen gemeinsam. Als Medium dienten zunächst ausschließlich Koaxialkabel, die sich aber aus verschiedenen Gründen als unpraktisch erwiesen. Daher wurden alternative Varianten entwickelt, die auf den aus der Telefontechnik bekannten, verdrillten Adernpaaren und auf Glasfaserleitungen basieren. Dass diese aus physikalischer Sicht inkompatiblen Technologien Teile eines gemeinsamen Standards sein können hat einen einfachen Grund: Ethernet setzt als paketorientiertes Verfahren auf die Übertragung einzelner Datenpakete mit einheitlicher Struktur, der sogenannten *Frames*. Zwar wurden auch am Frameformat über die Jahre hinweg einige kleine Anpassungen vorgenommen, es ist jedoch vollständig unabhängig von der Bitübertragungsschicht und bildet somit eine einheitliche Schnittstelle für die darüber liegenden Kommunikationsschichten.

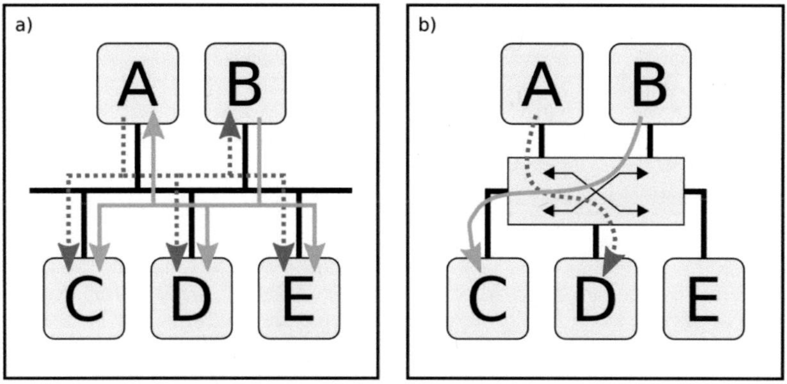

***Abb. 1:** Vergleich der Kommunikationspfade A→D und B→C in einem a) Bus und b) geswitchten Netzwerk mit jeweils fünf Teilnehmern. Im Bus teilen sich A und B das Medium und damit die Bandbreite, alle Knoten sind potentielle Empfänger. Im geswitchten Netzwerk sind die beiden Datenströme dagegen vollständig unabhängig voneinander.*

Ethernet wurde zunächst als Bussystem konzipiert, d.h. für ein gemeinsames Übertragungsmedium, das sich alle angeschlossenen Geräte teilen. Es kann immer nur ein Teilnehmer senden, während alle anderen Teilnehmer dessen Nachricht empfangen. Voraussetzung für diese Art der Vernetzung ist ein Mechanismus, der den Zugriff auf das Medium regelt, die sogenannte *Media Access Control* (MAC). Ethernet nutzt ein als *Carrier Sense Multiple Access with Collision Detection* (CSMA/CD) bezeichnetes Verfahren. Dessen Funktionsprinzip ist sehr einfach: Vor Beginn einer Datenübertragung wird überprüft, ob bereits ein anderer Teilnehmer das Medium belegt. Ist dies nicht der Fall, kann der Sendevorgang eingeleitet werden. Beginnen mehrere Sender zur gleichen Zeit, dann können sie dies durch Überwachung des Signals erkennen, abbrechen und nach einer zufällig gewählten Zeitspanne einen neuen Versuch starten.

Dieser Ansatz mit gemeinsamem Übertragungsmedium birgt einige Schwierigkeiten. So müssen sich alle Teilnehmer die vorhandene Bandbreite teilen. Abbildung 1 a) illustriert dieses Problem. Wenn in einem Netzwerk mit fünf Knoten zwei voneinander unabhängige Datenübertragungen zur gleichen Zeit stattfinden, also z.B. von A zu D und von B zu C, dann erreichen diese jeweils nur etwa die Hälfte der theoretisch möglichen Datenrate. Aufgrund des CSMA/CD-Verfahrens wird dieser Wert sogar noch geringer ausfallen, da die Auflösung der Zugriffskonflikte berücksichtigt werden muss. Ein zweiter problematischer Aspekt ist, dass alle Teilnehmer immer alle Botschaften erhalten. Es gibt keine Möglichkeit Informationen exklusiv zu übermitteln. Die Auswirkungen dieser Beschränkungen werden dabei umso gravierender, je mehr Netzwerkteilnehmer es gibt und je mehr Daten zu übertragen sind.

Vor diesem Hintergrund wurden die sogenannten *Switches* entwickelt. Dies sind eigenständige Geräte, die den Fluss der Daten zwischen allen Netzwerkkomponenten verwalten. Statt eines gemeinsamen Übertragungsmediums gibt es nur noch Einzelverbindungen der Teilnehmer zum Switch. Dieser analysiert jeden Frame, der ihn erreicht, und gibt ihn gezielt nur an dem Port wieder aus, an dem das als Adressat angegebene Gerät angeschlossen ist. Außer Sender, Switch und Empfänger gibt es also keine weiteren Beteiligten. [2]

Abbildung 1 b) zeigt das zuvor diskutierte Beispiel mit fünf Knoten und zwei Verbindungen in einem geswitchten Netzwerk. Die beiden Übertragungen sind nun vollständig unabhängig voneinander. Der Switch muss lediglich ausreichend dimensioniert sein, um die intern auftretenden, hohen Datenraten handhaben zu können. Da es in einem geswitchten Netzwerk ausschließlich Punkt-zu-Punkt-Verbindungen gibt, lässt sich auch eine Vollduplexübertragung realisieren. Dies bedeutet effektiv eine Verdopplung der verfügbaren Bandbreite und gleichzeitig eine noch bessere Ausnutzung der Ressourcen.
Neben diesen offensichtlichen Vorzügen ergeben sich aus dem Einsatz von Switches auch einige neue Herausforderungen. Insbesondere wird der größte Teil der Netzwerkfunktion auf eine separate, aktive Netzwerkkomponente verlagert. Dies führt zu komplexeren, unübersichtlicheren Netzen mit erhöhtem Konfigurationsaufwand. So muss etwa bereits beim Design oder durch geeignete Maßnahmen im Betrieb sichergestellt werden, dass ein Switch nie auf mehreren Ports so viele Botschaften für den gleichen Empfänger erhält, dass die Summe dieser Datenströme die verfügbare Bandbreite übersteigt. Ein Teil der Daten müsste verworfen werfen. Der Ausfall oder eine Fehlfunktion des Switches hätte noch drastischere Folgen, bis hin zum Zusammenbruch des gesamten Netzwerks.
Ethernet wird heutzutage ausschließlich als geswitchtes Netzwerk mit Vollduplexbetrieb verstanden. Die IEEE-Standards zu Ethernet beschreiben dabei neben den Übertragungsmedien, den Übertragungsverfahren, der Medienzugriffskontrolle und dem Frameformat auch die von Switches zu implementierenden Funktionen. Alle weiteren Aspekte, insbesondere die höheren Protokollebenen, sind *kein* integraler Bestandteil der Ethernet-Technologie. In der weiteren Diskussion werden wir sie daher außer Acht lassen.

2.1 Einsatzszenarien

Der Einsatz von Ethernet in Fahrzeugen ist schon seit längerem keine Zukunftsmusik mehr, sondern Realität. Im Gefolge des bereits erwähnten DoIP findet 100-Mb/s-Ethernet für den Diagnosezugang den Weg ins Auto. [3] Dies ist zwar eine externe Schnittstelle, bedingt aber die Berücksichtigung und Integration aller Ethernet-Mechanismen in einem ersten Steuergerät und bildet somit einen möglichen Anknüpfungspunkt für eine Ausweitung auch auf interne Verbindungen.
Eine direkte Übernahme der Technik aus dem Consumer-Bereich brächte jedoch gewisse Probleme mit sich und ist deshalb nur sehr bedingt möglich. Namentlich die Stecker, Kabel und Modulationsverfahren wurden nie für den Einsatz in Automobilen konzipiert. Sie genügen deshalb auch nur eingeschränkt den spezifischen Anforderungen dieses Sektors, insbesondere bezüglich der allgemeinen Robustheit, elektromagnetischen Verträglichkeit und der Kosten. Angesichts dessen gilt es zu bedenken, dass es von Anfang an nie *das* Ethernet gab, sondern je nach Einsatzbereich setzte sich diejenige Lösung durch, die die jeweiligen Anforderungen am besten erfüllen konnte. Die Standards wurden dementsprechend weiterentwickelt. Nicht zuletzt diese Flexibilität ist einer der wesentlichen Gründe für den großen Erfolg von Ethernet. Die Automobilindustrie setzt diese Tradition gegenwärtig mit den Bemühungen um ein *Reduced Twisted Pair Gigabit Ethernet* (im Rahmen der IEEE-Arbeitsgruppe 802.3bp) fort.
Die Auswahl der Vernetzungstechnologie für eine bestimmte Anwendung orientiert sich letztlich am Verhältnis von Kosten zu Nutzen. Ethernet wird daher nicht auf An-

hieb die etablierten Systeme ersetzen können, sondern zunächst nur ergänzen. Für einige Anwendungsfälle zeichnet sich jedoch bereits heute ab, dass sie vielversprechende Kandidaten für den Ersteinsatz sind.
Eines dieser Szenarien ist die Anbindung von Kameras, z.B. im Fahrerassistenzsystem. So werden etwa für die Generierung einer Ansicht in Vogelperspektive (als Einparkhilfe) vier Kameras benötigt. Je eine an Front, Heck und beiden Seiten. Deren Rohdaten müssen zu einem Steuergerät geleitet werden, das die Verschmelzung der Bilder und die Anzeige der daraus resultierenden Ansicht übernimmt. In Gegenrichtung fließen Steuerdaten zur Kontrolle der Kameraparameter. Wegen der hohen auftretenden Datenraten kann dazu bislang nur auf Speziallösungen (wie beispielsweise LVDS) zurückgegriffen werden.
Auch die Infotainment-Domäne wäre ein mögliches Einsatzgebiet für Ethernet. Hohe Datenraten sind aufgrund der Multimedia-Anwendungen ebenfalls relevant. Hinzu kommen jedoch zwei weitere Aspekte. Zeitkritikalität und komplexe Topologie. Für Verfahren der aktiven Geräuschunterdrückung etwa müssen Audiodaten schneller transportiert werden als der Schall. Bedenkt man die geringen Abmessungen innerhalb des Autos und die Notwendigkeit zur elektronischen Aufbereitung und Verarbeitung liegen die akzeptablen Netzwerklatenzen in der Größenordnung von Millisekunden und weniger. Gleichzeitig möchte man bei der Wahl der Verkabelung möglichst flexibel sein, da die einzelnen Infotainment-Komponenten zum Teil weit auseinanderliegend positioniert sind.
Moderne Elektronik-Architekturen sehen im Automobil mehrere eigenständige Busse für die verschiedenen Domänen vor. Dies ist naheliegend, da es vor allem verwandte Funktionen sind, die miteinander kommunizieren müssen. Diejenigen Informationen, die busübergreifend von Interesse sind, müssen gezielt geroutet werden. Daran wird sich grundsätzlich auch durch die Einführung von Ethernet nichts ändern. Denkbar ist jedoch, dass man in jedem Bus einen speziellen Knoten einsetzt, der die Daten auf ein Ethernet-Backbone spiegelt, das auf diese Weise die Kommunikation über das gesamte Fahrzeug hinweg ermöglicht. Hieraus ergibt sich die Notwendigkeit zur Handhabung einer großen Menge an Einzelverbindungen.
Die genannten Anwendungsfälle sind, für sich genommen, zwar interessant, aber wenig spektakulär. Denkt man jedoch ausgehend von diesen isolierten Lösungen einen Schritt weiter, dann wird die große Tragweite der Entscheidung, Ethernet ins Fahrzeug einzuführen, schnell deutlich. Die Vision eines gemeinsamen, einheitlichen Netzwerks, das Steuergeräte aus allen Domänen direkt miteinander verbindet, eröffnet den Funktions- und Architekturentwicklern völlig neue Möglichkeiten. Dass sich daraus auch neue Herausforderungen ergeben, etwa im Bereich der Sicherheit (sowohl bezüglich Safety als auch Security), muss der Vollständigkeit halber ebenfalls erwähnt werden. Die Gesamtheit der Folgen, die der Trend zu Ethernet für die Elektronikentwicklung haben wird, sind aber heute weder vollständig absehbar noch abschließend zu bewerten.

3. Quality of Service

So unterschiedlich wie die möglichen Einsatzbereiche von Ethernet im Fahrzeug sind, so unterschiedlich sind auch die Anforderungen, die die neue Vernetzungstechnologie erfüllen soll. Jedes Steuergerät bzw. jede Anwendung verlässt sich in der einen oder anderen Weise darauf, dass das Netzwerk gewissen Ansprüchen genügt. Wird diese Erwartung nicht erfüllt, dann sind Fehlfunktionen die unausweichliche Folge. Die Gesamtheit dieser Anforderungen lässt sich unter dem Begriff der *Dienstgüte* zusammenfassen, wobei auch im deutschen Sprachraum zumeist dessen englisches Pendant *Quality of Service* (QoS) verwendet wird.

3.1 Begriffsbestimmung

Das abstrakte Konzept der Dienstgüte kann aus Netzwerksicht auf vier handfeste Beschreibungs- bzw. Messgrößen heruntergebrochen werden: Durchsatz, Verlustrate, Latenz und Jitter. [4]
Der *Durchsatz* bezeichnet die erreichten Datenraten. Die Güte eines Netzwerkdienstes wird ganz wesentlich dadurch bestimmt, ob zu jedem Zeitpunkt die benötigte Menge an Daten übertragen werden kann. Beschränkende Faktoren sind zum einen die zur Verfügung stehende Bandbreite, zum anderen die Auslastung.
Nur indirekt verwandt mit dem Durchsatz ist die *Verlustrate*, d.h. die Häufigkeit von Paketverlusten. Gemeint sind Datenpakete, die den Empfänger entweder nie oder nur mit verfälschtem Inhalt erreichen. Nicht jede Applikation ist auf eine vollständig fehlerfreie Übertragung angewiesen, da höhere Protokollebenen diesen Effekt bis zu einem gewissen Grad kompensieren können.
Neben der reinen Datenmenge spielt auch das Zeitverhalten eine wichtige Rolle. Zentrale Größe ist die als *Latenz* bezeichnete Verzögerung zwischen dem Versand und Empfang einer Botschaft. Dieser Wert ist wichtig, um die Aktualität der enthaltenen Informationen sicherzustellen. Die theoretische Untergrenze folgt direkt aus der gewählten Topologie. Zu einer Verlängerung kann es durch die Verarbeitung der Pakete in den Switches bzw. den sendenden und empfangenden Systemen kommen. Das Spektrum der zu gewährleistenden Latenzen reicht dabei typischerweise (je nach Anwendung) von weniger als einer Millisekunde bis hin zu einigen Sekunden.
Ergänzt wird dieser Wert durch die Angabe der des *Jitters*. Je nach Kontext können diesem Begriff sehr unterschiedliche Definitionen zu Grunde liegen. Im strengen Sinne beschreibt er jedoch lediglich die Schwankungsbreite der Latenz. Beeinflusst wird der Jitter durch die komplexe Wechselwirkung verschiedener Verkehrsströme in den Switches. Abhängig von der Netzwerkstruktur kann die Latenz eine komplizierte Verteilung aufweisen, je nach Anforderungsprofil muss daher entweder die gesamte Latenz-Distribution oder aber nur deren Breite berücksichtigt werden.

3.2 Maßnahmen zur Beeinflussung der Dienstgüte

Die Sicherstellung der Dienstgüte ist bei allen Vernetzungstechnologien zu berücksichtigen. Für Ethernet gilt dies jedoch in ganz besonderer Weise, da es, seinem ursprünglichen Design entsprechend, auf dem *Best-Effort-Prinzip* basiert. Best Effort bedeutet nichts anderes, als dass den Anwendern pauschal garantiert wird, ihre Daten mit den gerade zur Verfügung stehenden Ressourcen bestmöglich zu behandeln. Konkrete Aussagen zu den im vorigen Abschnitt beschriebenen QoS-Größen sind damit nicht möglich.
Die Dienstgüte wird von vielen verschiedenen Faktoren beeinflusst. Neben der eingesetzten Hard- und Software ist es vor allem die Netzwerkarchitektur, die sich auf die vier genannten Größen auswirkt. Grundsätzlich gilt, dass die Beeinträchtigungen umso größer werden, je mehr Teilnehmer bzw. Anwendungen sich die Netzwerkressourcen teilen. Dieser Effekt ist für alle Datenströme gleich, unabhängig von den

spezifischen QoS-Anforderungen. Um dem entgegenzuwirken müssen Maßnahmen ergriffen werden, mit deren Hilfe gezielt Einfluss auf die Qualität einzelner Dienste genommen werden kann. Für diesen Zweck hat sich bei Ethernet eine ganze Reihe von Werkzeugen etabliert.
Der einfachste Ansatz um eine gleichmäßig hohe Quality of Service sicherzustellen ist die Überdimensionierung des Kommunikationskanals (engl. *Overprovisioning*). Wenn alle Netzwerkkomponenten auf deutlich höhere Datenraten ausgelegt sind als sie die Anwendungen erfordern, dann wird damit automatisch eine gleichmäßig hohe Dienstqualität garantiert. Dieses Vorgehen ist wenig kosteneffizient und daher eher selten anzutreffen. Nichtsdestotrotz kann auf Overprovisioning nicht völlig verzichtet werden. Man wird aus praktischen Gründen immer eine gewisse Sicherheitsmarge einkalkulieren, die sich (neben anderen Effekten) auch positiv auf die Dienstgüte auswirkt.
Eine spezifischere, aber ebenfalls einfache Strategie ist das gezielte Ausbremsen einzelner Datenströme mit geringen QoS-Anforderungen, genannt *Traffic Policing*. Dazu wird bei Überschreiten einer vorher festgelegten Datenrate ein Teil der Pakete gezielt verworfen. Dies sorgt dafür, dass kein Knoten (bei Eintreten einer unvorhergesehene Situation oder im Fehlerfall) einen zu großen Teil der Bandbreite belegt, und dadurch andere Verbindungen benachteiligt werden. Der Preis dafür ist Paketverlust und daher nicht ganz unproblematisch. Sofern die Anwendungen damit umgehen können, spricht jedoch nichts gegen seinen Einsatz.
Wesentlich eleganter als das Traffic Policing ist die Verkehrsformung, besser bekannt als *Traffic Shaping*. Deren Aufgabe ist das Strecken einer kurzfristig hohen Datenrate über einen längeren Zeitraum. Im Durchschnitt bleibt die Datenrate gleich, die Netzwerklast wird jedoch über die Zeit verteilt. Dies kann sowohl auf Senderseite als auch in den Switches mit Hilfe speziell dafür vorgesehener Puffer erfolgen. Eine geshapte Verbindung wird dadurch erhöhte Latenzen aufweisen.
Eine weiterer gängiger Mechanismus ist die *Priorisierung*. Dies bedeutet im wesentlichen, dass bestimmten Datenströmen eine bevorzugte Behandlung durch die Switches gewährt wird. Voraussetzung dafür ist zunächst eine Klassifizierung, jeder Datenstrom bzw. jedes Paket muss einer begrenzten Anzahl von Verkehrsklassen zugeordnet werden. Der Switch hat dann auf Basis dieser Information die Möglichkeit, verschiedene Maßnahmen zu ergreifen. Dies kann eine strikte oder gewichtete Priorisierung sein, oder auch eine Kombination davon. Geeignet ist diese Vorgehensweise zur Beeinflussung der Latenz und des Jitters.
Um besonders hohe Ansprüche an die Dienstgüte gleichbleibend sicherzustellen ist keines der genannten Verfahren geeignet. Für diese Zwecke kann auf ein Konzept zurückgegriffen werden, wie es beispielsweise vom FlexRay-Bus bekannt ist: das Zeitmultiplexverfahren bzw. *Scheduling*. Auch bei Ethernet ist es denkbar, bestimmte Zeitscheiben für bestimmte Daten zu reservieren und somit sicherzustellen, dass sie nicht mit anderem Verkehr um die Netzwerkressourcen konkurrieren müssen. In Konsequenz erreichen sie nahezu unbeeinflusst ihr Ziel und die Übertragung wird deterministisch. Da davon sowohl die Sender als auch die Switches betroffen sind zieht diese Vorgehensweise eine nicht unerhebliche Komplexität nach sich. Sie kann daher nur für einen kleinen Teil des Verkehrsaufkommens in sinnvoller Weise verwendet werden.

3.3 Bekannte Implementierungen

Die im vorangegangenen Abschnitt genannten Konzepte lassen einen gewissen Spielraum für konkrete Implementierungen. Dazu gehört neben der Parametrierung auch die Möglichkeit zur Kombination mehrerer Mechanismen. Es gibt keine Universallösung, die für alle Anwender gleichermaßen das beste Ergebnis erzielt. Je nach Anwendungsgebiet sind unterschiedliche Strategien nötig, um die spezifischen QoS-Anforderungen sicherstellen zu können.
Die offiziellen IEEE-Standards enthielten zunächst keine Angaben dazu, wie unterschiedliche QoS-Bedürfnisse von Ethernet-Systemen gehandhabt werden sollen. Erst relativ spät wurden über den Standard 802.1Q, der die Funktionsweise von Switches beschreibt, zunächst ein Verfahren zur Priorisierung und später auch zum Traffic Shaping integriert.
Darüber hinaus haben viele Hersteller von Netzwerkkomponenten in ihren Produkten proprietäre Erweiterungen umgesetzt, insbesondere für das Traffic Shaping und Policing. Für industrielle Anwender, für die die Verwaltung der Dienstgüte im Hinblick auf Echtzeit-Anwendungen eine besonders hohe Bedeutung hat, wurden darüber hinaus spezielle Ethernet-Varianten entwickelt. Diese setzen beispielsweise auf das Zeitmultiplexverfahren und sind nur noch zum Teil kompatibel mit Consumer-Systemen. Beispielhaft genannt sei an dieser Stelle das als *TTEthernet* (Time-Triggered Ethernet) bezeichnete Produkt der TTTech Computertechnik AG aus Wien.
Für den Einsatz in Kraftfahrzeugen hat sich noch kein Bündel an QoS-Maßnahmen fest etabliert. Keine der kommerziell erhältlichen Implementierungen wurde speziell im Hinblick auf die Anforderungen der Automobilindustrie entwickelt. Dazu kommt, dass noch lange nicht alle Funktionen, die in Zukunft auf eine Ethernet-Anbindung setzen werden, im Detail bekannt sind. Entsprechend diffus ist das Anforderungsprofil. Die Identifikation der geeignetsten Maßnahmen zur Sicherstellung der Dienstgüte ist somit eine der Hauptaufgaben, die bei der Weiterentwicklung von Ethernet zu einer automobiltauglichen Netzwerktechnologie zu bewältigen ist.

3.4 experimentelle Evaluierung von Quality-of-Service-Mechanismen

Angesichts der vielen bereits erhältlichen Varianten des Dienstgütemanagements fällt die Auswahl eines Systems fürs Automobil besonders schwer. Welche Lösung für einen bestimmten Zweck besser oder schlechter geeignet ist kann nicht ohne weiteres auf Basis einer Feature-Liste oder gar der Herstellerversprechen bewertet werden. Die Komplexität dieser Systeme ist zum Teil sehr hoch, gleichzeitig gibt es eine große Anzahl an möglichen Einsatzszenarien. Um eine fundierte Entscheidung zur Auswahl derjenigen Variante zu treffen, die die Anforderungen an Kraftfahrzeuge erfüllt, müssen verschiedene Methoden zur Evaluierung verwendet und ihre Ergebnisse kombiniert werden.
Eines der möglichen Verfahren ist die mathematische Modellierung und Analyse (engl. *Network Calculus*). Deren Ziel ist insbesondere die Abschätzung der minimal und maximal zu erwartenden Latenzen. Neben dieser analytischen Herangehensweise erlaubt die numerische Simulation zusätzliche Einblicke in das zu erwartende Verhalten, insbesondere bei komplexeren Konfigurationen.
Obwohl diese Ansätze im Prinzip eine gründliche Untersuchung von Netzwerken erlauben besteht immer ein gewisser Unterschied zum Verhalten, das in einem System aus echter Hard- und Software zu beobachten sein wird. Der Grund dafür liegt im

Detailgrad der Modellierung. Viele Faktoren müssen abgeschätzt und Annahmen getroffen werden, die manchmal besser, manchmal schlechter sind. In jedem Fall besteht die Notwendigkeit zur Überprüfung der mit theoretischen Mitteln gewonnenen Erkenntnisse in einem realen Versuchsaufbau, bevor der Schritt zur Integration ins Fahrzeug gemacht werden kann.
Im Rahmen der intensiven Auseinandersetzung mit Ethernet als potentiellem Fahrzeugnetzwerk hatten wir die Gelegenheit, an einem speziell dafür konzipierten Versuchsaufbau verschiedene Szenarien durchzuspielen und dabei den Einfluss der einzelnen QoS-Maßnahmen zu studieren. Die reine Beobachtung der Unterschiede ist jedoch noch kein hinreichendes Ergebnis. Insbesondere bei Verletzung der gesteckten QoS-Kritierien oder schlicht beim Auftreten von Fehlern und unerwarteten Verhaltensweisen ist es unabdingbar, die Ursachen zu finden und zu verstehen. Die dazu nötige Vorgehensweise ist in ihrer Methodik eng verwandt mit einem Teilgebiet der Fahrzeugdiagnose. Daher konnten wir in unserer Arbeit wertvolle Einblicke in die relevanten Parameter und möglicherweise notwendigen Maßnahmen während der Serienentwicklung bzw. dem Serieneinsatz gewinnen. Die sich daraus ergebenden Fragen sind zahlreich und wir halten eine breitere Diskussion der Thematik, zu der wir mit dem folgenden Kapitel beitragen wollen, für unverzichtbar.

4. Diagnose

Die Einführung von Ethernet ins Automobil bedeutet in gewisser Weise einen Bruch mit der bestehenden Elektronikarchitektur. Sind hohe Datenraten mit mehreren hundert Megabit pro Sekunde bislang noch die absolute Ausnahme, werden sie dank neuer Funktionen zur Regel werden. Mit dem Konzept des geswitchten Netzwerks erfolgt die Abkehr von den bisher dominierenden Bussystemen. Und nicht zuletzt die Aussicht, Steuergeräte mit unterschiedlichsten Aufgaben über ein gemeinsames Netzwerk zu verbinden, wirft vielfältige Fragen auf. Während Ethernet dabei gegenwärtig noch vor allem mit einer Bandbreite von 100 Mb/s diskutiert wird, dürfte der eigentliche Umbruch erst mit 1 Gb/s und vielleicht noch höheren Datenraten erfolgen. Eine Betrachtung der Folgen dieser Entwicklung muss auch berücksichtigen, welche Auswirkungen dies für die Fahrzeugdiagnose in den neuartigen Systemen hat.
Unter Fahrzeugdiagnose im engeren Sinne verstehen wir alle Maßnahmen, die dem Erkennen von Fehlfunktionen in Kraftfahrzeugen und der Klärung der zu Grunde liegenden Ursachen dienen. Üblicherweise wird der Begriff jedoch deutlich weiter gefasst und bezeichnet neben der Fehlersuche insbesondere auch alle Maßnahmen zur Programmierung (dem *Flashen*) und Konfiguration (der *Kodierung* und *Parametrierung*) von Steuergeräten. Für alle diese Aufgaben wird im Automobil eine gemeinsame Infrastruktur in Form eines Diagnosezugangs und spezieller Diagnosedienste vorgehalten.
Genutzt wird die Diagnose in der Entwicklung, bei der Produktion und in den Reparaturwerkstätten, also über den gesamten Entwicklungs- und Lebenszyklus eines Fahrzeugs hinweg. Die Bedürfnisse der verschiedenen Anwender unterscheiden sich dabei zum Teil sehr deutlich. Ein Entwickler wird daran interessiert sein, die Funktion eines Steuergerätes möglichst umfassend und detailliert überwachen und bei Bedarf auch gezielt beeinflussen zu können. In der Produktion liegt der Fokus neben dem Flashen, der Kodierung und Parametrierung auf einfachen Funktionstests. Die Werkstatt wiederum will Fehlerspeicher auslesen um auf Basis dieser reduzierten Information und mit Hilfe starrer Fehlersuchprozesse möglichst schnell Fehler zu lokalisieren

und die Reparatur durchführen zu können. Alle diese Anforderungen gilt es bei der Entwicklung der Diagnosefunktionalität zu berücksichtigen.
Der Austausch eines der etablierten Bussysteme durch eine Alternative bzw. die Einführung eines zusätzlichen Netzwerksystems ins Automobil sollten sich eigentlich nicht grundlegend auf die Diagnose auswirken. Im Fall von Ethernet ist die Situation leider etwas komplizierter. Dabei muss unterschieden werden zwischen den Aspekten, die direkt das Netzwerk und dessen Diagnose betreffen, und denen, die sich nur indirekt aus bestimmten Eigenschaften des Netzwerks ergeben. Zu letzteren gehört insbesondere, dass Ethernet nicht nur zur Abbildung der bestehenden Funktionalität verwendet werden wird, sondern vor allem den Einzug neuartiger, hochvernetzter Funktionen ins Automobil ermöglicht. Dass dadurch insgesamt neue Ansätze für die Diagnose nötig werden zeichnet sich bereits seit einiger Zeit ab. [5, 6]
Das wahrscheinlich wichtigste Argument für die Einführung von Ethernet ist die hohe Bandbreite. Diese kommt letztlich auch der Fahrzeugdiagnose zugute. Mit einer durchgehenden Ethernetstrecke vom Diagnosezugang bis zu den Steuergeräten wird das Flashen erheblich beschleunigt werden. Dies wirkt sich nicht nur positiv auf die Produktion aus sondern kann auch die Arbeit der Werkstätten erleichtern.
Dabei stellen die hohen Datenraten gleichzeitig eine erhebliche Herausforderung dar. Insbesondere während der Entwicklung, mitunter aber auch bei hartnäckigen Fehlern im Kundenbetrieb ist es üblich, ein Bus-Monitoring durchzuführen. Dazu wird die Kommunikation zwischen den Steuergeräten über einen längeren Zeitraum, z.B. während einer Probefahrt, von einem Datenlogger aufgezeichnet. Dieser Datensatz kann im Nachhinein auf Auffälligkeiten überprüft werden oder bei der Reproduktion einer Fehlersituation helfen. Möchte man die entsprechende Kommunikation in einem Ethernet-System aufzeichnen, dann stößt man schnell an Grenzen. Mit einer Datenrate von 500 Mb/s sammeln sich bereits in einer Minute über drei Gigabyte an. Es muss daher entweder eine sehr große Speicherkapazität vorgehalten werden oder aber ausreichend Rechnerressourcen, um im laufenden Betrieb eine Filterung der Daten vornehmen zu können. Die Auswertung solcher Informationsberge kann ohnehin nicht mehr manuell erfolgen.
Da das Netzwerk insgesamt stärker verteilt sein wird könnte es aber auch schwierig werden, überhaupt an die relevante Kommunikation heranzukommen. In einem klassischen Bussystem genügt ein einziger Zugangspunkt, um auf (fast) den gesamten Netzwerkverkehr zuzugreifen. Ein zentrales Gateway, das mit allen relevanten Bussen verbunden ist (und gleichzeitig die Diagnoseschnittstelle beinhaltet) stellt für diesen Zweck den Optimalfall dar.
Ein geswitchtes Netzwerk bietet dafür jedoch völlig andere Voraussetzungen. Jeder Teilnehmer sieht nur noch den Verkehr, der für ihn persönlich bestimmt ist. Der Switch filtert bzw. sortiert die ankommenden Daten entsprechend vorher festgelegter Regeln. Wenn man sich für die Kommunikation eines bestimmten Teilnehmers interessiert, so gibt es nur zwei Stellen, an denen sie zugänglich wird: Zum einen beim Teilnehmer selbst, zum anderen am Switch. Der Switch ist hierbei der deutlich interessantere Zugangspunkt, da er prinzipbedingt Zugang zur Kommunikation mehrerer, wenn nicht aller Netzwerkknoten hat (etwa in einer Stern-Topologie). Er kann diesen Verkehr grundsätzlich auch an einen anderen Teilnehmer, etwa ein Diagnosegerät, weiterleiten. In Switches aus dem Consumer-Bereich wird dazu eine *Port-Mirroring-Funktion* vorgesehen. Das bedeutet nichts anderes, als dass (im einfachsten Fall) der ein- *oder* ausgehende Verkehr eines bestimmten Ports auf einen anderen, separat vorgesehenen Mirror-Port gespiegelt wird. Diese Funktion kann je nach Implementierung nahezu beliebig individualisiert werden, indem ein- *und* ausgehen-

der Verkehr eines Ports oder gar der Verkehr mehrerer Ports auf einen Mirror-Port zusammengefasst werden. Selbstverständlich sind auch Filter denkbar, die nur einen Teil des Verkehrs (etwa nur bestimmte Protokolle) gezielt herausfiltern und so den Datenberg reduzieren.

Zwei Probleme stechen hierbei ins Auge: Zum einen muss diese spezielle Funktionalität bereits in der Switch-Hardware vorgesehen werden, eine reine Softwarelösung ist in Anbetracht der hohen Datenraten wenig praktikabel. Die Anforderungen der Diagnose spielen damit direkt in das Design bzw. die Auswahl eines geeigneten Switches hinein. Zum anderen wäre eigentlich ein direkter Zugriff auf den Switch nötig, um die Daten dort abgreifen zu können. Soll dies an einer anderen Stelle (z.B. dem normalen Diagnosezugang) geschehen, so muss der zu spiegelnde Verkehr über andere Kanäle umgeleitet werden. Es bliebe noch zu klären, wie dies im Detail umgesetzt werden könnte.

Für eine Vernetzungstechnologie ist natürlich besonders die Netzwerkdiagnose von Interesse. Gemeint ist damit die Überwachung der Funktionsfähigkeit des Netzwerkes mit den Mitteln der On-Board- bzw. Eigendiagnose. Dies ist in klassischen Bussystemen vor allem eine Aufgabe der angeschlossenen Steuergeräte, was selbstverständlich auch für Ethernet gilt. Analog zum geschichteten Aufbau der Netzwerkfunktion setzen aber auch die Diagnose-Mechanismen auf unterschiedlichen, voneinander unabhängigen Ebenen an.

An erster Stelle muss die Funktionsfähigkeit der Bitübertragungsschicht überwacht werden. Dazu gehört etwa das Erkennen elektrischer Fehler, wie z.B. durchtrennter oder kurzgeschlossener Leitungen. Diese Aufgabe obliegt den Netzwerkchips, was wiederum bei deren Design bzw. Auswahl berücksichtigt werden muss. Oberhalb dieser Ebene gilt es, die Erreichbarkeit aller Kommunikationspartner zu überwachen. Auf noch höheren Ebenen ist eine Art IP-Diagnose vorstellbar, die die Funktion der IP-Mechanismen sowie der darauf aufsetzenden weiteren Protokolle und Anwendungen abdeckt.

Da die Switches als aktive Netzwerkkomponenten eine zentrale Rolle einnehmen, müssen sie auch für Diagnosezwecke angemessen berücksichtigt werden. Der Switch selbst bzw. dessen Funktion sollte überwachbar sein. Er muss, wie die Steuergeräte, Fehlerinformationen erfassen und so ablegen, dass über Diagnosemechanismen ein Zugriff darauf möglich wird.

Ethernet gibt es bereits seit einigen Jahrzehnten. Angesichts der genannten Fragestellungen ist es daher naheliegend, auf die „Diagnose“ in der Consumer-Welt zu schauen. Die Notwendigkeit zur Konfiguration und Analyse der Netzwerksysteme ist keine automobil-spezifische Anforderung. Jeder Switch (mit Ausnahme sehr einfacher und preiswerter Modelle) überwacht in der einen oder anderen Weise den Netzwerkverkehr, erfasst bestimmte Messgrößen und protokolliert Fehler. Neben proprietären Lösungen gibt es die durch die IETF standardisierten Mechanismen des „Simple Network Management Protocol“ (SNMP) und, darauf aufbauend, „Remote Monitoring“ (RMON). Diese ermöglichen neben der Konfiguration bzw. Parametrierung auch das Auslesen von Betriebszuständen. Die zu Grunde liegenden RFCs beschreiben nicht nur ein Protokoll zum Zugriff auf die Geräte, sondern auch Sammlungen von Parametern und Messgrößen, die zu implementieren sind.

Ein Mechanismus wie SNMP lässt sich kaum eins-zu-eins ins automobile Umfeld übertragen. Eine intensivere Betrachtung ist trotzdem mehr als lohnend. Eines der entscheidenden Argumente für Ethernet ist ja gerade, dass man auf fertige Lösungen zurückgreifen und dadurch Ressourcen bei der Entwicklung einsparen kann.

Eine besondere Schwierigkeit ergibt sich als Konsequenz aus den in Kapitel vier beschriebenen Quality-of-Service-Mechanismen. Wenn die korrekte Funktion bestimmter Anwendungen oder Dienste davon abhängt, dass das Netzwerk eine gewisse Dienstgüte garantiert, so ist im Umkehrschluss das Versagen der Mechanismen zur Sicherstellung dieser Dienstgüte eine mögliche Fehlerursache, die auch im Rahmen der Diagnose erfasst und erkannt werden muss.
Sicherlich von Interesse ist eine Überwachung der mittleren Bandbreiten und der Spitzenwerte, die zu Pufferüberläufen führen könnten. Verworfene Pakete lassen sich relativ leicht durch eine Zählvariable erfassen. Die Funktionsweise des Shapings lässt sich indirekt an den auftretenden Datenraten überprüfen. Diese Angaben sind allerdings sehr detailliert und außer in der Entwicklung allenfalls für die Analyse speziellerer Fehlersituationen relevant. Um für die Werkstatt aussagekräftige Fehlercodes zu generieren müssten sie (sofern überhaupt relevant) kombiniert und auf eine allgemeine Aussage heruntergebrochen werden.
Besonders für die Diagnose in den Werkstätten ist es wichtig, dass die vom Fahrzeug gelieferten Fehlerinformationen (etwa über Einträge im Fehlerspeicher) eindeutig und leicht verständlich sind. Es wäre wenig sinnvoll, umfangreiche Datensätze mit technischen Details bereitzustellen, da deren Interpretation komplex sein kann und spezielle Fachkenntnisse erfordert. Denkt man dagegen an ein Remote-Diagnose-Szenario kann es ganz im Gegenteil sogar von Vorteil sein, möglichst detaillierte Informationen zu erhalten. Ohne physischen Zugang wird es wichtig werden, dass die Eigendiagnose so viele Kenngrößen erfasst, wie irgend möglich und sinnvoll.
Die Verwendung von Switches als aktiven Netzwerkkomponenten bietet das Potential, eine deutlich lückenlosere Überwachung des Netzwerkverkehrs einzurichten, als es bislang der Fall ist. In Kombination mit neuen Diagnosestrategien wie etwa der Remote Diagnose besteht damit eine gute Chance, die durch Ethernet insgesamt steigende Komplexität des Netzwerks nicht nur gut in den Griff zu bekommen, sondern die Fahrzeugdiagnose insgesamt zu stärken.
Inwiefern die Einführung von Gigabit-Ethernet für den Bereich der Fahrzeugdiagnose wirklich von Relevanz ist, wird sich im Zuge der weiteren Entwicklung ergeben. Ethernet wird die automobilspezifischen Diagnosemechanismen integrieren müssen, wozu ein rechtzeitiges Einspeisen der Anforderungen in den Entwicklungsprozess nötig ist. Umgekehrt müssen die bekannten Diagnosemechanismen aber auch rechtzeitig auf Ethernet angepasst werden. Nur so können die spezifischen Herausforderungen gemeistert und gleichzeitig das Potential, das in der neuen Technologie verborgen liegt, optimal genutzt werden.

5. Zusammenfassung

Der Weg von Ethernet ins Automobil scheint vorgezeichnet zu sein. Stellt zur Zeit noch die Integration von Systemen mit 100 Mb/s große Herausforderungen an die Hersteller, werden in Kürze nur noch Gigabit-Netzwerke den wachsenden Bandbreitenbedarf decken können. Ethernet verspricht durch seine Skalierbarkeit eine verlässliche Basis für diese Weiterentwicklung zu bieten. Insbesondere durch seine Natur als geswitchtes Netzwerk unterscheidet es sich allerdings fundamental von den bislang im Automobilbereich eingesetzten Technologien. Die dadurch insgesamt steigende Komplexität erfordert unter anderem die intensive Auseinandersetzung mit Mechanismen zur Sicherstellung der Dienstgüte.

Daneben dürfen auch die Auswirkungen auf die Fahrzeugdiagnose nicht vernachlässigt werden. Noch sind bei weitem nicht alle diesbezüglichen Fragen beantwortet. Die neue Technologie könnte der Diagnose bisher ungeahnte Möglichkeiten eröffnen, gleichzeitig gilt es einige Herausforderungen zu bewältigen. Insbesondere im Hinblick auf Gigabit-Ethernet, dessen Einsatz im Fahrzeug noch einige Jahre auf sich warten lassen dürfte ist nun die richtige Zeit, sich mit dieser Thematik zu beschäftigen und die Entwickler des Netzwerks und der Anwendungen für die besonderen Bedürfnisse der Diagnose zu sensibilisieren.

Literatur

[1] C. E. Spurgeon, J. Zimmerman: *Ethernet – The Definitive Guide*, 2. Auflage, O'Reilly (2014)

[2] R. Seifert, J. Edwards: *The All-New Switch Book*, 2. Auflage, Wiley (2008)

[3] S. Frank: „DoIP (ISO 13400): Ethernet-basierte Diagnose im Automobil“, *Diagnose in mechatronischen Fahrzeugsystemen VI*, Expert (2013)

[4] A. S. Tanenbaum: *Computer Networks*, 5. Auflage, Pearson (2010)

[5] J. Rieger: „Ansatz für die Diagnostizierung zukünftiger hochvernetzter Assistenzsysteme“, *Diagnose in mechatronischen Fahrzeugsystemen VI*, Expert (2013)

[6] P. S. Correia, M. Serra, A. Camek: „Fahrzeugdiagnose 2020 – Mit Sicherheit in die Zukunft“, *Diagnose in mechatronischen Fahrzeugsystemen V*, Expert (2012)

4 Erfahrungsbericht Remote Diagnose

Dipl.-Ing. **Jochen Krause,** Adam Opel AG

Kurzfassung

Basierend auf der so genannten Online Diagnose, einem Projekt des Bereichs Engineering Quality, wurde 2012 im Bereich Aftersales Customer Care ein Nachfolgeprojekt, die Remote Diagnose ins Leben gerufen. Ziel dieses Projekts war es, den heutigen Anforderungen im Bereich Kraftfahrzeug Diagnose gerecht zu werden. Aufgrund der gestiegenen Fahrzeugvernetzung ist eine eindeutige und schnelle elektrische Diagnose bei komplexen Fällen nicht mehr ohne weiteres möglich. Manchmal werden Reparaturen durch das Ersetzen von Komponenten durchgeführt, doch die Beanstandung tritt danach erneut auf. Dies erzeugt unnötige Kosten und mindert die Kundenzufriedenheit. Daher verfolgt das Projekt die Idee, elektronische Fahrzeugdiagnosen von Experten durchführen zu lassen, ohne diese direkt vor Ort an das Fahrzeug zu bringen.

Im Rahmen einer Kooperation mit Vector Informatik wurde der bereits vorhandene Softwaretester Indigo weiterentwickelt. Es wurde geplant, über eine Internetverbindung direkt auf den Diagnoserechner eines Händlers zuzugreifen und aus der Ferne eine Fahrzeugdiagnose durchzuführen. Vorgaben für dieses Projekt war unter anderem bereits vorhandene Hardware beim Händler zu nutzen, ohne weitere Kosten zu erzeugen. Daher wurde Indigo auf das von General Motors genutzte Hardware Interface MDI angepasst. Erste Tests während der Pilotphase verliefen sehr vielversprechend. Während der Testphase wurde Indigo Remote sowohl auf die Opel spezifische Diagnose angepasst, wie auch generell in der Bedienerfreundlichkeit weiterentwickelt.

Nach Abschluss aller Tests wird Indigo Remote dem ETAC (European Technical Assistant Center), einer Ansprechstelle für alle Opel Servicepartner, als Diagnosewerkzeug zu Verfügung gestellt. Zunächst wird sich der Einsatz auf Deutschland beschränken, wird aber im Laufe der nächsten Monate auch auf das europäische Ausland ausgeweitet. Momentan ist die Unterstützung auf aktuelle Fahrzeuglinien ausgelegt, es wird aber auch bei zukünftigen Entwicklungen einsetzbar sein.

Durch die kontinuierliche Weiterentwicklung werden in der Zukunft noch verschiedene, zusätzliche Funktionalitäten implementiert und somit auch die Leistungsfähigkeit verbessert. Zudem müssen bei der Diagnose zukünftiger Fahrzeugarchitekturen spezielle Themen wie Daten- und Manipulationssicherheit beachtet werden, die immer mehr in den Fokus rücken und bei der Weiterentwicklung mit einbezogen werden müssen.

1. Historie

Im Rahmen der so genannten Online Diagnose der Abteilung Engineering Quality wurde bei der Adam Opel AG bereits im Jahr 2004 ein Projekt initiiert, welches das Ziel hatte, bei ausgewählten Servicepartnern mit Hilfe von spezieller Ausrüstung, bestehend aus Diagnose Laptop und CAN-Bus Interface, über eine Internetverbindung

Fehlercodeabfragen und weitergehende Diagnose in Kundenfahrzeugen aus der Ferne durchzuführen. Ziel des Projekts war die Qualität aufgrund der neu eingeführten CAN-Bus Technik im Fahrzeug sicherzustellen. Um eine hohe Effizienz bei der Lösung möglicher Themen im Feld zu gewährleisten, wurde in enger Zusammenarbeit mit den entsprechenden Entwicklungsbereichen gearbeitet, um schnell und effektiv analysieren und entsprechende Änderungen in die Serienfertigung einfließen lassen zu können.
Bild 1 zeigt die verschiedenen Eskalationsstufen bei der Reparatur. Zunächst prüft der Händler die Kundenbeanstandung, liest mit seinem eigenen Diagnoseprüfgerät Fehlercodes aus und arbeitet die ihm je nach Fehlercode oder Beanstandung vorgegebenen Prüfanleitungen ab. Sofern er mit den entsprechenden Arbeiten die Beanstandung nicht beheben kann, erfolgt der Übergang zur zweiten Stufe. Der Händler muss das European Technical Assistance Center, kurz ETAC, kontaktieren. Hier werden auf Basis der Händlerinformation über die jeweilige Kundenbeanstandung und die bereits durchgeführten Arbeiten weitergehende Prüfschritte ausgearbeitet und von dem Techniker abgearbeitet. Sofern auch dieses Vorgehen nicht zur erfolgreichen Reparatur führt, erfolgt die Einweisung in das nächst gelegene so genannte Technik Center. Dies sind regionale, große Opel Stützpunkte und verfügen über sehr erfahrene Techniker und spezielle Ausrüstung, wie auch im Falle der Online Diagnose. Wenn auch die Techniker im Technik Center das Problem nicht lösen konnten, wurde die Online Diagnose eingesetzt. Das hierzu benötigte Equipment für eine solche Analyse wurde den Technik Centern von Opel kostenlos zur Verfügung gestellt. Die höchste, wenn auch seltenste Eskalationsstufe ist die Einweisung in das Werk Rüsselsheim, hier führen die Entwicklungsingenieure selbst direkt an dem Fahrzeug die Diagnose durch. Nach erfolgreicher Reparatur wird das Fahrzeug zum Kunden zurück überführt.

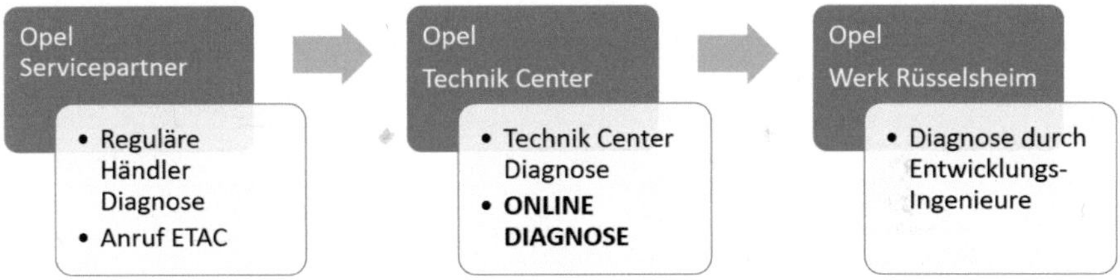

Bild 1:

Zur Durchführung einer Online-Diagnose wurde das Fahrzeug über ein CAN-Bus Interface an den Diagnose Laptop angeschlossen. Dieser wiederum wurde an eine Telefonleitung angeschlossen. Für den Experten auf Opel Seite existierte ein weiterer Diagnose Laptop. Mit Hilfe eines auf beiden Rechnern installierten Remote Access Programms konnte der Experte den Diagnose Laptop im Technik Center anrufen, eine Verbindung herstellen und fernsteuern. Somit war die Möglichkeit zur Ferndiagnose gegeben.
Der Funktionsumfang des damaligen Diagnoseprogramms war denen des regulären Händler Diagnosewerkzeugs in verschiedener Weise überlegen. Man musste nicht fest vorgegebene Abfragefunktionen nutzen, sondern konnte Fehlercodeabfragen mit einstellbaren Parametern durchführen. Auch die Datenlisten waren nicht festgelegt,

sondern es gab die Möglichkeit, alle benötigten Diagnoseparameter in einer Datenliste selbst zu definieren. Ein weiterer, sehr praktikabler Vorteil dieses Tools war sowohl eine graphische Darstellung der ausgelesenen Parameter, wie auch eine visuelle Überwachung der CAN-Bus Kommunikation. Im Falle von Kommunikationsproblemen war wesentlich besser diagnostizierbar, welche Art von Störung auftrat. In Bild 2 wird der damalige Aufbau der Online Diagnose auf Händler- und Expertenseite gezeigt. Das Projekt wurde im Jahre 2010 eingestellt.

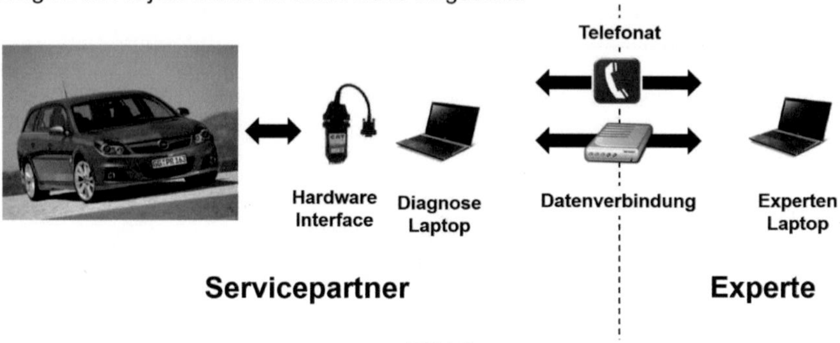

Bild 2:

2. Projekt Remote Diagnose

2.1 Grundgedanke / Projektziel

Durch eine speziell auf die jeweilige Fahrzeugarchitektur abgestimmte Diagnosestrategie werden dem Händler Werkzeuge angeboten, mit denen er die häufigsten, zumeist eindeutigen Beanstandungen erfassen und diagnostizieren kann. Doch ist aufgrund der komplexen Fahrzeugfunktionalitäten eine eindeutige Diagnose nicht immer möglich. Oftmals werden Teile mit dem Ziel getauscht, dass durch den Austausch der defekten Komponente die Beanstandung nicht mehr auftritt. Ist dies allerdings nicht der Fall, muss der Kunde sein Fahrzeug ein weiteres Mal beim Händler abgeben. Dies entspricht jedoch nicht dem Grundgedanken, das Fahrzeug beim ersten Werkstattbesuch zu reparieren (Fix-it-right-first-time). Dadurch ergeben sich verschiedene Vorteile, sowohl für den Hersteller als auch für den Händler und den Kunden.

- Die Reparaturkosten werden gesenkt aufgrund der Vermeidung zusätzlicher Teilekosten, der Kosten für den Arbeitslohn des Technikers und ggf. eines Leihwagens für den Kunden
- Der Kunde muss das Fahrzeug im besten Falle nur einmal zum Händler bringen, wird dadurch zeitlich entlastet und ist zufriedener
- Vermeidung unnötiger Garantiekosten
- Hersteller interne Kosten für ausgetauschte Komponenten, die beim Zulieferer ohne Fehler getestet wurden, werden gesenkt
- Außerhalb der Garantie zahlt der Kunde wirklich nur die Teile, die zur notwenigen Reparatur notwendig waren

Aufgrund der in den letzten Jahren immer weiter gestiegenen Anzahl elektrischer Komponenten im Fahrzeug sind sowohl die Vernetzung der Komponenten als auch deren Komplexität angestiegen. Dies macht eine Diagnose im Fall von Fehlfunktionen immer schwieriger und aufwändiger. Steuergeräte interne Diagnosealgorithmen sind zwar im entsprechenden Maße weiterentwickelt worden, doch gibt es Situationen, in denen diese nicht zu einer eindeutigen Diagnose führen, beispielsweise bei sporadisch auftretenden Fehlern. Für eine effektivere Diagnose sind daher Gesamtfahrzeug-Experten gefragt, die detaillierte Kenntnisse über die Funktionen aller Systeme und deren Vernetzung haben. Um diese aber nicht zeit- und kostenintensiv direkt an das Fahrzeug bringen zu müssen, ist der generelle Anspruch an das Projekt Remote Diagnose die Entwicklung einer entsprechenden Infrastruktur, wie auch die Schulung und Bereitstellung der entsprechenden Experten. Dadurch ist es möglich, präzise Diagnosen durchzuführen, ohne beim Händler vor Ort zu sein.

2.2 Projektvorgaben

Im Vergleich zu der bereits vorgestellten Online Diagnose haben sich sowohl die Möglichkeiten als auch die Anforderungen an ein heutiges System stark verändert. Gründe sind hierbei die technische Weiterentwicklung der heutigen Fahrzeugarchitekturen wie auch der nutzbaren, technischen Infrastruktur.
Um eine Ferndiagnose nicht nur in den Technik Centern durchführen zu können, war eine Grundvorgabe für das Projekt Remote Diagnose die uneingeschränkte Einsetzbarkeit bei jedem Händler weltweit, sowohl für aktuelle als auch in Zukunft neu entwickelte Fahrzeuglinien. Der Vorteil darin liegt in der Vermeidung der Überführung von Fahrzeugen in das Technik Center. Dies spart sowohl Transport- und Leihwagenkosten und ermöglicht eine schnellere Reparatur.
Ein weiterer Grundgedanke war die Nutzung der beim Händler bereits vorhandenen Systeme. Jeder Servicepartner verfügt über eine Diagnosemöglichkeit, d.h. einen Diagnose Laptop und ein Interface. Daher wurde gefordert, dass ein zukünftiges System diese bereits vorhandenen Komponenten als Basis verwenden sollte. Ein weiterer Vorteil dieser Herangehensweise ist, dass für den Servicepartner keine zusätzlichen Kosten für anzuschaffende Hardware entstehen. Opel verwendet wie alle Tochterunternehmen von General Motors das von der Firma ETAS gelieferte und speziell auf die Anforderungen von General Motors angepasste Diagnoseinterface MDI (Multiple Diagnostic Interface). Dieses Interface hat verschiedene Hard- und Softwareschnittstellen, hier auszugsweise 3 CAN-Bus Anschlüsse und den SAE J2534-Standard genannt. Mit Hilfe dieser standardisierten Softwareschnittstelle können auch andere Programme auf das Interface zugreifen und entsprechende Kommunikation mit dem Fahrzeug aufbauen.
Betreffend der zu verwendeten Software gab es verschiedene Vorgaben. An erster Stelle mussten die aktuellen Betriebssysteme wie Windows 7 und 8 unterstützt werden, jedoch auch Windows XP, da auch dieses System bei den Händlern oftmals noch verwendet wird. Auch der Aspekt der Geheimhaltung von Geschäftsdaten musste hier speziell berücksichtigt werden. Um eine Expertendiagnose durchführen zu können, benötigt man sehr detaillierte und sensible Informationen über die verschiedenen Systeme und den Zugang zu weiteren Datenbanken. Daher war die Vorgabe, solch sensible Daten nur auf der Expertenseite zu verwenden und dort zu speichern. Somit sollte die Diagnose Funktionalität nur auf Expertenseite möglich sein. Dies führte zu einer klaren Einschränkung der Funktionalität auf der Servicepartnerseite, was bedeutet, dass dort keinerlei Diagnose-, Informations- oder Darstel-

lungsmöglichkeiten implementiert sind. Sämtliche Diagnoseinformationen und Datenbanken sind nur auf dem Expertenrechner verfügbar und garantieren somit die Geheimhaltung relevanter Daten.
Ein weiterer, sehr wichtiger Aspekt war die Nutzung der vorhandenen Diagnoseformate. Diese werden bereits vor der Entwicklung der einzelnen Steuergeräte festgelegt. General Motors arbeitet hierbei schon seit Jahren, wie viele andere Hersteller auch, mit der Firma Vector Informatik zusammen. Daher musste das neue Diagnosetool kompatibel zu den verwendeten Diagnoseformaten sein.
Um generell eine solche Software im GM Intranet einzusetzen zu können, war zum einen die Notwendigkeit gegeben, in beiden Programmteilen entsprechende Netzwerkeinstellung durchführen zu können, aber auch eine IT-seitige Freigabe erfolgreich zu durchlaufen. Jedes von GM erworbene und eingesetzte Programm benötigt spezielle IT- Zertifizierungen, um im Konzern eingesetzt werden zu dürfen. Diese Tests beinalten unter anderem die Prüfung der angegebenen Übertragungspfade und ggf. Verschlüsselungen. Ein zusätzlicher Punkt war auch die Prüfung auf Kompatibilität der Diagnosesoftware auf den verschiedenen Betriebssystemen mit bereits installierten und verwendeten Programmen.
Die letzte Vorgabe an das neue Diagnosesystem war die Möglichkeit der Nutzung über Mobilfunk. Dies hatte verschiedene Hintergründe. Zum einen hat man die Möglichkeit, Remote Diagnosen während Probe- oder Versuchsfahrten durchzuführen, zum anderen können auch Servicepartner unterstützt werden, die eine langsame oder gar keine Breitband-Internetanbindung besitzen. Bild 3 zeigt die Übersicht der Anforderungen an die Diagnosesoftware.

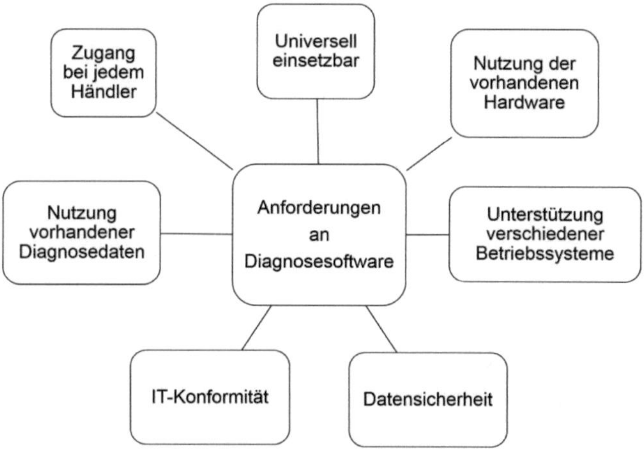

Bild 3:

Vor der Entscheidung, ein solches Projekt auf den Weg zu bringen, stand zunächst die generelle Frage nach der Machbarkeit im Raum. Auf der Suche nach einem entsprechenden Diagnoseprogramm, welches die genannten Vorgaben erfüllt, wurde eine Kooperation mit der Firma Vector Informatik eingegangen. Vector hatte bereits

den Diagnosetester Indigo entwickelt und erweiterte diesen nun um die Möglichkeit, Ferndiagnosen durchzuführen.
Bild 4 zeigt den strukturellen Aufbau des geplanten Systems mit vorhandener Hardware beim Opel Servicepartner. Im direkten Vergleich mit der Online Diagnose sind einige Änderungen zu erkennen. Die bereits klar definierte Abgrenzung der Funktionalitäten beim Servicepartner und dem Experten führte zum Aufspalten des Diagnoseprogramms in zwei Programmteile. Zum einen den so genannten Indigo Access Point beim Servicepartner, zum anderen den Experten Teil, Indigo Remote. Es findet keine direkte Kommunikation zwischen den beiden Stationen statt, sondern die Informationen werden über einen speziellen Server geroutet. Des Weiteren ist die Arbeitsweise dieses Systems eine grundlegend andere. Während bei der Online Diagnose der Diagnose Laptop ferngesteuert wurde, erfolgt die Bedienung dieses Systems ausschließlich auf der Experten Seite. Der Laptop beim Service Partner fungiert hier lediglich als Relaisstation für die abgefragten Informationen aus dem Fahrzeug.

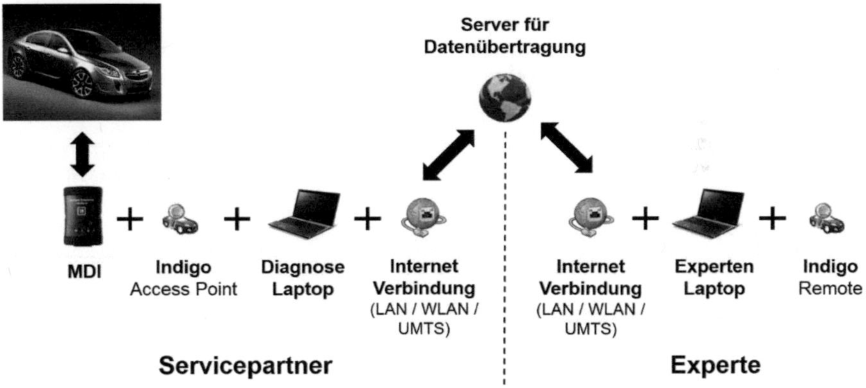

Bild 4:

2.3 Pilotphase

Vor einer endgültigen Entscheidung für Indigo Remote wurden zunächst erste Tests mit von Vector bereitgestellter Hardware durchgeführt. Hierbei wurden die allgemeine Funktionalität und Bedienbarkeit von Indigo Remote bewertet, sowie die Möglichkeit geprüft, das System auch über Mobilfunk zu nutzen. Dazu wurden sowohl Testreihen mit einfacher Mobilfunkanbindung über UMTS auf der Seite des Servicepartners durchgeführt, wie auch beidseitige Kommunikation über Mobilfunk. Es war naturgemäß zu erwarten, dass ein solcher Systemaufbau die geringste Performance aufzuweisen hat und das System bei erhöhter Abfrageintensität schnell an seine Grenzen kommt. Jedoch ging es hier in erster Line um die Frage der Machbarkeit, da das System noch in der Entwicklungsphase und Verbesserungspotential zur Erhöhung des Datentransfers noch vorhanden ist. Die erhaltenen Daten waren sehr vielversprechend und somit wurde die Entscheidung getroffen, das Projekt Remote Diagnose mit Indigo Remote zu realisieren.
Die weitere Vorgehensweise bestand nun darin, Indigo Remote softwaretechnisch auf die Opel Hardwarekomponente MDI anzupassen. Dies erfolgte auf Basis der von

ETAS im MDI implementierten Standard Schnittstelle SAE J2534. Zunächst wurde für Testzwecke nur eine CAN-Bus Schnittstelle unterstützt, danach erfolgte die Erweiterung auf Unterstützung aller weiteren CAN-Bus Schnittstellen.
Eine anfängliche Einschränkung war die für den Betrieb notwendige Lizenz, die Vector erfahrungsgemäß in der Hardware verankert. Somit mussten bei Testläufen auf der Händlerseite zu Beginn noch zusätzlich Vector Hardwarekomponenten angeschlossen werden. Daher wurden die ersten Tests mit einkanaliger MDI Unterstützung nur mit der Opel internen Servicewerkstatt und einem lokalen Händler in Rüsselsheim durchgeführt. Die Tests umfassten sowohl die Überprüfung der generellen Funktionalität von Indigo Remote wie auch die Diagnose über die verschiedenen Übertragungswege wie LAN, WLAN oder Mobilfunk.
Im Laufe der anfänglichen Tests wurde auch erkannt, dass Indigo Remote in einigen Bereichen speziell auf die von Opel, bzw. General Motors spezifischen Diagnoseservices angepasst und erweitert werden muss. Dasselbe galt für das Auslesen Steuergeräte interner Identifizierungsdaten, hier mussten die in Indigo bereits implementierten Standardroutinen überarbeitet werden.
Das Auslesen von Diagnose Parametern nach der Diagnosestrategie von General Motors kann je nach Anwendungsfall mit verschiedenen Abfragemechanismen durchgeführt werden. Parameter können einmalig, periodisch jede Sekunde oder noch häufiger abgefragt werden. Außerdem gibt es die Möglichkeit, verschiedene Parameter zu einem Datensatz zusammenzufügen, was die Buslast bei der Abfrage der Parameter signifikant verringern kann. Daher kann die Größe des Diagnose-Datenstroms je nach Anwendungsfall stark variieren. Hierfür wurden unter anderem Tests mit einmaliger Fehlercodeabfrage des gesamten Fahrzeugs und kontinuierlichen Abfragen mit fallspezifischen Parameterlisten getestet. Je nach Anzahl der Parameter und Häufigkeit der Abfrage wurde das System auch an die physikalischen Übertragungsgrenzen gebracht, hauptsächlich im Fall der Nutzung mit Mobilfunk. Allerdings ist durch Nutzung effizienterer Abfrageservices und allgemeiner Verbesserung der Übertragung softwareseitig noch Verbesserungspotential vorhanden.
Auch die Rückmeldung an den Benutzer seitens Indigo Remote musste verbessert werden. Wegen der jeweils fallabhängigen, unterschiedlichen Anzahl von Diagnoseparametern konnte eine Übertragungsüberlastung sehr schnell oder auch erst nach einigen Minuten auftreten. Um dies visuell darzustellen, wurde von Opel ein Netzwerk Monitor gefordert, der über eine Balkenanzeige dem Benutzer Feedback über die aktuelle Auslastung geben konnte.
Im nächsten Schritt wurde die komplette MDI Unterstützung implementiert. Das bedeutete, dass das Diagnosesystem mit dem MDI nun mehrkanalig kommunizierte. Dadurch konnten die bisherigen Tests auf eine Gesamtfahrzeugdiagnose über alle CAN-Busse ausgeweitet werden. Auch hier wurden vereinzelt Themen gefunden wie zum Beispiel eine zu hohe Buslast aufgrund gleichzeitiger Abfrage aller Steuergeräte Daten beim Start des Programms. Während der gesamten Tests wurden in enger Zusammenarbeit mit Vector Rückmeldungen bezüglich der Bedienbarkeit, Darstellung, Funktionalität und weiteren Optimierungen ausgetauscht und diskutiert.
Der wichtigste Ausbauschritt während der Pilotphase war die Änderung der Lizenzierung des Programms und Trennung zwischen Access Point und Experte. Musste bisher immer noch zusätzliche Vector Hardware wegen der Lizenz mit an den Access Point angeschlossen werden, so war dies ab dem Zeitpunkt der Implementierung des Lizenzmanagers nicht mehr notwendig. Zukünftig wird über einen beim Experten eingegeben Lizenzcode das System aktiviert. Zusätzlich bewirkte die Trennung zwi-

schen den beiden Programmteilen eine Verringerung der Größe des zu installierenden Programmteils beim Servicepartner.
Damit waren alle Voraussetzungen erfüllt, um das Diagnosesystem überall flexibel einzusetzen. Die ersten Tests im Feld wurden mit ausgewählten, bereits aus dem Projekt Online Diagnose bekannten Technik Centern durchgeführt. Die Installation des Access Point konnte bei den Servicepartnern ohne Probleme durchgeführt werden. In seltenen Fällen gab es eine Firewall für den Werkstattbereich des Servicepartners, die im Access Point noch zusätzlich konfiguriert werden musste. Nach der Eingabe der entsprechenden Einstellungen konnte der Access Point die Verbindung zum Server ohne Probleme herstellen.
Die Installation beim Experten verlief ebenfalls ohne Komplikationen, was bereits schon getestet wurde. Auch hier mussten die Opel internen Intranet Netzwerkeinstellungen wie auch die der Hinterlegung von Authentifizierungsdaten durchgeführt werden. Somit konnte von beiden Seiten aus eine Verbindung zum Server hergestellt werden und das System war einsatzbereit.
Für die fallspezifische Analyse musste der Experte zunächst ein neues Projekt mit den zu unterstützenden Kommunikationskanälen einrichten und die entsprechenden Diagnosedaten der jeweiligen Steuergeräte in Indigo einlesen. Anhand der Beanstandung und der Systemkenntnisse wurden nun ausgewählte Parameter in einer Datenliste angezeigt, über die sich eine Analyse der Beanstandung durchführen ließ. Hierbei wird schnell der große Vorteil des neuen Systems deutlich: Durch auf die jeweilige Problematik speziell angepassten Datenlisten, kann man die notwendigen Informationen aus den entsprechenden Steuergeräten auslesen. In den üblichen Diagnosesystemen des Händlers sind nicht immer alle im Steuergerät implementierten Diagnosedaten angezeigt. Mit Hilfe der fallspezifischen Daten und dem nötigen Expertenwissen ist es möglich, eine fachgerechte Diagnose zu stellen und dem Techniker entsprechende Reparaturanweisungen auszusprechen.
Obwohl während der Pilotphase zunächst nur mit deutschen Technik Centern zusammen gearbeitet wurde, ergab sich durch Rückmeldung aus dem ETAC vereinzelt die Möglichkeit, das System bezüglich sehr schwieriger Fälle auch bei kleineren Servicepartnern, teilweise auch im europäischen Ausland zu testen. Hier war zunächst der erste Schritt die Installation der Software, welche sehr einfach durchgeführt werden konnte. Auch die folgende, eigentliche Remote Diagnose führte zum gewünschten Ergebnis, nämlich die Fehlersuche im Fahrzeug wesentlich zu erleichtern und eine schnelle Reparatur zu gewährleisten.

2.3 Geplanter Ausbau und breiter Feldeinsatz der Remote Diagnose

Aktuell wird Indigo Remote im Rahmen der Pilotphase noch eingeschränkt genutzt. Für die Zukunft ist jedoch eine breite Nutzung dieses Tools durch das ETAC geplant. Hierfür werden aktuell die entsprechenden Grundlagen geschaffen.
Um ein solches System überhaupt nutzen zu können, muss jeder Servicepartner Zugriff zu der Access Point Software haben. Das Verteilen dieses Softwareteils ist über ein Opel Informationsportal geplant, welches für jeden Servicepartner zugänglich ist. Diese Vorgehensweise hat verschiedene Vorteile. Zum einen wird dem Servicepartner die Software online zur Verfügung gestellt, d.h. er kann sie sich bereits im Vorfeld installieren, zum anderen kann auch der Inhalt der Daten von Opel unkompliziert geändert werden. Dies ist insbesondere dann sehr sinnvoll, wenn eine neuere Softwareversion die zum Download angebotene Software ersetzen soll. Gerade im Ent-

wicklungsstadium kann dies häufig der Fall sein. Außerdem steht dem Händler für Fragen bezüglich der Installation oder Eingabe von Netzwerkdaten durch das Helpdesk von Opel kompetente Hilfe zur Seite.
Die Verteilung der Experten Software wird Opel intern auf entsprechenden Netzlaufwerken erfolgen, von dem aus sich jeder ETAC Mitarbeiter die Software installieren kann. Zur endgültigen Nutzung von Indigo Remote ist, wie bereits erwähnt, für jeden Nutzer noch eine entsprechende Lizenz benötigt. Im Rahmen eines Gesamtpakets von Vector wurde eine bestimmte Anzahl von Lizenzen erworben und wird durch die Opel interne IT verwaltet. Diese Lizenzen können von den Mitarbeitern untereinander weiter gegeben werden, jedoch ist jeweils eine Lizenz immer nur auf einem einzigen Computer nutzbar. So können beispielsweise ausgewählte Nutzer für einen festgelegten Zeitraum das Programm nutzen, um sich damit vertraut zu machen und danach die Lizenz weitergeben. Da die bereits auf Indigo Remote geschulten Experten das Programm dauerhaft nutzen, werden die Lizenzen ohne zeitliche Einschränkungen an die entsprechenden Mitarbeiter übertragen. Schulungen ausgewählter Mitarbeiter und deren Ausbildung zu einem Diagnoseexperten sind Grundvorrausetzung für die Nutzung eines solchen Programms. Auch die Bereitstellung der Informationen und IT-Systeme für die entsprechende Dokumentation sind Basis für ein funktionierendes System.
Die Expertenschulungen bestehen aus mehreren Grundpfeilern. Der erste Pfeiler beinhaltet Wissen um die allgemeine Fahrzeugarchitektur, Vernetzung der Komponenten und technische Funktionen des Gesamtfahrzeugs.
Detailliertes Wissen über die GM Diagnosestrategie, sowie die Definition der verschiedenen Fehlercodes und Fehlercodeklassen, Diagnoseparameter und Diagnoseservices sind ein weiterer Grundpfeiler. Er dient zum globalen Verständnis der elektronischen Diagnosestrategie bei General Motors.
Der nächste Bestandteil des Expertenwissens ist das Verständnis über die direkte Datenkommunikation der verschiedenen Steuergeräte untereinander und zu anderen Bussystemen. Hierbei handelt es sich nicht um Diagnose, sondern um die Fähigkeit, die Kommunikation auf korrekten Inhalt analysieren zu können.
Der letzte Grundpfeiler befasst sich mit Indigo Remote selbst. Zur Nutzung der Remote Diagnose sind entsprechende Kenntnisse über den Umgang und die Bedienung von Indigo Remote notwendig. Dies beinhaltet, neue Projekte mit entsprechenden Datenlisten zu erstellen und Fehlercode- oder Parameterabfragen zu definieren.
Zunächst wird sich die Nutzung der Remote Diagnose auf Deutschland und Großbritannien beschränken, da Opel mit der Tochtermarke Vauxhall dort einen großen Marktanteil besitzt. Die Erweiterung auf weitere europäische Länder ist bereits geplant. Die Opel interne Aftersales Struktur definiert für jedes Land eine so genannte National Sales Company, kurz NSC. Das bedeutet, dass jedes Land für sich die Verantwortung für den Aftersales Bereich trägt, sich aber trotzdem im Falle von Feldthematiken an den Opel Aftersales Bereich wenden kann. Die Planung ist, für jedes NSC einen entsprechenden Experten auszubilden, der die Fähigkeiten und die Möglichkeit besitzt, mit Hilfe von Indigo Remote eine Ferndiagnose im eigenen Land zu stellen. Kommt er dennoch mit seiner Diagnose nicht zu einem Ergebnis, kann sich jedes NSC selbstverständlich auch an Opel, bzw. an das ETAC wenden. Durch die Funktionsweise von Indigo Remote kann sich jeder ETAC Experte mit dem entsprechenden Access Point des Servicepartners verbinden und das NSC bei der Analyse unterstützen.

2.4 Weiterentwicklung der technischen Möglichkeiten

Um die Effizienz einer Expertendiagnose mit Hilfe eines solchen Systems weiter zu steigern, ist die Möglichkeit zur Darstellung der normalen Buskommunikation extrem hilfreich. Dadurch können Fehler erkannt werden, die ggf. durch Fehlererkennungsmechanismen nicht abgedeckt sind. Diese zusätzliche Funktionalität wird aktuell entwickelt und wird es dem Experten erlauben, die normale Kommunikation zwischen den unterschiedlichen Steuergeräten zu analysieren. Gerade für den Fall, dass Signale auf verschiedenen Bussystemen benötigt werden und von einem Gateway entsprechend umgesetzt werden, kann eine solche Analysemöglichkeit sehr hilfreich sein.
Im Normalfall wird ein Fahrzeug in der Werkstatt in Zusammenarbeit mit dem Servicetechniker analysiert. Somit wird das Diagnosesystem im stationären Fall ganz regulär verwendet. Eine weitere Verwendungsmöglichkeit ist die mobile Nutzung des Systems. Bei der Verwendung von mobilen Datengeräten kann die Datenübertragung auch über Mobilfunk erfolgen. Im Falle eines sporadisch auftretenden Fehlers kann eine Analyse auch während der Probefahrt erfolgen, die Kommunikationsdaten werden quasi live übertragen. Die Latenzzeiten bei der Übertragung können aufgrund der Stärke des Mobilfunksignals, der zu übertragenden Datenmenge oder Übertragungsspitzen in Netzwerken variieren, betragen aber meist nur ein bis zwei Sekunden.
Eine weitere Funktionalität ist das Aufzeichnen von abgefragten Diagnosedaten sowie der normalen Buskommunikation. Dies ist für eine Offline-Analyse sehr hilfreich. Ein weiterer positiver Aspekt solcher aufgezeichneten Daten ist die Möglichkeit der Weitergabe an entsprechende Entwicklungsbereiche. Solche Datenaufzeichnungen werden in der Regel benötigt, um das entsprechende Fehlerbild zu simulieren, den Fehler in der Software zu reproduzieren und Softwareänderungen durchzuführen.
Zur komfortableren Analyse ist für zukünftige Softwareversionen auch eine grafische Darstellung in Planung. Bei sehr zeitkritischen Fehlerbildern ist die zeitabhängige Darstellung von Parametern unerlässlich, da man über den Verlauf auch entsprechende Aussagen über ein Problem treffen kann.
Eine weitere, mögliche Option wäre die Nutzung des Systems als mobilen Datenlogger im Fahrzeug während einer Probefahrt. Dieses Szenario unterscheidet sich in dem Maße, dass es keine aktive Internetverbindung zwischen dem Access Point und dem Experten gibt. Die Funktionalität ist hier rein auf das Aufzeichnen der normalen Kommunikation beschränkt, ggf. könnte man über eine zusätzliche Softwareerweiterung im Vorfeld der Probefahrt Abfragen von Fehlercodes oder Parametern definieren, die während der Aufzeichnung automatisiert durchgeführt werden.

3. Ausblick

Die Anforderungen an die Fahrzeugarchitektur bezüglich sicherer Vernetzung der Komponenten untereinander wie auch das Kommunikationsvolumen innerhalb des Fahrzeugs aufgrund neuer Bussysteme steigen stetig. Damit wird in der Zukunft die Möglichkeit unverzichtbar sein, ein Fahrzeug beim Vertragspartner detailliert diagnostizieren zu können. Jedoch kommen auch neue Themen auf, die man in der Ent-

wicklung zukünftiger Diagnosesysteme miteinbeziehen muss. Speziell bei dem Schlagwort Cyber Security ist man bei neuen Fahrzeugarchitekturen bereits bei der Entwicklung tätig. Gateways zukünftiger Fahrzeugarchitekturen müssen für tiefergehende elektronische Diagnosen die benötigten Funktionalitäten bereitstellen, die entsprechend des Sicherheitsdenkens sicher genug implementiert wurden, um eine Manipulation von außen zu vermeiden.
Auch die heutigen Möglichkeiten der mobilen Datenübertragung führen zu einer verbesserten Infrastruktur. Der neue LTE Mobilfunkstandard beispielsweise stellt Übertragungsraten bereit, die eine mobile Nutzung eines solchen Systems noch attraktiver machen, als es aktuell bereits ist. Generell sind hier natürlich Themen wie Technische Machbarkeit, Aufwand und Datensicherheit immer im Fokus zu behalten.

OTX-Anwendungen

5 Diagnose der nächsten Generation
Prüfabläufe mit OTX beherrschen

Dr.-Ing. Jörg Supke, emotive GmbH & Co. KG, Ostfildern-Stuttgart

Abstract

The new standard OTX (Open Test sequence eXchange) not only offers a unified and reusable exchange format for test sequences in Off-Board-Diagnostics, but it also provides ways to control the prevalent complexity. This contribution describes the profit and potential of OTX to support the diagnostic development process for development, production, and service.

Kurzfassung

Der neue Standard OTX (Open Test sequence eXchange Datenformat – ISO 13209) bietet nicht nur ein einheitliches wiederverwendbares Austauschformat für Prüfsequenzen in der Off-Board-Diagnose, er leistet auch einen wesentlichen Beitrag zur Beherrschung der heute allgegenwärtigen Komplexität. Der Beitrag beschreibt die Vorteile und Potentiale von OTX zur Unterstützung des Diagnoseentwicklungsprozesses in Entwicklung, Produktion und Service.

1. OTX nach ISO 13209

In der Vergangenheit wurden Testabläufe oft prosaisch beschrieben oder als Flow-Chart Diagramme in „Visio“ gezeichnet. Diese Spezifikation wurde dann für verschiedene Zielsysteme meist immer wieder neu „von Hand“ programmiert. Es ist leicht nachzuvollziehen, dass dies weder effizient noch prozesssicher ist.

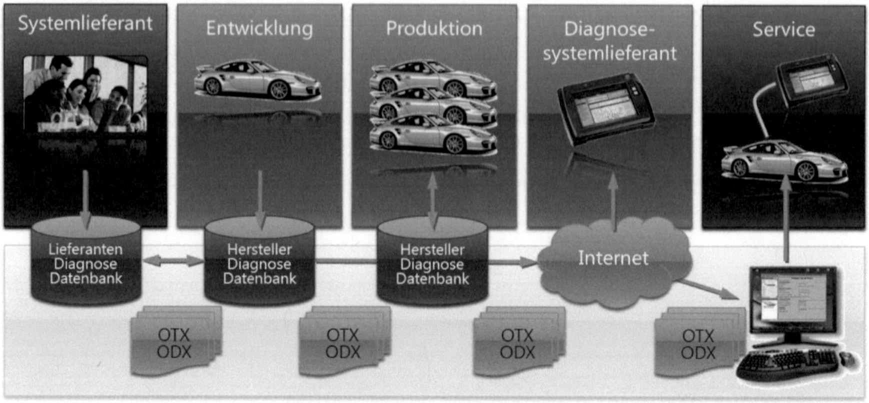

***Bild 1:** Austausch von standardisierten Diagnosedaten über alle Phasen des Fahrzeuglebenszyklus (Single Source)*

In der Automobilindustrie wurde daher der neue OTX Standard (Open Test sequence eXchange) entwickelt. OTX ist ein in der ISO 13209 standardisiertes Plattform und Tester unabhängiges Beschreibungsformat für ausführbare Prüfsequenzen. Die XML basierte Testablaufsprache bietet die vielversprechende Möglichkeit, Prüfabläufe über Abteilungs-, Tool- und Prozessgrenzen hinweg auszutauschen, siehe **Bild 1**. Das in den Abläufen gespeicherte Know-how geht nicht verloren, sondern kann selbst nach vielen Jahren wieder verwendet werden.

OTX enthält die im Umfeld der Automobilindustrie notwendigen Elemente, wie beispielsweise für die Spezifikation, Ablaufsteuerung und Fehlerbehandlung oder für die Interaktion mit dem Benutzer, die Diagnosekommunikation sowie das Messen, Steuern und Regeln. Es kann aber auch einfach über standardisierte Erweiterungsmechanismen um neue Funktionen erweitert werden.

Weiterhin bildet OTX verschiedene Basiskonzepte ab, welche die praktischen Erfahrungen bei der Erstellung, Pflege und dem Ausführen von Testsequenzen widerspiegeln. OTX integriert sich nahtlos in bestehende Standards wie ISO 22900 (Diagnoselaufzeitsystem MVCI) und ISO 22901 (ODX), siehe **Bild 2**. Ziel von OTX ist letztlich der Austausch und die Archivierung von verifizierten, praxiserprobten Prüfsequenzen.

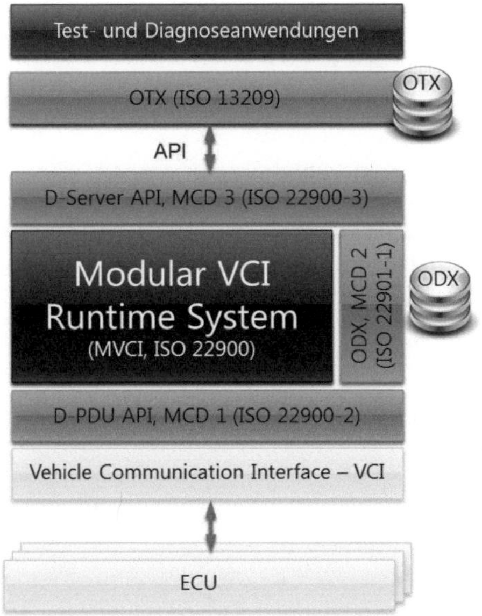

***Bild 2:** Einbindung von OTX in bestehende Standards*

Zusammenfassend kann man sagen, dass mit OTX und ODX eine vollständige, datengetriebene Lösung für die gesamte Diagnoseprozesskette vorliegt. Mit der Unterstützung durch geeignete graphische Softwarewerkzeuge wird dadurch der Diagnoseentwicklungsprozess prozesssicherer, einfacher und produktiver.

Vorteile:

- Wiederverwendbarkeit (Single-Source)
- Deutliche Vereinfachung zum Lösen Diagnose spezifischer Aufgaben
- Zur Entwurfszeit Diagnose spezifisch validierbar
- Strikte Trennung zwischen Testlogik und Laufzeitimplementierung
- Diagnose spezifische Konzepte für Prozess- und Varianten-Management
- Verbesserung der Wartbarkeit und Langzeitverfügbarkeit von Testsequenzen und Diagnosewissen
- Standardkonform erweiterbar
- Erhöhung der Dokumentationsqualität
- Herstellerunabhängigkeit

Aktuelle Herausforderungen

- Klärung von Prozessfragen zu Datenstruktur, Ablagekonzept, Sicherstellung der Datenkonsistenz, Verantwortlichkeiten

- Erweiterung von OTX
- Abstimmen und Aufsetzen eines durchgängigen Entwicklungsprozesses für OTX basierte Diagnosesequenzen

2. Bibliotheken

Ein Prüfablauf besteht aus einer oder mehreren Aktivitäten. Alle Aktivitäten sind in OTX-Bibliotheken thematisch gruppiert. Die OTX-Basisbibliothek (Core) enthält alle Aktivitäten für die allgemeine Prüflogik, wie beispielsweise Prozeduraufrufe, Zuweisungen, Verzweigungen, Schleifen, Aktivitäten für die parallele Ausführung und Fehlerbehandlung. Alle anderen, nachfolgend gelisteten Erweiterungsbibliotheken erweitern den auch standalone lauffähigen Core um spezifische Funktionen, siehe **Bild 3**.

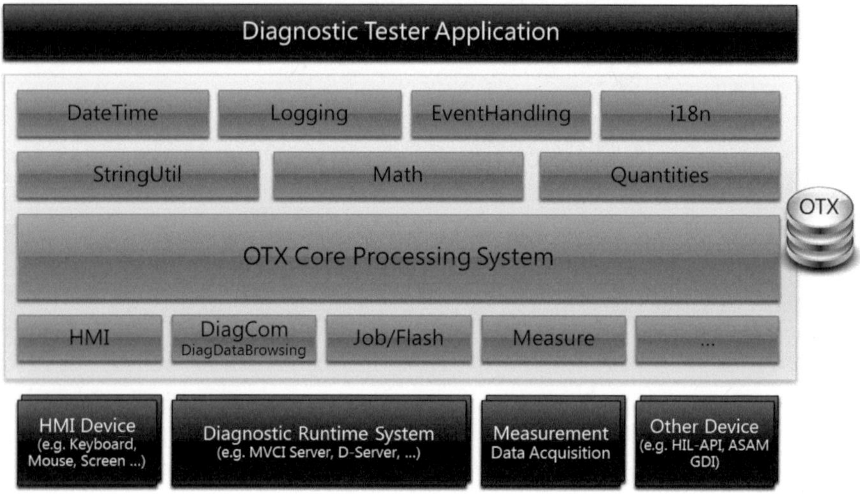

Bild 3: *OTX-Bibliotheken (Extensions)*

- DiagCom

  Die DiagCom-Bibliothek erlaubt den Zugriff auf ein standardisiertes Diagnoselaufzeitsystem nach ISO 22900 (MVCI-Server) für die Off-Board Diagnose-Kommunikation mit dem Fahrzeug.

- DiagDataBrowsing

  Die DiagDataBrowsing-Bibliothek baut auf der DiagCom-Bibliothek auf und liefert zur Laufzeit Informationen über die Diagnosedaten.

- Flash

  Flash erweitert die DiagCom-Bibliothek um Aktivitäten für den Zugriff auf die Flash-Daten eines ODX Containers. Es können Flashsequenzen erzeugt und somit Steuergeräte neu programmiert werden.

- Job

  Die Job-Bibliothek erweitert die DiagCom um den Zugriff auf die Job-API eines MVCI-Servers.

- HMI

  Die HMI Bibliothek enthält Aktivitäten für die Interaktion mit dem Anwender über eine grafische Benutzerschnittstelle (GUI). Das OTF ist dabei in der Lage, sich an bestehende Windows-Forms oder WPF-Anwendungen zu binden. Die in den Anwendungen gefundenen Steuerelemente werden dabei über das so genannte Screen-Mapping an OTX-Variablen eines Ablaufs gemappt, siehe Abbildung.

- EventHandling

  Die EventHandling-Bibliothek bietet Aktivitäten für das Arbeiten mit Ereignissen, z. B. Mausklick des Benutzers, Änderung einer Variablen oder Ablauf eines Timers.

- i18n

  Zur sprachlichen Anpassung des Ablaufsystems enthält die I18n-Bibliothek Aktivitäten für den Zugriff auf eine mehrsprachige Textbaustein-Bibliothek.

- DateTime

  DateTime stellt Elemente für die Arbeit mit Datum und Uhrzeit zur Verfügung.

- Logging

  Über die Logging-Bibliothek können Nachrichten in eine Log-Datei geschrieben werden.

- Math

  Die Math-Bibliothek enthält eine Sammlung mathematischer Funktionen, die nicht durch den OTX Core abgedeckt werden, z. B. Power, Log, Ln, Sin, Cos, Tan.

- Measure

  Mit der Measure-Bibliothek stellt OTX Aktivitäten für grundlegende Mess- und Steueraufgaben bereit.

- Quantities

  Die Quantities-Bibliothek erweitert den Core um Aktivitäten zum Rechnen mit physikalischen Einheiten.

- StringUtil

  Die StringUtil-Bibliothek enthält Aktivitäten für das Arbeiten mit Strings.

3. Wichtige Basiskonzepte in OTX und ihr Beitrag zur Reduzierung der Komplexität

In OTX wurden verschiedene Basiskonzepte umgesetzt. Diese Konzepte widerspiegeln den Entwicklungsprozess von Prüfabläufen beim Automobilhersteller und dessen Zulieferern. Sie enthalten die gewachsenen praktischen Erfahrungen mit Prüfabläufen und bilden neben den Erweiterungsbibliotheken den Domänen spezifischen Teil des Standards ab.

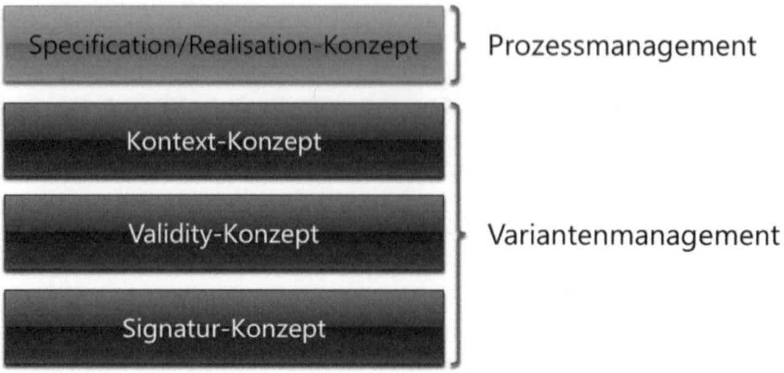

***Bild 4:** Ziel der Basiskonzepte: Reduzierung und Beherrschung der Komplexität*

Die vier wesentlichen Konzepte behandeln zum einen das Prozessmanagement, d.h. den typischen Entwicklungsprozess zur Entstehung von Abläufen beim Automobilhersteller. Zum anderen geben sie Lösungen für das Variantenmanagement.

In den nachfolgenden Abschnitten werden die vier Basiskonzepte beschrieben. Die darin enthaltenen Abbildungen zeigen die Auswirkung in einem einfachsten Beispielablauf. In diesem Ablauf soll beispielhaft für ein älteres Fahrzeug ohne Steuergerät und ein neueres Fahrzeug mit Steuergerät die Batteriespannung geprüft werden. Ist die Batteriespannung größer gleich 10 Volt, dann liefert der Ablauf „Ok" zurück, ist sie kleiner, dann „Nicht Ok". Treten Fehler auf oder ist gar keine Batterie vorhanden (z.B. bei einem Fahrrad), dann gibt der Ablauf „Invalid" zurück.

3.1 Specification/Realisation-Konzept

Das Specification/Realisation-Konzept ermöglicht die verteilte Entwicklung von Testsequenzen einen 3 stufigen Entwicklungsprozess. Beginnend mit einer abstrakten, allgemeinen Stufe werden die Abläufe immer weiter herunter gebrochen und detaillierter. In jeder Phase können die Abläufe mit Hilfe geeigneter Softwarewerkzeuge validiert, ausgetauscht und ausgeführt werden.

1. **Stufe: Spezifikation (Spezifikationsphase)**

   Die Spezifikationsphase dient der Beschreibung der Sequenzen (Spezifikation) in einer frühen Phase des Entwicklungsprozesses. Hier ist die allgemeine Ablauflogik zwar bekannt, jedoch die Details für eine ablauffähige Sequenz sind noch unklar, können aber in Prosa beschrieben werden. Der Ablauf wird aus einzelnen Aktivitäten zusammengesetzt, welche noch keine Realisierung haben. Das heißt, die Aktivitäten werden keiner konkreten Funktion zugeordnet. Ihnen werden lediglich ein Name und eine Beschreibung zugeordnet. Der Ablauf ist ausführbar. Da die Realisierung der Aktivitäten fehlt, werden sie in einem Ausgabefenster simuliert.

2. **Stufe: Zwischenstufe (Realisierungsphase)**

   In der Realisierungsphase implementiert ein Autor aus den Spezifikationen der Aktivitäten die einzelnen Realisierungen. Das heißt, er ordnet den Aktivitäten ohne Realisierung eine Funktion (Realisierung) zu und konfiguriert diese. Naturgemäß besteht der Ablauf in dieser Phase aus einer Mischung von Aktivitäten mit und ohne Realisierung. Auch hier ist der Ablauf ausführbar. Das Ablaufsystem führt die realisierten Aktivitäten aus und simuliert die Aktivitäten ohne Realisierung. Hier kann bereits eine Kommunikation mit einem Steuergerät stattfinden.

3. **Stufe: Realisierung**

   In der letzten Stufe gibt es für jede Spezifikation eine Realisierung. Die Sequenz ist voll ablauffähig. Es muss keine Aktivität simuliert werden.

3.2 Kontext-Konzept

Das Kontext-Konzept ist praktisch ein Mapping-Mechanismus für Umgebungsparameter auf Ebene des OTX-Laufzeitsystems.

Die Laufzeitumgebung für OTX Abläufe ist in der Praxis sehr heterogen. Verschiedene, innerhalb der OTX-Abläufe benötigte Informationen, die nicht aus den Steuergeräten ausgelesen werden können, müssen durch die Diagnoseanwendung bereitgestellt werden. Dies sind unter anderem:

- Fahrzeugdaten

  Fahrzeugmodell, Verkäufer, Identifikationsnummer, Motorisierung oder Sonderausstattungsdaten etc.

- Daten der Diagnoseapplikation (Tester)

  Name, Version, Verwendetes VCI, Anwendungseinstellungen etc.

- Benutzerdaten

  Benutzername, Benutzerrechte, Idle-Time etc.

- Umgebungsdaten

  Standort (z.B. Entwicklung, Produktion oder Service), Version des Betriebssystems etc.

OTX bietet dafür so genannte Kontextvariablen. Eine Kontextvariable wird durch den Autor einer OTX-Sequenz definiert. Sie kann sie dann innerhalb der Abläufe wie globale Konstanten verwenden. Die Variablen können nur gelesen und nicht geschrieben werden. Die OTX-Laufzeitumgebung (OTX-Runtime) erkennt diese speziellen Variablen und fordert die eigentlichen Werte der Variablen über eine Identifikationsroutine von der Diagnoseapplikation an. Das Ablaufsystem unterstützt dazu ein Mapping-Interface, an welches sich die darüber liegende Anwendung einklinken kann. Die Identifikationsroutinen können anwendungsspezifisch (proprietär) oder auch OTX-Prozeduren sein.

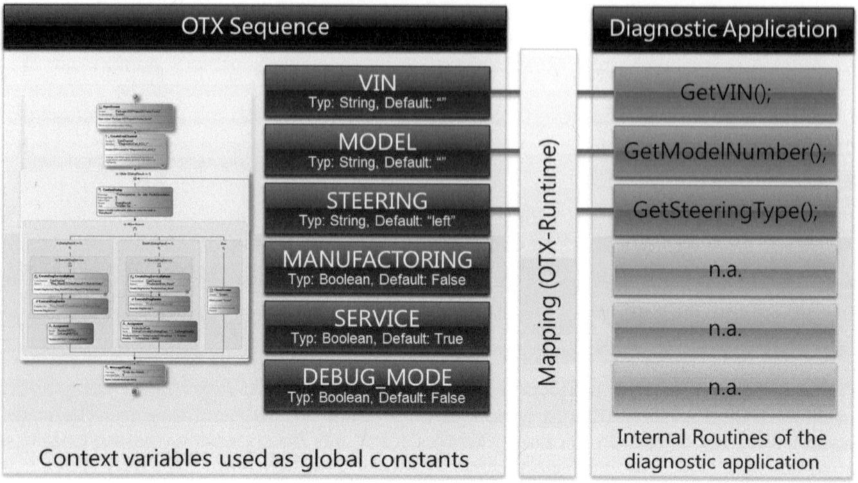

Bild 5: *OTX - Kontextvariablen zum Zugriff auf Umgebungsdaten*

Vorteile:

- Das Arbeiten mit Kontextvariablen ist gleich dem Arbeiten mit globalen Konstanten
- Für die Integration von OTX in bestehende Systeme kann die vorhandene Struktur weiterverwendet werden
- Migrationsmöglichkeit durch schrittweise Realisierung der Identifikationsroutinen durch OTX-Prozeduren
- Beim Austausch der OTX Sequenzen mit anderen Laufzeitumgebungen, die ähnliche Information in ähnlicher Weise bereitstellen, muss nur der Mapping-Layer angepasst werden
- Kontextvariablen können über eine spezielle Anwendung von extern simuliert werden.

3.3 Validity-Konzept

Aufbauend auf dem zuvor beschriebenen Kontext-Konzept unterstützt OTX das so genannte Validity-Konzept. Damit ist es möglich, Testsequenzen für unterschiedliche Umgebungsbedingungen zu konfigurieren. Innerhalb der Testsequenz können über Validities Teile der Sequenz umgebungsabhängig aus- oder einblenden.

Validities müssen auf Ebene eines OTX-Dokuments definiert werden. Sie bestehen entweder aus einer booleschen Kontextvariablen oder aus einem zusammengesetzten logischen Ausdruck (Validity-Term). Es können somit mehrere Kontextvariablen verknüpft oder auch globale Konstanten verwendet werden. Aktivitäten, Sequenzen und Prozeduraufrufe werden über die ValidFor-Eigenschaft an eine Validity gebunden. Zur Laufzeit werden sie nur dann ausgeführt, wenn der Ausdruck der Validity wahr ist. Sie sind somit nur im jeweiligen Umgebungskontext gültig.

Vorteile:

- Klare Abgrenzung zwischen Entscheidungen, die auf statischen, zur Entwicklungszeit bekannten Umgebungsdaten beruhen und Entscheidungen auf Basis dynamischer Werte.
- Validities steuern den Ablauf implizit über die Umgebungsdaten und nicht explizit über Verzweigungen (Branch). Dadurch wird die Anzahl der Verzweigungen deutlich verringert und der Ablauf kompakter und leichter lesbar. Die eigentliche Testlogik wird besser sichtbar.
- Es ist möglich, einen Satz häufig verwendeter Validities in einem separaten Dokument zu speichern und dies an einem zentralen Ort allen Autoren zugänglich zu machen. Damit werden Redundanzen vermieden und die Wartbarkeit wird erhöht.
- Eine OTX Autorenumgebung ist u. U. in der Lage, verschiedene Umgebungsszenarien darzustellen, indem es nicht verwendete Zweige ausblendet, so genannte Filterung.
- Validities sind die Basis für das Signatur-Konzept, siehe nächster Abschnitt.

3.4 Signatur-Konzept

Das Signatur-Konzept basiert auf dem Validity-Konzept und ist diesem ähnlich. Validities beschreiben die Gültigkeit einzelner Aktivitäten im jeweiligen Umgebungskontext. Signaturen beschreiben die Gültigkeit von Prozeduren. Eine Signatur ist ein Interface oder Prototyp für eine Prozedur. Signaturen bestehen aus einem Namen, den Ein- und Ausgabeparametern sowie einer Beschreibung. Prozeduren können über Signaturen indirekt aufgerufen werden. Der Aufrufer muss nur die Parameter und die Spezifikation aber keine Implementierungsdetails der Prozedur kennen. Signaturen erlauben das Erzeugen von generischen Sequenzen, die sich den jeweiligen Umgebungsbedingungen zur Laufzeit anpassen können.

Vorteile:

- Eine Sequenz muss nicht geändert werden, wenn ein neuer Umgebungskontext hinzugefügt wird
- Erhöht die Wartbarkeit bei der Langzeitverfügbarkeit von Testsequenzen
- Ermöglicht die verteilte Entwicklung von Testsequenzen. Die Signatur dient dabei als formale Definition der Schnittstellen zwischen den einzelnen Partnern.

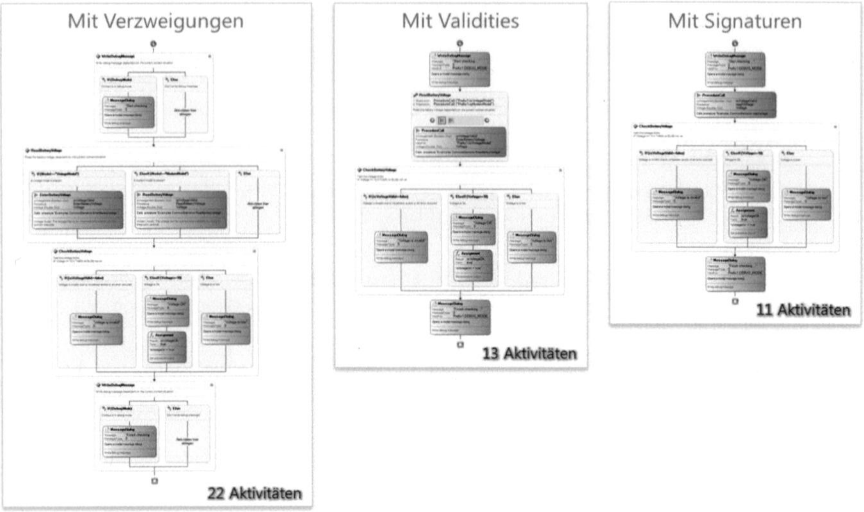

Bild 6: *Basiskonzepte für das Variantenmanagement im Vergleich*

In der Abbildung sind für das Beispiel drei verschieden realisierte Abläufe gegenübergestellt. Der erste Ablauf im Bild links, wurde ohne die Anwendung der Basiskonzepte realisiert und enthält Verzweigungen. Der zweite Ablauf bildet das Beispiel mit Validities ab, der Dritte mit Signaturen. Man kann erkennen, dass der Ablauf mit Signaturen die kompakteste Darstellungsform ergibt. Die Darstellung reduziert sich hier auf die reine Testlogik. Kontextbezogene Kontrollstrukturen, die nichts mit der eigentlichen Ablauflogik zu tun haben und den Ablauf nur verkomplizieren, werden vermieden.

4. Praktische Anwendung am Beispiel einer OTX-Entwicklungsumgebung

Im Zuge des Standardisierungsprozesses und der sich daraus ergebenden Möglichkeiten wurde durch die emotive GmbH in Stuttgart (www.emotive.de) das Open Test Framework (OTF) entwickelt. Das OTF ist eine komplette neu implementierte Entwicklungsumgebung für OTX basierte Anwendungen im Bereich der Fahrzeugdiagnose mit den Hauptaufgaben:

- Spezifikation,
- Realisierung,
- Dokumentation,
- Test und
- Ausführen von OTX Sequenzen.

Aufgrund der in der Praxis teilweise heterogenen Landschaften in den verschiedenen Bereichen (z.B. in Entwicklung und Service oder bei OEM 1 und OEM 2) und den daraus resultierenden unterschiedlichen Sichtweisen und Anforderungen an eine Autorenumgebung wurde bereits bei der Konzeptionierung des OTF besonderer Wert auf

- Offenheit,
- Adaptierbarkeit und
- Erweiterbarkeit

gelegt. Es soll so sichergestellt werden, dass benutzerspezifische Anpassungen oder Erweiterungen einfach und schnell umgesetzt werden können. Bei Bedarf können diese Anpassungen auch durch den Anwender selbst vorgenommen werden.

4.1 Aufbau

In **Bild 7** sind die fünf wesentlichen funktionalen Elemente des OTF dargestellt:

1. OTX-Designer,
2. Forms-Designer,
3. Datenbank-Modul,
4. Testumgebung und
5. OTX-Ablaufumgebung

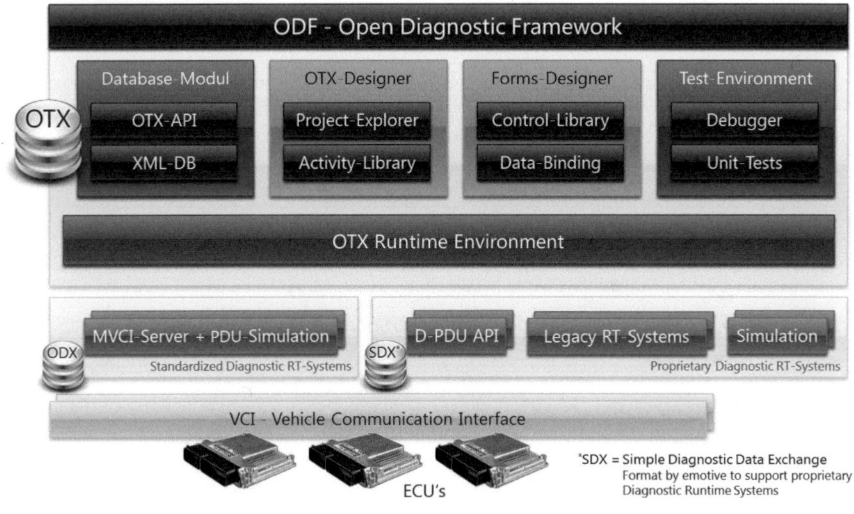

Bild 7: *Hauptelemente des Open Test Frameworks*

4.2 OTX-Designer

Der OTX-Designer ist das zentrale Eingabe-Element. Er gibt dem Autor leicht verständliche grafische Sicht auf die OTX-Daten in Form eines generischen Fluss-Diagramms. Die grafische Darstellung kann kompakt oder detailliert eingestellt werden. Ziel: Der Autor sollte allein aus der grafischen Repräsentation (z.B. beim Ausdruck auf A0-Papier) den gesamten Ablauf verstehen und nachvollziehen können.

Der OTX-Designer besteht aus folgenden Hauptelementen, welche auch durch den Anwender mit Hilfe des OTX-Designer SDK's in eigene Anwendungen integriert werden können:

- Workflow-Designer

  Im Workflow-Designer werden die Abläufe graphisch editiert. Ein Ablauf besteht aus verschiedenen Aktivitäten, die in Form eines generischen Flussdiagramms dargestellt werden. Generisches Flussdiagramm bedeutet, dass der Autor zwar die Testlogik editieren kann, jedoch anders als bei MS Visio keinen Einfluss auf deren Darstellung hat. Diese wird aus den OTX-Daten generiert.

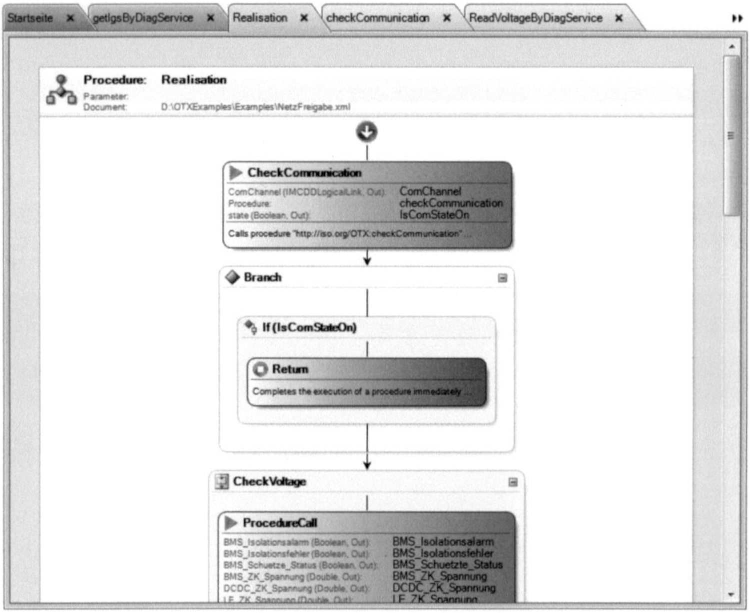

***Bild 8:** Workflow-Designer zur Bearbeitung von Abläufen*

- Solution-Explorer

  Der Solution-Explorer stellt ein gesamtes OTX-Projekt in einem Baum dar. Es werden hier alle Elemente begonnen vom Package bis hin zur ActionRealisation hierarchisch abgebildet. An jedem Knoten können kontextsensitiv Elemente hinzugefügt, kopiert, ausgeschnitten, eingefügt und gelöscht werden.

- Toolbox

Die Toolbox beinhaltet alle Aktivitäten gruppiert nach OTX-Bibliotheken. Der Inhalt der Toolbox (Aktivitäten und Gruppierung) wird aus einer Textdatei generiert, die auch durch den Anwender angepasst werden kann.

- Ausgabe

  Innerhalb der Ablaufumgebung stellen die Ausgabefenster die Diagnosekommunikation und die Variablenänderungen dar. Die Trace-Fenster speichern zu jedem Eintrag einen Zeitstempel sowie detaillierte Informationen über das Element. Es gibt einen stehenden und einen rollierenden Modus. Die Daten können in einer Textdatei gespeichert werden.

4.3 OTX-Datenbankmodul

Das Datenbankmodul ist für den gesamten Zugriff auf die OTX -Daten verantwortlich und erledigt folgende Hauptaufgaben:

- Performanter und ressourcenschonender Zugriff auf OTX-Daten
- Validierung
- Objektsuche
- Referenzen-Management (beispielsweise zur Anpassung der Referenzen nach Änderungen)

Das Datenbankmodul besteht aus der OTX-API und einer XML-Datenbank. Die OTX-API ist die Schnittstelle für den Anwender. Sie wird innerhalb des OTF verwendet.

OTX-Datenbanken können recht groß werden und einen hohen Vernetzungsgrad aufweisen (bis zu 10.000 Abläufe mit zusammen bis zu 1 GB Speicherbedarf). Um auf diese Daten performant und Ressourcen schonend zuzugreifen, wird eine embedded XML-Datenbank verwendet. Die Kommunikation zwischen OTX-API und XML-Datenbank erfolgt über XQuery Abfragen. Die Datenbank ist Bestandteil des OTX-API SDKs und wird in dessen Installationspaket (MSI oder Merge-Modul) mit ausgeliefert.

4.4 OTX-Testumgebung

Die Abläufe können zu Test- und Analysezwecken debuggt werden. Der Debugger arbeitet auf der OTX-Ablaufumgebung und hat folgende Hauptmerkmale:

- Setzen von Haltepunkten (Breakpoints)
- Anzeige und Manipulation von Variablen
- Einzelschritt und Prozedurschritt
- Simulation der Diagnosedaten auf Ebene der D-PDU-API
- Ablauf gegen echte Hardware
- Simulation von Aktivitäten ohne Realisierung

Trifft der Debugger auf eine Aktivität ohne Realisierung, werden in einem Ausgabefenster die Details der Aktivität darstellt. Mit Klick auf den „Weiter"-Button im Ausgabefenster, wird die Abarbeitung wird mit der nächsten Aktivität fortgesetzt.

4.5 OTX-Ablaufumgebung

In der OTX-Ablaufumgebung können die erzeugten Abläufe sowohl in der Entwicklungsumgebung, als auch in der Laufzeitumgebung (z.B. in der Werkstatt oder in der EOL-Programmierung) ausgeführt werden. Für die Ausführung der Abläufe wird Code generiert und übersetzt. Es wird ist reiner nativer C# Code erzeugt. Er ist frei von Ballast. Er basiert nur auf der schlanken und performanten OTX-Runtime Bibliothek und dem .NET Framework. Im Vergleich zu OTX-Interpretern ergeben sich hier zwei deutliche Vorteile:

- Der Laufzeitbedarf der Ablauflogik entspricht dem von nativen C#-Code und ist somit vernachlässigbar
- Fertige Abläufe können als kompilierter Binär-Code Ressourcen schonend und sicher an Dritte weitergegeben werden

Bild 9: *Aufbau der OTX-Ablaufumgebung*

4.6 Highlights

Zusammenfassend werden hier nochmals die wichtigsten Highlights des OTFs aufgelistet:

- Komplette Neuentwicklung basierend auf dem neuen OTX Standard (ISO 13209)
- Datengetriebene Lösung für die gesamte Diagnoseprozesskette
- Für Spezifikation, Realisierung, Dokumentation, Test und Ausführung von OTX-Sequenzen
- Erstellung von grafischen Oberflächen (HMI/GUI)
- Unabhängig vom Diagnoselaufzeitsystem
- Natives und direktes Arbeiten auf OTX-Daten
- Performante Verarbeitung auch sehr großer OTX-Datenbanken
- On-the-fly Erzeugung von C# Programm-Code (kein Ablaufinterpreter!)

- Unterstützung verschiedener Konzepte zur Komplexitätsreduzierung und Benutzergruppen Adaption
- Stand-Alone Anwendung (inkl. Viewer)
- SDK's zur Einbindung in eigene Anwendungen (OTX-API-SDK, OTX-Runtime-SDK und OTX-Designer-SDK)
- Einfach auf jeder Ebene benutzerspezifisch erweiterbar

6 Die OTX Programmierung in der Praxis bei stark variierenden Anforderungen der Anwender

Uwe Barthoff, Softing Automative Electronics GmbH, Haar

Abstract

The concept of OTX (Open Test Sequence Exchange) had mainly been developed to formalize the description and the exchange of diagnostic test sequences. Despite its obvious advantages, the standard is still not fully accepted among the contributors of the value creation chain ranging from engineering through manufacturing and testing to after sales services. One of the reasons are the different requirements and capabilities of the creators of diagnostic sequences. Especially, the experts of vehicle diagnostics, integration and testing do not necessarily (want to) master the programming details of OTX. This article introduces a suitable tool which addresses the individual needs of all parties without sacrificing the flexibility and exchangeability of OTX. By looking at different user specific interfaces of the tool, it will be demonstrated that one can indeed write OTX sequences without knowing how to program.

Kurzfassung

Trotz aller Vorzüge der standardisierten Beschreibung OTX (Open Test Sequence Exchange), welche hauptsächlich für die Ablaufsteuerung der Fahrzeugdiagnose geschaffen wurde, ist die Akzeptanz unter den Akteuren der Wertschöpfungskette von der Entwicklung über den Test und die Produktion bis zum Service noch nicht ganz wie erwartet. Einer der Gründe sind die deutlich unterschiedlichen Aufgaben und Fähigkeiten der Ersteller von Diagnosesequenzen. Im Besonderen sind es die Diagnosespezialisten, Prüfverantwortlichen, Testingenieure und Werkstatttechniker, welche die Details von OTX nur bedingt beherrschen (wollen). In diesem Beitrag soll gezeigt werden, wie man mit einem geeigneten Werkzeug einerseits den individuellen Anforderungen der Beteiligten gerecht werden kann ohne andererseits die Flexibilität und Austauschbarkeit von OTX aufzugeben. Anhand verschiedener anwenderspezifischen Betriebsarten eines OTX Erstellsystems wird veranschaulicht, dass man sehr wohl OTX programmieren kann ohne programmieren zu können.

1. Einführung

Nach dem erfolgreichen Einzug des Beschreibungsformates für Diagnosedaten ODX (Open Diagnostic Data Exchange) setzt sich nun auch die vielversprechende Standardisierung der Implementierung von Diagnoseabläufen mittels OTX immer weiter durch. Die Vorteile, wie zum Beispiel die Plattformunabhängigkeit, die Austauschbarkeit der Skripte sowie der diagnoseorientierte Sprachumfang sind offensichtlich.

Auch für die Entwickler von OTX Skripten gibt es mittlerweile Erstelltools, die modernen Programmierumgebungen (IDE) in nichts nachstehen. Dem Anwender stehen hier wichtige Hilfsmittel wie eine wahlweise grafische Eingabe, ein Pseudo Code Editor, intelligente Editorfunktionen (z.B. Intelli-Sense), leistungsfähige Debug-Funktionen und unter anderem auch eine umfangreiche Projektverwaltung zur Verfügung.

Fertig erstellte OTX Skripte können nun in weitere Tools (z.B. einen Entwicklungs- oder Werkstatttester) integriert und über eine entsprechende OTX Laufzeitumgebung im Standalone-Betrieb gewissermaßen per Mausklick ausgeführt werden.

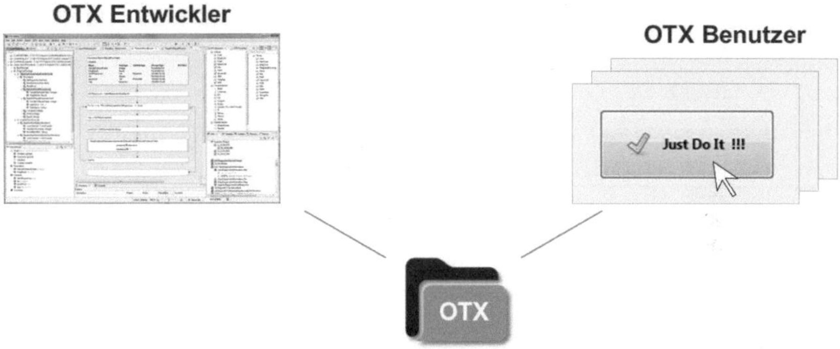

Bild 1: *OTX aus der Perspektive des Entwicklers und der Benutzer*

Offenbar sind also die Belange der Nutzer und besonders der Ersteller von OTX Skripten angemessen adressiert und der breiten Einführung von OTX als Standard steht bis auf wenige Fragen, kaum mehr etwas im Weg.

Leider aber ist diese Sicht zu eindimensional, denn entlang des Lebenszyklusses eines Fahrzeuges von der Planung über die Entwicklung, das Testen, die Herstellung bis zum Service gibt es die unterschiedlichsten Beteiligten mit ihren eigenen Aufgaben, Kenntnissen und folglich auch eigenen Anforderungen bezüglich des Entwurfs sowie das Anwenden von Diagnoseabläufen.

Für bestimmte Zielsetzungen reicht es eben nicht, ein vordefiniertes OTX Skript einfach nur zu starten, sondern es besteht die Notwendigkeit, die auszuführende Funktion zu parametrisieren, die Abfolge der Diagnoseschritte zu verändern oder gar einen eigenen Ablauf zu definieren. Letzteres setzt allerdings wieder die Fähigkeiten eines OTX Programmierers voraus und ist laut Aussage einiger Fahrzeughersteller einer der Gründe, warum die Einführung von OTX über die gesamte Breite aller Prozesse gar nicht, beziehungsweise nur zögerlich stattfindet.

Das sich mit OTX abzeichnende Dilemma, besteht also in der Erwartung, dass sich jeder nur denkbare Diagnoseablauf äußerst flexibel programmieren lassen soll, ohne aber andererseits auf Programmiererfahrungen angewiesen zu sein.

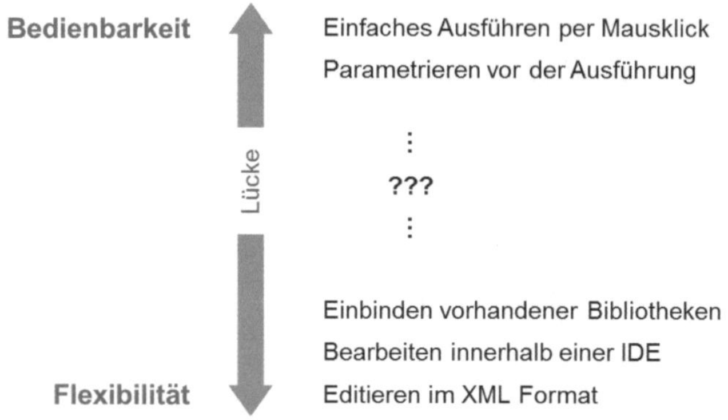

Bild 2: *Das OTX Dilemma – Flexibilität versus Bedienbarkeit*

Selbst der Zugriff auf bereits bestehende und geprüfte Bibliotheksfunktionen erfordert vom Ersteller der übergeordneten OTX Hauptroutine ein Mindestmaß an Erfahrung mit Programmiersprachen und den Umgang mit den zahlreichen Funktionen der Entwicklungsumgebung.

Der Kompromiss zwischen diesen beiden Polen klingt ein wenig wie die Quadratur des Kreises und es scheint, dass dieses Problem nur mit verschiedenen Workarounds zum Preis eines Toolbruches, also ohne den Bezug auf die schon vorhandenen OTX Basis, lösbar ist.

In den folgenden Kapiteln soll gezeigt werden, wie die beschriebene Lücke mit einer geeigneten Tool-Philosophie tatsächlich geschlossen werden kann. Dabei handelt es sich um die Realisierung des Baukastenprinzips, bei dem jeder beliebige Nutzer vorhandene Funktionsblöcke auswählen und gewissermaßen „zusammenstecken" kann.

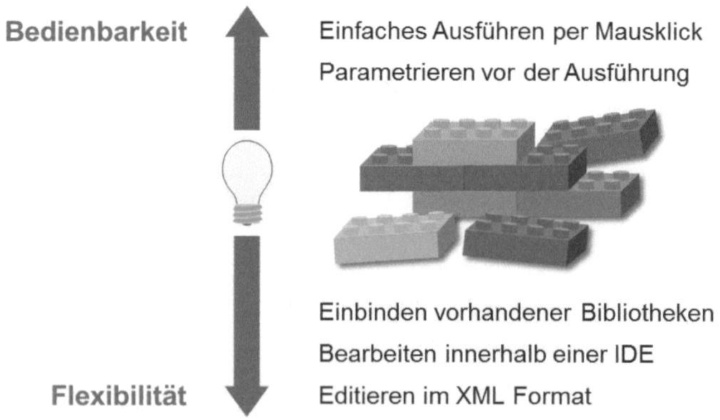

Bild 3: *Einfaches Erstellen von Diagnosesequenzen durch das Zusammenfügen von intelligenten Funktionsblöcken*

Interessanterweise basieren diese Blöcke auf einfachen Bibliotheksfunktionen, die jeweils in einem automatisch generierten Codefragment mit wichtigen intelligenten Zusatzfunktionen eingebunden sind. Trotzdem lassen sich die Bausteine auf einzelne OTX Aktionen zurückführen, das heißt die Kompatibilität mit anderen Tools der Prozesskette bleibt gewährleistet.

Eine Entwicklungsumgebung, die diese komfortable Art des Zusammenbaus von OTX Abläufen ermöglichen soll, muss also zwischen mindestens drei verschiedenen Betriebsarten umschaltbar sein:

- *Experten Modus*
  OTX Programmierer entwickeln reinen OTX Code und Bibliotheksfunktionen
- *Komfort Modus*
  Fahrzeugexperten erstellen Abläufe nach dem Bausteinprinzip
- *Vorlagen Modus*
  Autoren für geführte Fehlersuch (GFS) kombinieren fertige Vorlagen zu vollständigen Abläufen mit intelligenten Verzweigungen

Um die notwendigen Eigenschaften eines solchen Autorentools abzuleiten, werden im Anschluss die folgenden Themen näher beleuchtet:

- Anwendungsfälle für Diagnoseabläufe
- Diagnose Anwender und ihre Fähigkeiten
- Anforderungen an das OTX Werkzeug

Bei der Beschreibung der Tool-Anforderungen werden einige interessante Beispiele herausgegriffen und ihre mögliche Implementierung mit geeigneten Screenshots veranschaulicht.

2. Anwendungsfälle für Diagnoseabläufe

2.1. Das erweitertes V-Modell der Fahrzeugdiagnose

Die Prozesse für die Entwicklung von Steuergeräten folgt heute typischerweise dem V-Modell. Während der linke Ast die Anforderungen beschreibt, wird im rechten Ast der jeweils entsprechende Test dargestellt. Von oben nach unten werden die Anforderungen immer detaillierter, auf dem rechten Ast werden die Tests entsprechend von unten nach oben immer gröber. Demnach stehen auf der Horizontalen den Systemanforderungen die dazu notwendigen Systemtests gegenüber, Komponentenanforderungen werden durch passende Komponententests validiert und letztlich werden die Softwareanforderungen durch Modultests geprüft.

Das Modell passt auch hervorragend auf die Diagnose: zunächst wird die Fahrzeugdiagnose definiert, anschließend die dafür notwendigen Teilsysteme und schließlich die Diagnose auf ECU-Ebene. Besonders hier fällt auf, dass das einfache „V“ als Beschreibung nicht mehr ausreicht, denn was die Zahl der betroffenen Nutzer und damit auch die Auswirkung auf die Kosten betrifft, sind die Hauptanforderer im Umfeld von Produktion und Service zu finden.

Softing hat daher schon vor langer Zeit den erweiterten V-Zyklus aus der Taufe gehoben. Hier wird der rechte (Test-) Ast des „V" erweitert, um die zeitlich nachfolgenden Prozessschritte mit abbilden zu können. Die folgende Abbildung gibt einen Überblick über diesen Prozess:

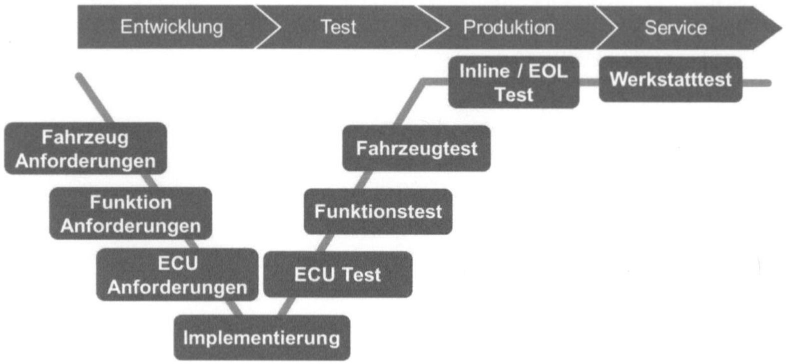

Bild 4: *Diagnose im erweiterten V-Zyklus*

2.2. Diagnoseaufgaben entlang des Entwicklungsprozesses

Der Prozess unterscheidet zwischen Entwicklung (Engineering), Test, Produktion (Manufacturing) und Service. In allen Bereichen werden spezifische Aufgaben erfüllt, wobei die Übergänge teilweise fließend sind, schon durch die kontinuierlich eingebrachten Verbesserungen.

- *Entwicklung*
  Die Anforderungen an Fahrzeug-, System- und Steuergerätediagnose werden meist in Zusammenarbeit von Entwicklung, Produktion und Service erstellt. Anschließend werden die Diagnosefunktionen im Steuergerät implementiert.
- *Test*
  Die Diagnose wird für Steuergeräte, im Systemverbund und im Fahrzeug getestet. Dazu wird in der Regel erst die reine Steuergerätekommunikation, anschließend die Diagnose selbst überprüft.
- *Produktion*
  Die Diagnose (inklusive darauf basierender Prozesse wie Flash-Programmierung und Variantenkodierung) erfolgt sowohl neben der Linie (also in der vorgelagerten Produktion von Teilsystemen) als auch In-line bei der Fahrzeugproduktion. Am Schluss erfolgt der End-of-Line Test (EoL). Unter Umständen fällt die erneute Diagnose auch an Nacharbeiten an. Daneben sind auch Flottentests an fertig produzierten Fahrzeugen (Vorserie, serienbegleitend) üblich.
- *Service*
  Es erfolgen ausschließlich Tests an vollständigen Fahrzeugen. Neben dem Auslesen von Fehlerspeicher und Umgebungsdaten sind auch Flash-Programmierungen, Varianten Kodierungen und ECU Tausch üblich.

2.3. Typische Abläufe der Fahrzeugdiagnose

Von wenigen Ausnahmen (z.B. Einzeltests während der Entwicklung, Auslesen einzelner Messwerte in der Werkstatt, Löschen des Fehlerspeichers und ECU-Reset nach EOL) abgesehen, kommt die Ausführung von einzelnen Diagnoseaufrufen praktisch kaum vor. Zum überwiegenden Teil sind ganze Gruppen von einzelnen Diagnoseschritten bzw. eine skriptgesteuerte Abfolge dieser Schritte notwendig. Drei ausgewählte Beispielsszenarien seien hier kurz beschrieben:

Fehlerspeicher lesen und löschen

Der Fehlerspeicher von Steuergeräten muss ausgelesen werden, um den Status der der Einheit zu ermitteln. Nicht jeder Fehlereintrag muss in jedem Zustand ein Fehler sein, beispielsweise kann in der Produktion ein Fehler zulässig sein, weil der entsprechende Sensor noch nicht verbaut ist. Zusätzlich können für alle Fehler auch noch Umgebungsbedingungen abgefragt werden, die eine genauere Betrachtung der Umstände ermöglichen, unter denen ein Fehlereintrag erfolgte (beispielsweise bei einer Motortemperatur von 85°C und einer Drehzahl von 3630 U/min). Um nach einer Reparatur eine Selbstprüfung der ECU zu ermöglichen, muss der Fehlerspeicher auch wieder gelöscht werden können. Ein entsprechendes Skript müsste also die folgenden Schritte enthalten.

- Auslesen des Fehlerspeichers vom Steuergerät in eine Liste
- Vergleich jedes Eintrages mit einem Verzeichnis aller erlaubter Fehler
- Lesen der Umgebungsdaten für jeden unerwarteten Fehler
- Schreiben der Informationen in ein Protokoll
- Wiederholung für jeden weiteren Eintrag der Fehlerliste
- Löschen des Fehlerspeichers
- Gegebenenfalls Wiederholung für weitere Steuergeräte des Fahrzeugs

Variantenkodierung

Mit Hilfe der Variantenkodierung werden Funktionen im Steuergerät ein- und ausgeschaltet. Dies hat erhebliche Kostenvorteile, da nicht für jede Variante der Steuergerätecode einzeln getestet werden muss. Die Funktion Variantenkodierung muss dafür umso genauer getestet werden. Dies ist mit hohem Aufwand verbunden, da die einzelnen Codierbits nicht unabhängig voneinander aber auch nicht unabhängig vom Stand der ECU Software sind. Gerade wegen der verschiedenen möglichen Szenarien ist auch hier ein intelligenter Ablauf nötig.

- Lesen der Identifikation des Steuergerätes
- Ermitteln der erwarteten SW Version und SW Stand aus einer Datenbank
- Lesen der gegenwärtigen Kodierung
- Vergleich mit der neuen Kodierung und Abbruch bei Gleichstand
- Umschalten in die Programmiersession, ggfs. mit vorheriger Authentisierung
- Kodierung der ECU mit den vorgegebenen Daten
- Zurückschalten in die Default Session
- Verifizieren der Kodierung mit Protokollierung
- Zurücksetzen des Steuergerätes (ECU-Reset)

Programmierung des Flash-Speichers

Neue Steuergeräte-Software wird in allen Bereichen der Prozesskette in die Steuergeräte programmiert. Unterschieden wird allerdings zwischen der Erst-Programmierung (beim Steuergeräte Hersteller) und der Re-Programmierung (beim Fahrzeughersteller oder in Werkstätten). Im letzteren Fall kann es sich neben der Programmierung von Steuergeräte-Code auch um Daten wie Kennlinien oder Kennfelder handeln. Obwohl das Flashen bereits mit Java Jobs weit verbreitet ist, kann es durchaus nützlich sein, den Ablauf über OTX zu steuern. Zum einen lässt sich der Prozess in einzelne flexible Schritte aufteilen um die Interaktion mit dem Benutzer zu ermöglichen oder um den Ablauf mit verschiedenen Logistikprozessen zu verknüpfen. Zum anderen ist mit OTX die Kompatibilität mit zukünftigen Umgebungen gewährleistet.

Typischerweise wird auch ein OTX Skript über den D-Server auf die Beschreibung der Flash Session in den ODX Daten zugreifen, um Datenkonsistenz aber auch Prozesseffizienz zu garantieren. Im Vergleich zu den vorherigen Beispielen besteht eine Flash-Programmierung aus deutlich mehr Einzelschritten:

- Verifizieren der ECU Identifikation, Boot-Softwareversion usw.
- Busruhe herstellen
- Ausführen des Sicherheitszugriff mit Authentisierung
- Umschalten in die Programmiersession
- Fehlereinträge unterdrücken
- Request Download
- Transfer Data
- Wiederholung für jedes Segment
- Request Transfer Exit
- Wiederholung für jeden Datenblock
- Validierung des ECU Speichers
- Fehlereinträge aktivieren
- Zurückschalten in die Default Session
- Busruhe aufheben
- Zurücksetzen des Steuergerätes (ECU-Reset)

Andere Anwendungen von Diagnoseabläufen

Es gibt natürlich noch viele weitere Beispiele aus der Diagnose, die ohne die Implementierung von Abläufen kaum noch vorstellbar sind.

- Geführte Fehlersuche (GFS), bei welcher einzelne Diagnosesequenzen in Kombination mit mehreren Benutzerdialogen zu intelligenten Ergebnissen führen
- Analyse des Fehlerspeichers (Fehlercodes und Umgebungsdaten) eines Steuergerätes bzw. eines ganzen Fahrzeugs
- Variantenkodierung für alle Steuergeräte eines gesamten Fahrzeugs
- EOL Tests
- OBD Compliance Check (Automatische Überprüfung entsprechend der OBD Anforderungen)
- Austausch eines Steuergerätes (Lesen der Daten aus altem Steuergerät, Austausch der ECU, Schreiben der Daten in die neue ECU)

Diagnoseabläufe ohne Code

Unbedingt erwähnenswert ist auch die Möglichkeit, einen kompletten Ablauf zu spezifizieren ohne sich schon in den ersten Phasen der Entwicklung auf echten ausführbaren Code festzulegen. Im Unterschied zu gewohnten Verfahren der Dokumentation (z.B. Word oder Visio), beruht der Pseudocode bereits auf OTX und kann somit an konzerninterne Abteilungen oder Zulieferer weiter gereicht und direkt weiterverarbeitet werden. Außerdem ergibt sich der Vorteil, dass Spezifikation und Implementierung in einem einzigen Tool gepflegt werden kann.

3. Fähigkeiten und Anforderungen der Diagnose Anwender

Anhand aller oben genannten Beispiele wird klar, dass der Einsatz einer flexiblen Programmierung von Einzelschritten als Teil eines ganzen Ablaufs geradezu unausweichlich ist. Es sollte auch deutlich geworden sein, dass bei den Darstellungen eben nicht die Programmiersprache, sondern immer die Schritte der Diagnoseanwendung beschrieben wurden.

Der Blick auf die eigentlichen Anwender und ihr jeweiliges Know-How soll die Einsicht weiter vertiefen, dass der Fokus bei der Programmierung immer auf den Erfordernissen der Diagnose und weniger auf den Einzelheiten der Programmiersprache liegen muss.

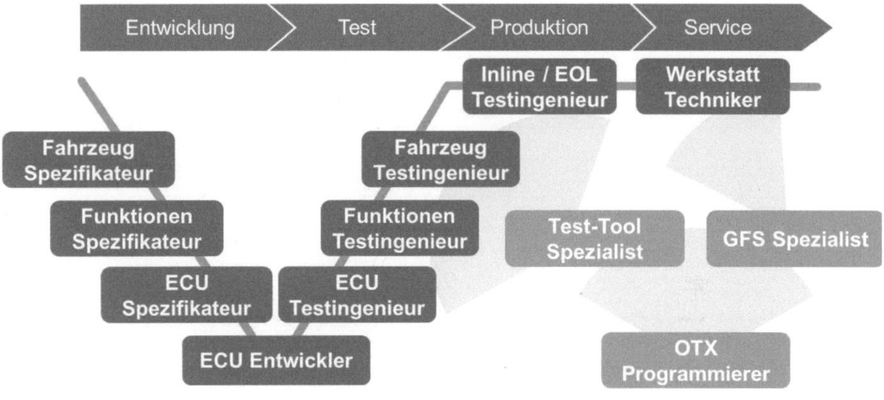

***Bild 5:** Typische Rollen im Diagnose Prozess*

Entlang der Prozesskette der Diagnose lassen sich verschiedene Rollen mit ihren jeweiligen Aufgaben und natürlich auch den jeweils eigenen Fähigkeiten identifizieren. Wir unterscheiden hier zwischen den Entwicklern und Testingenieuren, welche an den eigentlichen Fahrzeugkomponenten und der Implementierung der inhärenten Diagnosefunktionen arbeiten und jenen, welche die Testskripte und Testwerkzeuge entwickeln, konfigurieren und zur Verfügung stellen. Trotz enger Zusammenarbeit und möglicher Überschneidungen hilft diese Unterscheidung, um die erforderlichen Kenntnisse bzw. Erwartungen an die Diagnosewerkzeuge abzuleiten.

Rolle	Arbeitsweise	Diagnose Kenntnisse	OTX Kenntnisse
Fahrzeug Planer	Denken in funktionalen Abläufen	Guter Überblick	Sehr gering
Funktionen Planer	Denken in funktionalen Abläufen	Sehr guter Überblick	Gering
ECU Planer	Denken in funktionalen Abläufen	Fundiert	Gering
ECU Entwickler	Denken in Programmcode	Implementierungssicht	Leicht erlernbar
ECU Testingenieur	Fokus auf Testschritte	Fundiert	Sehr gering
Funktionen Testingenieur	Fokus auf Testschritte	Fundiert	Sehr gering
Fahrzeug Testingenieur	Fokus auf Testschritte	Fundiert	Sehr gering
In-line / EOL Testingenieur	Fokus auf Testschritte	Einzelne Anwendungen	Keine
Werkstatttechniker	Reiner Fokus auf Fahrzeugfunktion	Reine Anwendersicht	Keine
OTX Programmierer	Denken in Programmcode	Gering	Fundiert
Testwerkzeug Spezialist	Denken in Diagnoseschritten und Anforderung im Testfeld	Fundiert	Gering
GFS Spezialist	Denken in Diagnoseschritten	Fundiert	Gering

Tabelle 1: *Profil der verschiedenen Rollen im Diagnose Prozess*

In Tabelle 1 wird das Profil der verschiedenen Rollen grob beschrieben und untereinander verglichen. Das sehr heterogene Bild verdeutlicht, dass zwar jeder Mitwirkende auf die Diagnose angewiesen ist, seine Aufgaben aber nicht mit dem gleichen Werkzeug bewältigen kann und auch nicht soll. Der direkte Einsatz von OTX als Standard für die Implementierung und Nutzung von Diagnosesequenzen stellt offensichtlich für fast alle Beteiligten eine mehr oder weniger große Hürde dar (Bild 6).

Trotzdem ist es erwünscht, dass die einmal erstellten Diagnoseabläufe und das darin enthaltene Know-How entweder vollständig oder wenigstens in Funktionsblöcken prozessweit austauschbar bleiben sollen.

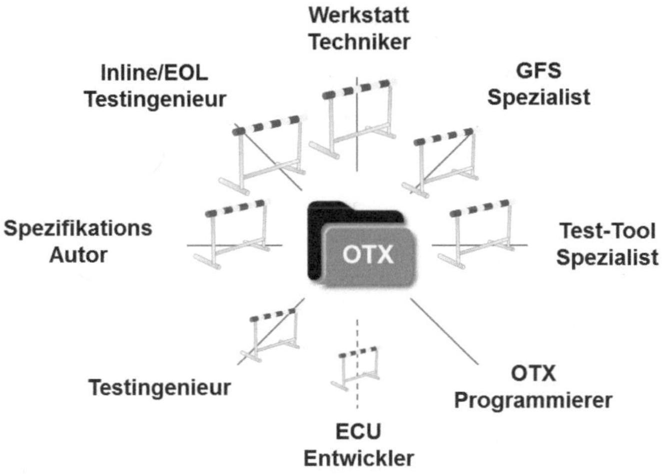

Bild 6: *Schwierigkeiten beim Zugang zu OTX aus Sicht der Anwender*

Es geht also darum, jedem Anwender seinen eigenen individuell gestalteten Zugang zum OTX Austausch zu ermöglichen, indem die Komplexität verborgen und eine anwenderorientierte Sicht mit weiteren denkbaren Hilfsfunktionen ermöglicht wird.

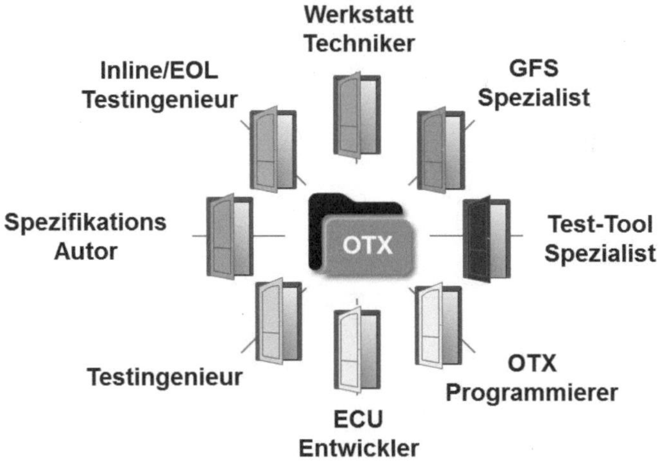

Bild 7: *Maßgeschneiderter Zugang zu OTX für alle Anwenderprofile*

3.1. Benutzerabhängige Anforderungen an ein OTX Werkzeug

Entsprechend der vorangegangenen Diskussion ergeben sich für die notwendigen anwenderorientierten Ansichten eines OTX Werkzeuges jeweils unterschiedliche Anforderungen. Die wichtigsten sollen hier aufgezählt und für einige ausgewählte Funktionen soll eine mögliche Realisierung mit der Entwicklungsumgebung „OTX Studio" von Softing veranschaulicht werden.

Spezifikationsautoren

Spezifikationsautoren bzw. alle in Tabelle 1 aufgeführten Planer denken in funktionalen Blöcken und müssen in der Lage sein, einen Diagnoseablauf ganz grob zu beschreiben, ohne die genaue OTX Implementierung zu kennen. Das von Ihnen verwendete Autorentool sollte also die folgenden Funktionen anbieten:

- Zusammensetzen von einzelnen Funktionsblöcken
- Kurzbeschreibung für jeden einzelnen Block
- Zur besseren Lesbarkeit, Wahl eines Symbols und Farbe für jeden Block
- Kurzbeschreibung kann Links zu weiteren Dokumenten enthalten
- Ablage des Ablaufs als OTX Skript zur Weiterverarbeitung durch Entwickler

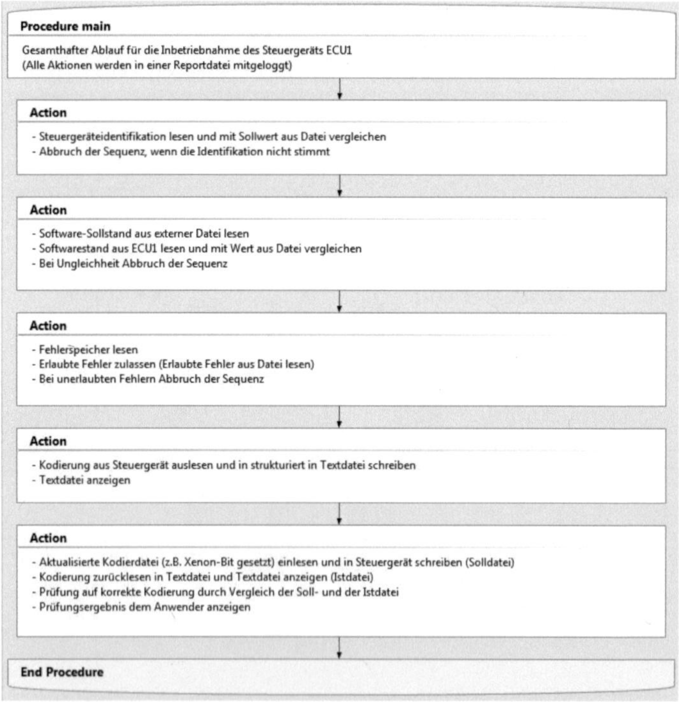

***Bild 8:** OTX Editor aus der Sicht des Spezifikationsautors*

ECU Entwickler

Erfahrene ECU Entwickler sind mit den verschiedenen Elementen einer Programmiersprache vertraut und benötigen kaum zusätzliche Funktionen um sich mit der OTX Entwicklungsumgebung zurechtzufinden. Allerdings wären unter anderem die folgenden diagnosespezifischen Features sehr nützliche Ergänzungen:

- Schnellzugriff auf die Spezifikation aller OTX Sprachelemente
- Intelli-Sense (Auswahl von passenden Parametern und Werten)
- Automatisches Erkennen von ECU Varianten und Bereitstellen von alternativen Programmrümpfen (ähnlich wie switch ... case)
- Drag & Drop Auswahl aller symbolischen Namen für Diagnosedienste, Parameter, Parameterwerte, Flashjobs, Trouble Codes usw. durch besonders übersichtliche Darstellung der in der Regel komplexen ODX Datenstruktur
- Automatisches Generieren von Anforderungsparametern (Request Parameters) und Rückgabeparametern (Response Parameters) für einen Diagnoseservice
- Eingegliedertes Fenster für das direkte Ausführen von Diagnosediensten
- Integrierter Communication Trace mit symbolischer Darstellung

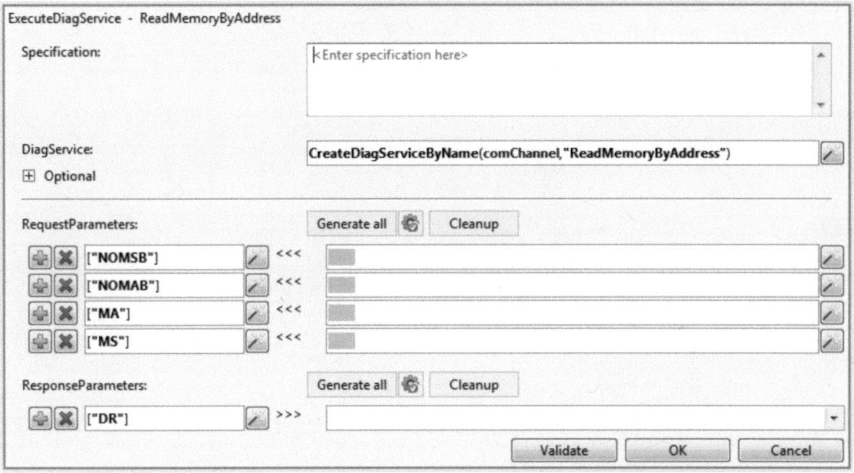

Bild 9: *Beispiel einer Hilfsfunktion für ECU Entwickler: Automatisches Generieren der Parameter eines Diagnoseaufrufs beim Editieren*

Besonders durch diesen diagnoseorientierten Schwerpunkt wird der Unterschied zwischen einer gewöhnlichen Programmierumgebung wie Eclipse oder Visual Studio und einem guten OTX Erstelltool deutlich. Eine Realisierung von Diagnoseabläufen in Java oder C++ würde das Wissen über eine Bibliothek von unzähligen Diagnosefunktionen voraussetzen, während der Anwender eines dedizierten OTX Editors kaum eine Zeile Code schreiben muss sondern sich voll und ganz auf die Diagnose konzentrieren kann.

OTX Programmierer

Neben den schon erwähnten diagnoseorientierten Hilfestellungen, sollte ein Tool für die OTX Autoren den modernen Entwicklungsumgebungen in nichts nachstehen. Unter anderen, werden die folgenden Funktionen vorausgesetzt:

- Projekt und Versionsverwaltung
- Debugging Funktionen wie Einzelschritt, Breakpoints und Goto Next
- Watch Funktion für alle Variablen
- Darstellung der Aufrufhierarchie und des Call Stacks
- Erstellen und Einbinden von Bibliotheken
- Wiederherstellung von vordefinierten Layouts
- Komfortabler Editor für GUI (Graphical User Interface)
- Einfaches Umschalten zu den abstrakteren Ansichten der anderen Anwender

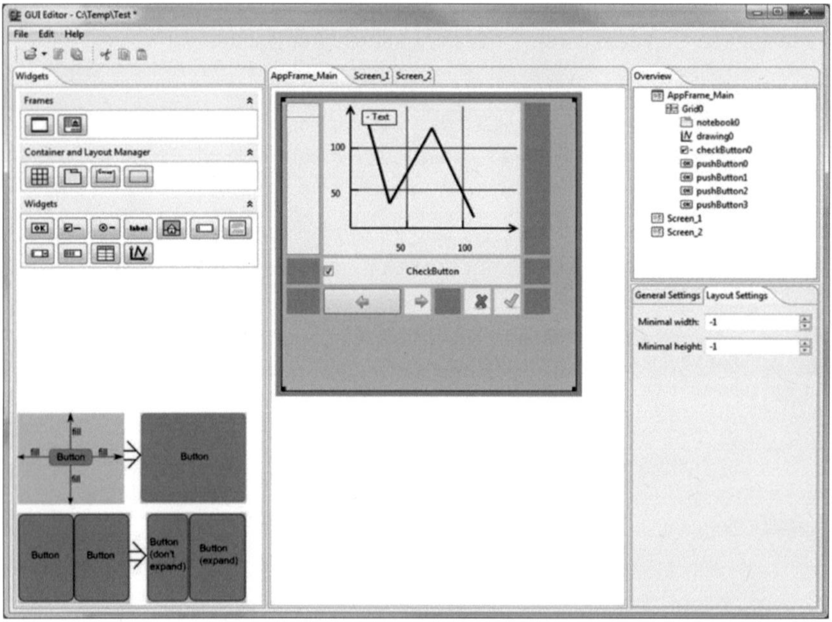

Bild 10: *Beispiel einer Hilfsfunktion für OTX Programmierer: Komfortabler Editor zum Erstellen einer GUI*

Test-Tool Spezialist

Das Bereitstellen von Diagnoseabläufen für alle Phasen bis zum End-Of-Line Test erfordert einen klaren Fokus auf die Bedürfnisse der Testingenieure. Die Entwickler der Testwerkzeuge sollten also befähigt werden, einzelne Funktionsblöcke flexibel zu kombinieren, ohne sich mit den Details des OTX Quellcodes befassen zu müssen. Als empfohlene Lösung sollte die OTX Entwicklungsumgebung hierfür in eine Art

„Komfortmodus" umschaltbar sein. Dieses spezielle Bedienkonzept zeichnet sich durch folgende Eigenschaften aus:

- Erster Entwurf eines Komfort-Ablaufes im Spezifikationsmodus
- Auswahl von vordefinierten Funktionsblöcken aus einer übersichtlichen Bibliothek
- Hintergrundgenerierung des Codes für Kommunikationsaufbau mit einer ECU
- Auswahl an automatisch generierten Diagnosediensten mit allen möglichen Werten für die Request Parameter (Komfortdienste)
- Automatisches Erstellen und Einbetten von entsprechenden Funktionsblöcken für jeden beliebigen, leicht auszuwählenden Diagnose Service
- Automatisches Protokollieren der Parameter und Ergebnisse bei jedem Schritt
- Optionales Wiederholen einer Funktion bei unerwartetem Ergebnis
- Definition von Abbruchkriterien für jeden Block
- Automatisches Abfangen von Fehlern und Anzeige einer qualifizierten Meldung
- Anbindung an Logistikfunktion (Zugriff auf Dateien oder Datenbanken)
- OTX Elemente sind bis auf wenige Ausnahmen unsichtbar

Es sei erwähnt, dass jeder Funktionsblock auf einfachen, vom OTX Programmierer entwickelten Bibliotheksfunktionen beruht. Diese werden beim Importieren in den Komfortmodus automatisch mit einer intelligenten Codehülle versehen. Trotz der Abstraktion, weg von der OTX Sicht und hin zur Use-Case bezogenen Sicht, verliert ein Komfortprojekt natürlich nicht seine Kompatibilität zum OTX Standard.

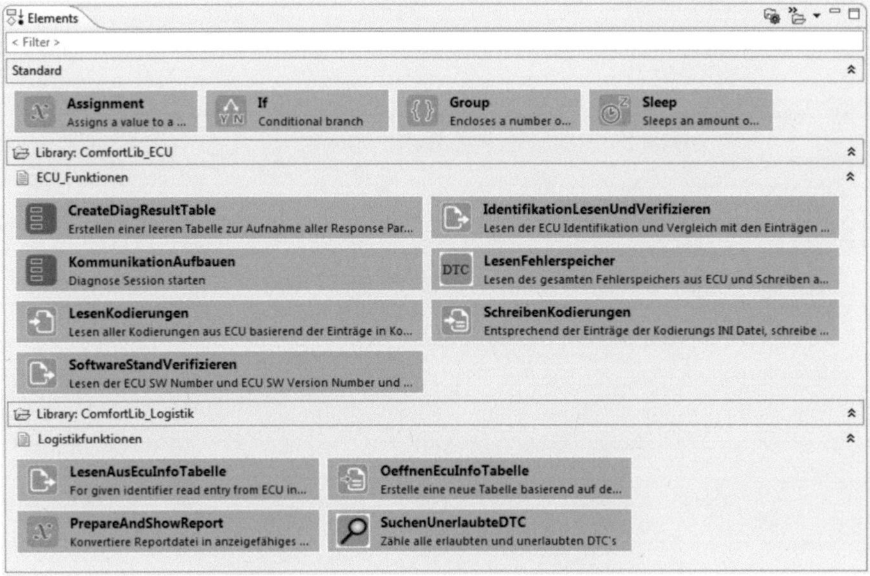

Bild 11: *Beispiel der Hilfsfunktionen im Komfortmodus: Auswahl vordefinierter Funktionsblöcke*

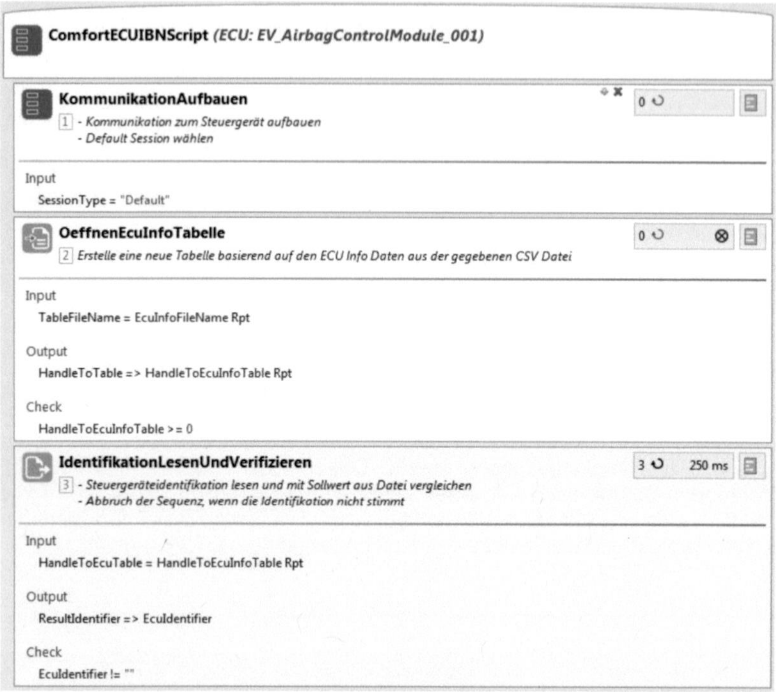

Bild 12: *Sicht auf ein OTX Skript im Komfortmode nach dem Einfügen einiger vordefinierter Funktionsblöcke*

Die schon erwähnte Codehülle ist für den Anwender nicht direkt sichtbar, kann aber für jeden Funktionsblock bequem über einfache Dialoge konfiguriert werden. Im Hintergrund wird der entsprechende OTX Code automatisch angepasst.

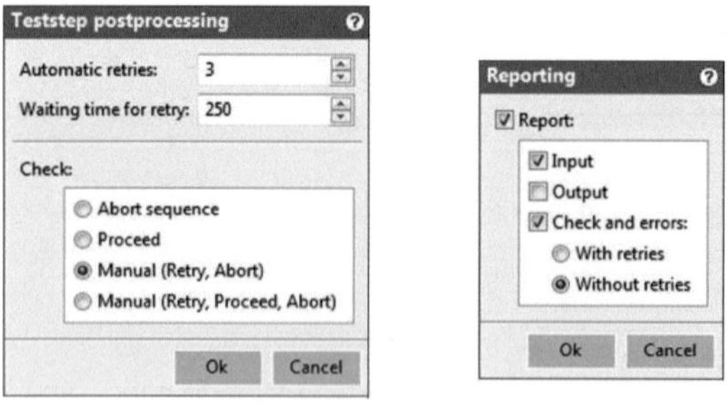

Bild 13: *Optionale Einstellungen zum Verhalten eines Funktionsblockes im Komfortmodus (Wiederholungen, Abbruchverhalten, Reporting usw.)*

GFS Spezialist

Entwickler von Tools für die geführte Fehlersuche haben erwartungsgemäß viel Erfahrung mit der Diagnose und den einzelnen Schritten bei der Analyse eines Problems im gesamten Fahrzeug. Auch bei Ihnen kann man keine zu detaillierten Kenntnisse der Programmierung mit OTX voraussetzen. Ähnlich wie bei dem Testtool Spezialisten wird eine funktionsgerichtete Erstellumgebung nach dem Baukastenprinzip erwartet. Hauptanwender der damit erzeugten Werkzeuge sind die Werkstatttechniker. Deshalb ist eine etwas abstraktere Sicht auf die Abläufe möglich. Der GFS Spezialist wird also nicht nur auf die im Komfortmodus verfügbaren Funktionsblöcke zurückgreifen, sondern möchte unter Umständen ganze ‚Baukästen' wiederverwenden. Daraus entsteht die Idee eines Vorlagenmodus (Template Mode), welcher folgende Eigenschaften besitzt:

- Grafisches Editieren eines Entscheidungsbaumes für die geführte Fehlersuche
- Autorenfreundliche Konfiguration jedes Einzelschrittes der GFS
- Vordefinierte Gruppen von Funktionen stehen samt GUI als Templates zur Verfügung. Mit nur einem Klick steht also ein ganzes OTX Projekt bereit.
- Ein auf das jeweilige Template passendes Menü erlaubt die Auswahl bestimmter Optionen und Diagnosegrößen

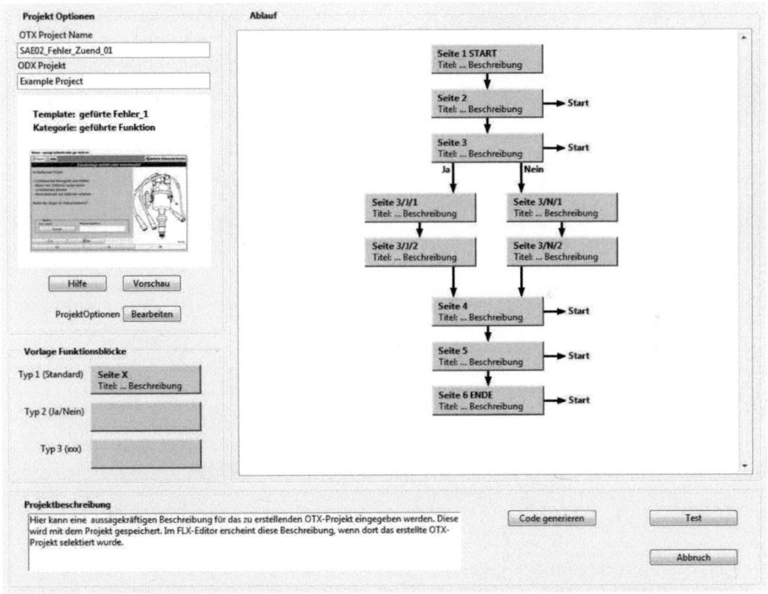

Bild 14: *Erstellung einer geführten Fehlersuche mit Hilfe eines einfachen Wizzards auf Basis von vordefinierten Templates*

Ingenieure aus Test und Produktion

Der Einfachheit halber betrachten wir hier alle Testingenieure der Phasen Test und Produktion. Für den Fall, dass ein Testingenieur seine Diagnoseabläufe selbst erstellt, bietet sich der schon beschriebene Komfortmodus oder der Vorlagenmodus an. Insofern sind die Anforderungen ganz ähnlich und eine Umsetzung der Diagnoseanforderungen in ein Komfortprojekt sollte nicht schwerfallen.

Ansonsten kann der Testingenieur ein erhaltenes OTX Projekt auf verschiedene Arten ausführen:

- Direktes Starten aus der OTX Entwicklungsumgebung
- Importieren und Starten des Ablaufes über ein OTX fähiges Test-Tool
- Einbetten des OTX Projektes in eine automatisierte Testumgebung

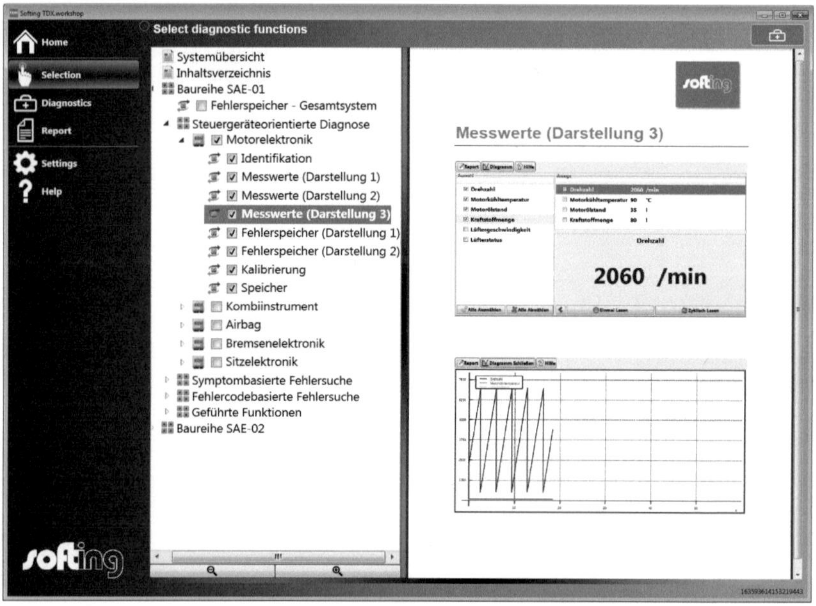

Bild 15: *Auswahl an Messwerten innerhalb einer Testumgebung, die von einem OTX Projekt gesteuert wird*

Wie in Bild 15 veranschaulicht, bevorzugt der Testingenieur eine Oberfläche, die es ihm erlaubt, seine Messwerte mit wenigen Mouse-Klicks auszuwählen und mit dem Start des im Hintergrund ablaufenden Skriptes auszulesen beziehungsweise zu dokumentieren. Sobald der Test dann in der Produktion auf eine größere Serie angewendet werden soll, steht natürlich der automatisierte Ablauf im Vordergrund.

Werkstatttechniker

In der Werkstatt existiert verständlicherweise keine direkte Berührung mit OTX. Zum einen fehlt dem Personal das dazu erforderliche Wissen und zum anderen soll die Behebung eines Fehlers möglichst effizient erfolgen. Die Techniker greifen also auf fertige Werkzeuge zurück, welche entweder die erwünschte ‚Do it all' Taste enthalten oder aber den Anwender über einen verständlichen Dialog durch die Analyse des Fehlers im Fahrzeug führen. Idealerweise wird die genaue Funktion und der Ablauf eines Werkstatttesters von integrierten OTX Abläufen gesteuert, welche vom Tool Spezialist oder GFS Spezialist erstellt und als OTX Projekt weitergegeben wurde.

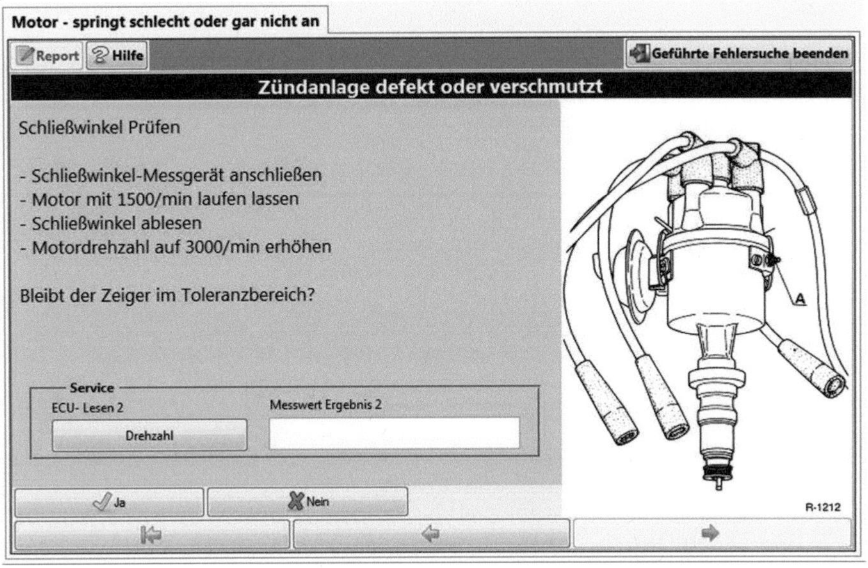

Bild 16: *Ausführen eines Einzelschrittes der geführten Fehlersuche aus Sicht des Werkstatttechnikers*

Auch hier kann auf das im OTX Code konservierte Wissen zugegriffen werden, ohne dass der Anwender (hier der Techniker) jemals eine Zeile des OTX Skriptes zu Gesicht bekommt, geschweige denn OTX verstehen muss.

4. Zusammenfassung

OTX ist sicher ein vielversprechender Standard, der es erlaubt Diagnoseabläufe für alle Phasen der Wertschöpfungskette in der Fahrzeugherstellung bereitzustellen. Im Prinzip möchte jeder Anwender die Möglichkeiten einer Programmiersprache nutzen um geradezu jede gewünschte Diagnoselösung zu erstellen. Nur die Wenigsten aber haben die entsprechenden Fähigkeiten wie zum Beispiel ein Programmierer.

Den Widerspruch zwischen Flexibilität einerseits und Bedienbarkeit andererseits kann man logischerweise nicht vollständig auflösen, jedoch lassen sich zwischen den beiden Extremen verschiedene anwenderorientierte Bedienkonzepte definieren.

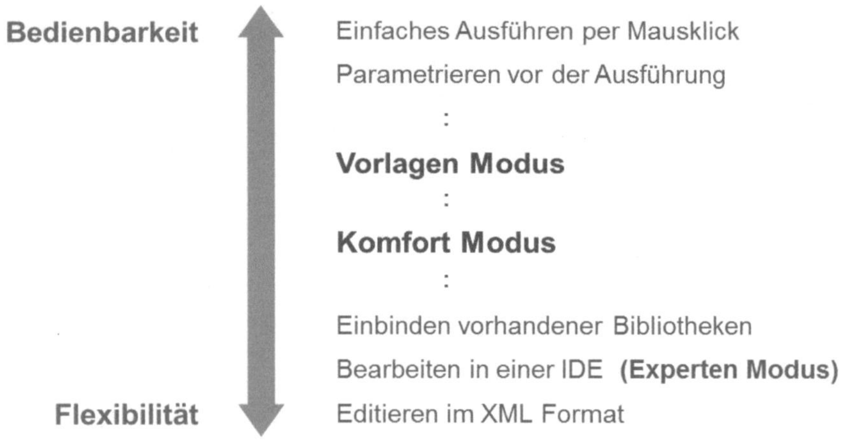

Bild 17: *Einführung neuer Bedienkonzepte um das Erstellen von Diagnosesequenzen auch dem Nicht-Programmierer zu ermöglichen*

Dadurch ermöglicht man quasi allen Anwendergruppen ihren eigenen adäquaten OTX Zugang und die prozessweite Einführung des Standards in einem Konzern wird deutlich begünstigt.

Andererseits sind alle vorgestellten Lösungen als einzelnes Werkzeug lauffähig, womit ebenso eine stufenweise Einführung in einem Unternehmen denkbar wäre. Auch kleinere Betriebe können so, das von Ihnen benötigte Bedienkonzept adoptieren ohne gleich das gesamte OTX Know-How aufbauen zu müssen.

7 OTX-programmierbarer-Tester-für-Inspektionen-im-Feld (OpTIF)

Dipl.-Ing. **Bernd Wenzel**, M&K GmbH, Dipl.-Inf. **Thomas Kotschenreuther**, RA Consulting GmbH, Dipl.-Ing. **Peter Müller**, Lehrstuhl für Regelungssysteme; Technische Universität Kaiserslautern

Abstract

The presented field tester supports the execution of OTX described test sequences for the areas of electronic control units and intelligent devices. In the tester is a MVCI server included, for the execution of diagnostic services, which are based on ODX data. Additionally a complete GDI environment (ISO 20242) is included to access intelligent devices, which are represented by device drivers.
The embedded tester is predestinate for stationery and mobile usage and relieves the user from detailed knowledge about the standards by encapsulating all interfaces. An identical look and feel is used for the graphical creation of test sequences, which involves ECU's and intelligent measurement devices. Based on this approach, only detailed process knowledge is necessary for the creation of the test sequences.
Typical use cases are remote diagnostic, OBD, tester for infotainment and service, and filling stations. Test sequences can be used along the whole life cycle, e.g. in the development, production and after sales areas.
OpTIF is also used as reference for model based diagnostic of car components.
Therefore the different components and their interactions are described model-oriented as MATLAB model. This model is translated to C-Code and runs inside the tester. For error detection this model receives data, which are recorded by the included MVCI server or GDI environment, and can compare the nominal with the real behavior. This principle can be used successfully inside heavy trucks for wear detection.

Kurzfassung

OEM's, wie z.B. PKW, Nutz- und Spezialfahrzeughersteller, sind mit der Anforderung konfrontiert Prüfprogramme für die Testdurchführung und Programme für die Fehlerdiagnose und -analyse zu erstellen, welche bei der Entwicklung, der Produktion und insbesondere im After Sales Market zum Einsatz kommen. Dies stellt vor dem Hintergrund der stetig steigenden Komplexität eine Herausforderung für die Beherrschbarkeit und Anwendbarkeit der Prüfprogramme dar.
Mit dem hier erstmalig vorgestellten Tester, für den stationären und mobilen Einsatz, sind sowohl Steuergeräte als auch intelligente Messtechnik in einem applikativen OTX Prüfablauf (ISO 13209) gemeinsam nutzbar und austauschbar. Im Embedded Tester sind ein MVCI Server (ISO 22900) und ein komplettes ASAM GDI

Laufzeitsystem (ISO 20242) enthalten. Die Diagnoseservices werden über ODX (ISO 22901) bedatet, die Gerätefunktionen sind über parametrisierte Instanzen von Gerätebeschreibungen verfügbar. Durch die Kapselung der zum Einsatz kommenden Schnittstellen rückt die Prozesskenntnis für die Erstellung von Prüfprogrammen in den Vordergrund und es ist seitens des Nutzers keine Kenntnis über die zum Einsatz kommenden Standards erforderlich.
Neben gezielter Fehlersuche ist der Tester für Anwendungsfälle wie Ferndiagnose, Pedelec, ASU, Low Cost Werkstatt Tester, Head Unit Tester und Verschleißüberwachungen im laufenden Betrieb geeignet.
Ein weiterer Aspekt des Vortrags beschäftigt sich mit der innovativen Abbildung von Fahrzeugkomponenten als modellbasierte Diagnosesysteme auf Grundlage objektorientierter Entwurfsmethoden. Diese funktionsorientierte Beschreibung berücksichtigt systemübergreifende Kopplungen von Fahrzeugkomponenten und ermöglicht einen variablen Detaillierungsgrad des Diagnoseergebnisses (Fehlerdetektion, Fehlerlokalisation und Fehleridentifikation). Der Code der Diagnosesysteme wird im Embedded Tester ebenfalls abgearbeitet und kann von OTX Abläufen getriggert werden bzw. Stimulationen über den MVCI Server oder die GDI Laufzeitumgebung vornehmen.

1. Aufbau des Testers

Der vorgestellte "OTX programmierbarer Tester für Inspektionen im Feld (OpTIF)" kombiniert unterschiedlichste Technologien und Verfahren, bei gleichzeitiger Einbeziehung von Standards.
Mit dem Tester sollen einerseits Prüfprogramme für die Durchführung von Tests und andererseits Programme für die Fehleranalyse und -diagnose auf kostengünstigen HW-Systemen abgearbeitet werden können.
Für die Definition von Prüfabläufen kommt der erst in 2012 verabschiedete Standard OTX (Open Test sequence eXchange - ISO 13209) zum Einsatz. Ziel von OTX ist der Austausch und die Archivierung von verifizierten, praxiserprobten Prüfsequenzen.
Mit diesem neuen Standard können erstmalig Ablaufbeschreibungen für Steuergeräte (Zugriff über Diagnoseservices) sowie beliebige Mess - und Prüftechnik einfach, ohne Programmierkennnisse, von Technikern erstellt werden.
Für den Zugriff auf Steuergeräte mit Diagnoseservices wird ein MVCI (Modular Vehicle Communication Interface) Server verwendet, welcher über eine Schnittstelle zur Anwendung (MVCI Server API ISO 22900-3) und eine Schnittstelle zur Peripherie (PDU-API ISO 22900-1) verfügt. Die Diagnosefunktionalitäten werden der Applikation und dem Server über ODX (Open Diagnostic Data Exchange - ISO 22901) Beschreibungsdateien bekannt gegeben.
Für den Zugriff auf die Mess- und Prüftechnik kommt die Middlewaretechnologie GDI (Generic Device Interface - ISO 20242) zum Einsatz. Die nutzbaren Gerätefunktionalitäten werden der OTX Testapplikation und der GDI Middleware über eine PID (Parameterization Instance Description) Gerätefunktionsinstanz Beschreibungsdatei bekannt gegeben.
Der im Autorensystem erzeugte OTX Prüfablauf wird über einen Transformator in ausführbaren C-Code übersetzt, welcher auf dem Laufzeitsystem ausgeführt wird.
Eine innovative Funktionalität des OpTIF ist die Fehlerdetektion mittels modellbasierter Diagnosestrategien auf Grundlage von objektorientierten Entwurfsmethoden. Modellbasierte Diagnosesysteme für Fahrzeugkomponenten werden dabei erstmals als Objekte funktionsorientiert beschrieben. Durch die Verknüpfung der Objekte entsprechend den physikalischen Kopplungen zwischen den Fahrzeugkomponenten werden systemübergreifende Wirkungszusammenhänge bei der Diagnose berücksichtigt. Dadurch wird eine präzisere Fehlerdetektion, Fehlerlokalisation und Fehleridentifikation ermöglicht. Die zur Fehlererkennung notwendigen Sensordaten stellen GDI Komponenten bereit. Die Kommunikation mit den Steuergeräten der Teilsysteme übernimmt der MVCI Server.
Die Implementierung modellbasierter Diagnosesysteme auf dem Tester erfolgt durch einen automatisch generierten C-Code aus MATLAB heraus. Darüber werden auch die zu messenden Größen festgelegt, die zunächst in einem Datenschreiber abgelegt werden. Wird Onboard ein Fehlverhalten durch das Diagnosesystem oder über laufende OTX Tests festgestellt, erfolgt eine Triggerung, sodass die Daten des Datenschreibers fortlaufend gespeichert werden. Ein Diagnosesystem höherer Detailtiefe übernimmt nun die Fehlerlokalisation und die Fehleridentifikation. Die Berechnung dieses Diagnosesystems kann Onboard im OpTIF oder, durch Export der aufgezeichneten Daten, Offboard erfolgen (bei rechenintensiveren Modellen).

Auch ein Zugriff des Diagnosesystems auf Stellgrößen zur Stimulation von Teilsystemen ist über entsprechende Diagnosedienste der Steuergeräte und / oder über die GDI Gerätetreiber möglich. Dadurch können zusätzliche, zur exakten Diagnose relevante Daten erzeugt werden.

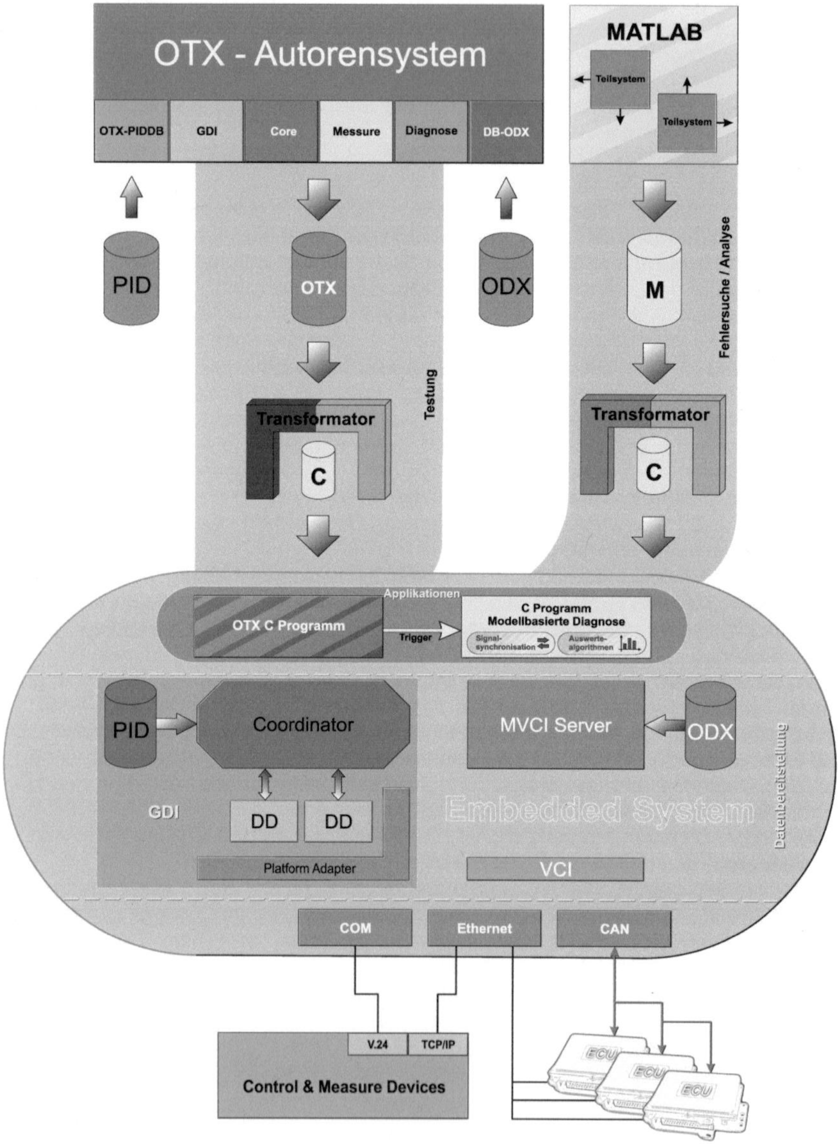

Bild 1: *OpTIF*

Für die beschriebene Lösung ist keine zusätzliche Hardware erforderlich, d.h. im Falle von Nutzfahrzeugen wird nur auf die Kommunikation im Fahrzeugnetz zu Steuergeräten zugegriffen.
Der Tester ist universell konfigurierbar und ermöglicht einen stationären und insbesondere auch einen mobilen Einsatz. Die Realisierung erfolgte als Embedded System, weshalb der MVCI Server als auch die GDI Komponenten Embedded realisiert wurden.
Dabei ist hervorzuheben, das sowohl der transformierte OTX C- Code, als auch die ODX und PID Bedatung dem Embedded Laufzeitsystem zur Ausführung zu übergeben sind. Analog sind die zum Einsatz kommenden GDI Gerätetreiber im Laufzeitsystem einzubinden.

2. Einsatzbereiche und Use Cases

Der Einsatz des OpTIF erfolgt aufgrund seiner Embedded Umsetzung sowohl mobil als auch stationär. Dies eröffnet zahlreiche Einsatzgebiete, wie

- Ubiquitous Computing
- Medienbefüllung
- Werkstatttester, Bandendeprüfung
- Verbau in Nutz- und Spezialfahrzeugen, Einbau in Erprobungsfahrzeugen
- Einsatz in E-Mobilen
- ASU
- Off-shore Anlagen
- Lagerbefüll- und Entnahmesysteme

Der OpTIF unterscheidet sich von bisherigen Test- und Diagnoseanwendungen dadurch dass erstmalig die standardisierte, einfach grafisch zu programmierende, Sprache OTX für die Beschreibung von Testsequenzen genutzt wird.
Aufgrund der Einbindung von GDI in OTX kann eine generische standardisierte Testablaufbeschreibung für beliebige Geräte erfolgen. Damit erfolgt keine Begrenzung auf Steuergeräte. OTX als Austauschformat ist dabei zunächst codeunabhängig. GDI als Middleware kapselt den eigentlichen Gerätezugriff. Die über die GDI API offengelegte Gerätefunktionalität wird vom Gerätehersteller bestimmt.
In Verbindung mit der Möglichkeit beliebige physikalische Geräte über GDI einzubeziehen, eröffnet sich ein breites Marktspektrum für die Nutzung des Testers. Die dabei nutzbare Gerätefunktionalität wird über den GDI Gerätetreiber bestimmt.
Einerseits kann das reale Gerät in den Prüfablauf einbezogen werden (Funktionale Geräteprüfungen), andererseits besteht die Möglichkeit die in einem GDI Gerät implementierte Software im Einsatzfall (z.B. Befüllprozess) unter realen Umgebungsbedingungen zu analysieren, zu diagnostizieren und zu validieren. Die Fehlersuche im realen Betrieb wird dadurch einfacher möglich. Dies unterscheidet sich von der Softwaretestung während der Geräteentwicklung, wo das Gerät mit Simulationsumgebung und Programmierschnittstellen vorliegt.
Damit sind die Hauptanwendungsgebiete des Testers gekennzeichnet:

- Testdurchführung für funktionale Geräteprüfungen und
- Diagnose Anwendungen

Da es heute nicht mehr möglich ist, mit vertretbarem Aufwand, für alle vorkommenden Betriebsszenarien Testprogramme und Serviceroutinen vorzusehen, wird nur die in einem Gerät existierende Basisfunktionalität durch den Hersteller implementiert. Die Basisfunktionalität kann durch Softwareupdates modifiziert werden. Mit dem Tester wird es ermöglicht basierend auf diesen Basisfunktionalitäten neue Abläufe schnell zu erstellen und zu erproben. Dadurch gelingt es neue auftretende Fehler einzugrenzen und die diversen Serviceroutinen für die Fehlersuche zu verwenden. Mit der GDI Philosophie besteht die Möglichkeit auf Daten zuzugreifen, welche nicht über Protokolle für den externen Zugriff zur Verfügung stehen. Damit können zu definierten Zeitpunkten alle internen Systemrelevanten Informationen abgegriffen werden. Über im Gerät existierende Diagnosezusatzinformationen (Diagnostic Access Layer) und / oder Built in Self Tests kann die Diagnose immer weiter verfeinert werden.
Demgegenüber steht die Erprobung von Geräten, welche in Verbundsystemen (Automatisierungslösungen) zum Einsatz kommen. Dort werden in die über OTX zu erstellenden Prüfabläufe die über die Kommunikationsschnittstelle verfügbaren Kommandos einbezogen. Damit kann einerseits die reale Applikation realitätsnah als Prüfprogramm vorliegen oder andererseits eine Erstinbetriebnahme fokussiert werden. In diesem Zusammenhang sind auch Endabnahmen von Interesse sowie die Kundenerprobung. Dabei besteht die Möglichkeit existierende und neue Use Cases schnell und zielgerichtet über OTX zu beschreiben und anschließend die adäquate Gerätenutzung aufzuzeigen.
Natürlich lassen sich beide Szenarien, also die funktionale Geräteprüfung und die Diagnose kombinieren, womit sich unterschiedlichste Ausprägungen und Szenarien ergeben. Einen weiteren Vorteil stellt die Beibehaltung entwickelter Tests nach Gerätemodifikation dar, da die Tests für virtuelle Geräte entwickelt wurden und somit den Zugriff auf das reale Gerät kapseln. Mit der GDI Philosophie können Tests auch für andere Gerätekonfigurationen bzw. nach Herstelleraustausch für funktional äquivalente Geräte beibehalten werden. Insgesamt werden sowohl der Aufwand für die Tests als auch die Kosten für die Bereitstellung der Diagnoseinformationen vom Gerät niedrig gehalten.
Der Tester ermöglicht die schnelle, unkomplizierte und automatisierte Konfiguration und Anpassung für adhoc Untersuchungen. Damit wird die Ferndiagnose wirtschaftlich und Inspektion im Feld möglich. Diese wiederum vermeidet den Einsatz von „Flying Doctors“ (speziell anreisende Serviceingenieure) und senkt Kosten in Wartung und Betrieb von z.B. Sonderfahrzeugen.
Aufgrund des erst seit kurzem verfügbaren OTX Standards gibt es noch keine klassischen Fahrzeug-Diagnosesysteme (Werkstatttester, Bandenendeprüfung) auf Basis von OTX am Markt.
Nachfolgend sind ausgewählte Use Cases dargestellt, welche mit dem universellen standardisierten Tester für Inspektionen im Feld abgedeckt werden können.

Use Case 1: Gezielte Fehlersuche

Beim Einsatz des Testers im Fahrzeug besteht z.B. die Möglichkeit nach einer Fehlererkennung, gezielt Testprogramme incl. Stimulation (Aufforderung erfolgte Parkplatz für Abarbeitung der Testprogramme aufzusuchen) durchzuführen, um eine Analyse der Fehlerursache zu ermöglichen. Nach durchgeführter Analyse, können Servicetechniker (z.B. ADAC oder Werkstätten) über den Fehler vorab informiert werden (Sicherstellung der Teileverfügbarkeit). Damit kann eine Reparatur direkt vor Ort oder in der nächstgelegenen Werkstatt schneller erfolgen.

Use Case 2: Inspektion im Feld für Pedelec

Adhoc Inspektion von Elektrofahrzeugen (z.B. auch Pedelec wegen embedded Tester - Ubiquitous Computing) im Feld nach Nutzung durch Mieter zur Analyse weiterer Einsatzmöglichkeiten (Restreichweite, Fehlerauftritt, Wartungsstatus).

Use Case 3: ASU für Fahrzeuge mit Verbrennungsmotor

Die California Air Resource Board (CARB) hat durch umfangreiche Felddatenerhebung festgestellt, dass im Gegensatz zur elektronischen Auswertung des Fehlverhaltens von abgasrelevanten Systemen die Messungen am „Auspuff“ nur 1% des tatsächlichen Fehlverhalten erkennt. Deshalb werden zur Zeit in den ASU erste Versuche in Richtung OBD III Gesetzgebung vorgenommen, die über Diagnosetester und Telematik die ASU durchführen. Die ersten Ergebnisse sind für die OBD III Gesetzgebung motivierend. Mit einer standardisierten Diagnose, d.h. dem auslesen der abgasrelevanten Diagnoseinformationen aus dem Fahrzeug mit Hilfe eines Embedded Testers könnte diese Art der Abgasuntersuchung wesentlich wirtschaftlicher für alle Beteiligten erfolgen.

Use Case 4: Low-Cost Werkstatttester

Im globalen Markt überwiegt die Anzahl an unabhängigen Fahrzeug-Servicebetrieben. So haben und werden die US Environmental Protection Agency (EPA) und auch die EU Gesetze verfassen, die den unabhängigen Werkstätten den Zugang zu Werkstatttestern und Informationen erleichtern sollen. Die EPA diskutiert sogar einen gesetzlich festgelegten Höchstpreis von 100 $ für einen Tester, der das Flashen (d.h. das Einspielen von neuer Software auf elektronischen Steuergeräten im KfZ) erlaubt. Nur mit dem beschriebenen Embedded Ansatz für Diagnosetester sind solche Zielpreise zu erreichen.

Use Case 5: Nutzen der Head Unit (Infotainmentsystem bzw. -plattform) als Servicetester

Mit dem beschriebenen Ansatz für einen Diagnosetester könnten schon im Fahrzeug verbaute Embedded Systeme als Plattform für im Fahrzeug integrierte Tester möglich werden. Neben dieser kostensparenden Konfiguration wäre durch die Integration auch die Sicherstellung der richtigen Diagnoseroutinen möglich. So könnten Software-Basismodule des Testers schon als Software in der Serienproduktion eingespielt werden.

Use Case 6: Verschleißüberwachungen im laufenden Betrieb

Verschleißüberwachungen im laufenden Betrieb, basierend auf der Modellbasierten Diagnose in einem eingebauten Feldtester, ermöglichen die Optimierung der Serviceintervalle. Dies bietet insbesondere für die Wartung von Nutz- und Spezialfahrzeugen wirtschaftliche Vorteile.

Der Feldtester kann auch von Servicetechnikern anderer Bereiche eingesetzt werden (z.B. Tunnelbohrmaschinen, Hafenkrananlagen, Mienenfahrzeuge, Off-Shore Anlagen). Zur Reduktion der Servicekosten, ist der Versand des Testers mit spezifischen Testprogrammen an Endkunden möglich.

3. Umsetzung

3.1 OTX Realisierung

OTX ist ein in der ISO 13209 [1] standardisiertes, Plattform- und Tester-unabhängiges Beschreibungsformat für ausführbare Prüfsequenzen. Die XML basierte Testablaufsprache bietet die vielversprechende Möglichkeit, Prüfabläufe über Abteilungs-, Tool- und Prozessgrenzen hinweg auszutauschen. Das in den Abläufen gespeicherte Know-how geht nicht verloren, sondern kann selbst nach vielen Jahren wieder verwendet werden.
OTX enthält alle im Umfeld der Automobilindustrie notwendigen Elemente, wie beispielsweise für die Spezifikation, Ablaufsteuerung und Fehlerbehandlung oder für die Interaktion mit dem Benutzer, die Diagnosekommunikation und Messdaten Erfassung. Es kann aber auch sehr einfach über standardisierte Erweiterungsmechanismen um neue Elemente erweitert werden. Weiterhin bildet OTX verschiedene Basiskonzepte ab, welche die gewachsenen praktischen Erfahrungen bei der Erstellung, Pflege und dem Ausführen von Testsequenzen widerspiegeln. OTX integriert sich nahtlos in bestehende Standards wie ISO 22900 (Diagnoselaufzeitsystem MVCI) [2] und ISO 22901 (ODX) [4] und ersetzt dort die problematischen Java-Jobs. Ziel von OTX ist letztlich der Austausch und die Archivierung von verifizierten, praxiserprobten Prüfsequenzen.
Die Trennung von Entwurf und Ausführung wird bei OTX sowohl durch die XML Codierung, aber auch durch sprachliche Elemente unterstützt. Durch diese Trennung ist OTX sehr flexibel bzgl. des zu Grunde liegenden Entwicklungsprozesses. Es können z.B. Abläufe spezifiziert werden, die erst in einem späteren Prozessschritt so verfeinert werden, dass sie eine bestimmte Hardware ansprechen.

OTX wird zunächst in einem Autorenwerkzeug erstellt, welches bereits Zugriff auf die zur Verfügung stehenden Bibliotheken hat, und es bereits in sehr frühem Stadium erlaubt, das OTX-Skript zu testen. Durch sprachliche Elemente unterstützt, kann die Erstellung des OTX-Dokuments selbst auch in mehreren Detailstufen erfolgen, d.h. in einem ersten Schritt wird der grundsätzliche Testablauf festgelegt, ohne genaue technische Details beschreiben zu müssen. Diese werden dann von den jeweiligen Experten ergänzt, so dass dadurch erst eine ablauffähige Beschreibung entsteht.
OTX selbst ist modular aufgebaut, d.h. für unterschiedliche Funktionsgruppen gibt es Module, wie z.B. die im Standard definierten Module HMI (Human Machine Interface) oder DiagCom. In Form von Bibliotheken lässt sich die Sprache um weitere Module erweitern. So ist es z.B. möglich, neue Standards, oder auch eigene Funktionen in die OTX-Umgebung zu integrieren.

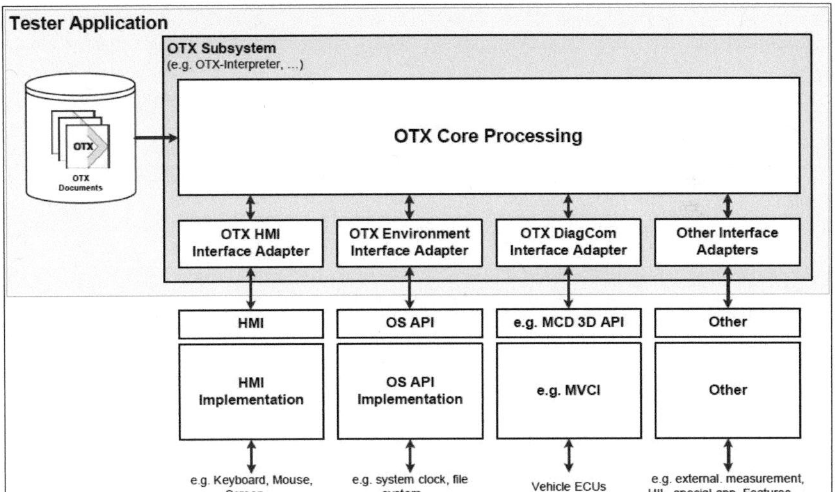

***Bild 2:** Architektur der OTX Ablaufumgebung (ISO 13209 – 1[1])*

Eine Ablaufumgebung für OTX teilt sich in die Skriptabarbeitung, und in die funktionale Realisierung der Modulfunktionen (s. Bild 2 aus ISO-13209-1). Bei den standardisierten Modulen, sind bestimmte Schnittstellen bereits definiert, so wird für das DiagCom Modul eine MCD-3D Schnittstelle verwendet, d.h. ein OTX-Skript, welches DiagCom verwendet, setzt einen MVCI-Server für die Ausführung voraus. Für eigene Module müssen ebenfalls entsprechende Funktionsimplementierungen in der Ablaufumgebung vorhanden sein.
Die Ausführung selbst lässt sich auf unterschiedliche Weise realisieren. Als XML-Sprache lässt sich OTX zunächst direkt interpretieren, d.h. ein Interpreter lädt das OTX-Skript, und überführt es in eine interne ausführbare Darstellung, die dann abgearbeitet wird. Bei den Bytecode-Sprachen Java und C# ist es sehr naheliegend, die ausführbare Darstellung direkt in der Plattformsprache zu realisieren. D.h. ein OTX-Interpreter in Java wird OTX selbst in Java umsetzen, und dann ausführen; analog wird eine Laufzeitumgebung in C# vorgehen.
Wird der Interpreter von der Ausführung getrennt, wird er zum reinen Generator, welcher aus dem OTX-Skript Code erzeugt. Der so erzeugte Code kann

plattformspezifisch sein, und braucht in der Regel keine weitere Ablaufumgebung. Hierbei wird jedoch vorausgesetzt, dass die funktionalen Erweiterungen von OTX als native Funktionsbibliotheken vorliegen und verwendet werden können.
Im Falle von OpTIF wird OTX verwendet, um Testabläufe auf einem eingebetteten System realisieren zu können. Insbesondere sind hierbei Zugriffe auf GDI-Funktionen, als auch Diagnosefunktionen im Fokus. Letztere setzt voraus, dass auf dem eingebetteten System ein MVCI-Server vorhanden ist.
Die Realisierung eines MVCI-Servers für eingebettete Systeme birgt einige Risiken, die nur für eingebettete Systeme gelten. Der nach ISO-22900 standardisierte MVCI-Server zielt auf Flexibilität, und verwendet daher Standards, die sehr flexibel, aber auch sehr speicher- und rechenintensiv in der Realisierung sind. So setzt ein MVCI-Server z.B. Zugriff auf ein ODX-Dokument voraus, welches in Form eines PDX auch in gepackter Form vorliegen kann.
Ebenso ist die Schnittstelle des MVCI-Servers, die MCD-3D Schnittstelle eine Objekthierarchie, die für den Einsatz in Java, oder als Windows-COM Objekte optimiert ist. Auf eingebetteten Systemen stößt man bei der Interpretation von komplexen XML-Dokumenten, oder der Verwaltung großer Objekthierarchien schnell an die Systemgrenzen in puncto Speicher oder Prozessorleistung.
Für die Realisierung einer Ablaufumgebung für OTX auf eingebetteten Systemen sind daher neue Konzepte erforderlich, welche speziell auf diese Systemklasse optimiert sind.

3.2 GDI Anbindung

Im Tester sind alle GDI Komponenten Embedded umgesetzt. Dies betrifft sowohl die statischen Komponenten:
- Koordinator
- Plattformadapter
- Standard Communication Types

als auch die dynamischen Komponenten:
- Gerätetreiber
- herstellerspezifische Communication Types

Die dynamischen Komponenten werden für die Ausführung von Testabläufen in den Tester geladen. Ebenfalls entsprechend des Einsatzfalls wird die PID Bedatung geladen.
Um den Tester effizient zu gestalten erfolgte zunächst eine Begrenzung auf die zur Laufzeit benötigte Funktionalität. Diese ist bezüglich auf die zum Einsatz kommende Mess- und Prüftechnik generisch, womit beliebige GDI Geräte zum Einsatz kommen können. Die Funktionsreduktion betrifft insbesondere Anteile des GDI Koordinators.
Für die Einbeziehung von GDI in OTX ist zwischen der Einbindung an ein Autorensystem und der Anbindung an ein Laufzeitsystem zu unterscheiden. Beim Laufzeitsystem wurde die C++ Technology Reference der Koordinator API angebunden, begrenzt auf die zur Laufzeit notwendige Funktionalität (sogenanntes Smart und Extended Interface).
Für die effiziente Nutzung des Testers kommt die PID orientierte Vorgehensweise zum Einsatz. Bei der PID basierten Konfiguration wird dem GDI Koordinator eine Offline erstellte Konfigurationsbeschreibung zur Laufzeit übergeben. Der Koordinator

legt daraufhin alle Instanzen in den zum Einsatz kommenden Gerätetreibern an und stellt diese als abstrakte Datenquellen und -senken der Anwendung zur Verfügung. Die Anwendung erwartet diese Datenquellen und -senken und kennt bereits deren Datentypen. Der Anwendung ist über den gekapselten Konfigurationsprozess nicht bekannt, welche Geräteinstanz welchen Prozesswert zur Verfügung stellt. Der Koordinator ist für die Konfiguration und Initialisierung aller Treiber verantwortlich. Das Prinzip der PID Konfiguration ermöglicht den Austausch funktional äquivalenter Geräte ohne Anpassung der Applikation.
Diesem Ansatz folgend wurde eine GDI Extension für OTX definiert. Diese Extension beinhaltet alle benötigten Terms und Actions. Die Extension spiegelt den generischen Ablauf von GDI wieder, d.h. in einem ersten Schritt werden die Referenzen auf die benötigten abstrakten Datenquellen und -senken ermittelt, bevor mit diesen gearbeitet wird. Alle GDI Communication Objects und GDI Operations stehen dem OTX Editor in einem gemeinsamen Datenpool zur Verfügung. Die Wertemodifikation erfolgt über die ausgewählten Blattspitzen komplexer Datentypen. Die dafür zur Verfügung stehende grafische Unterstützung ist abhängig vom zum Einsatz kommenden OTX Editor.
Neben der GDI OTX Extension wurde eine OTX PID DB Extension definiert, über welche das Autorensystem Zugriff auf die im PID File hinterlegten Konfigurationswerte besitzt.

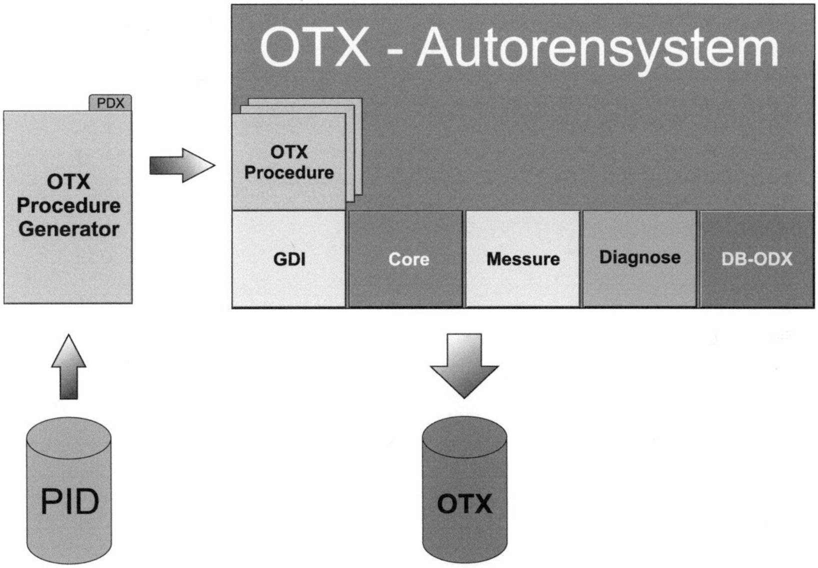

***Bild 3:** Integration von OTX Proceduren*

Um die Nutzung noch anwenderfreundlich zu gestalten wurde auf die Möglichkeit zurückgegriffen, in OTX Prozeduren verwenden zu können. Dabei erfolgt ein Übergang von einer geräteunabhängigen Nutzung auf eine gerätespezifische Nutzung. Bei der geräteunabhängigen Nutzung stehen alle Communicationobjects als gleichberechtigte Argumente der einzelnen Terms und Actions zur Verfügung,

also z.B. Execute Write mit der Auswahlmöglichkeit einer Temperatur, einer Drehzahl und einem Druckwert. Bei der gerätespezifischen Nutzung sind die Prozeduren WriteTemperatur, WriteDrehzahl und WriteDruck direkt verfügbar. In den Prozeduren werden die standardisierten OTX Terms und Actions verwendet. Die Prozeduren werden automatisiert über einen Generator erstellt. Diesem wird das PID Konfigurationsfile übergeben und als Ergebnis wird ein PDX Container mit den OTX Prozeduren erzeugt. Der Generator generiert auch alle benötigten OTX Datentypen entsprechend der PID für die spezifischen OTX Prozeduren als Typ-spezifische Variablen.
Eine weitere Leistungssteigerung ist über spezielle Sichten im OTX Editor möglich, welche für die Bedatung komplexer Typen zum Einsatz kommen. Durch die grafisch intuitive Parameterbedatung entfällt der Zugriff auf Blattspitzen und es wird die Übersichtlichkeit gewahrt, wobei im Hintergrund automatisiert die SetValueByPath Befehle abgearbeitet werden.
Als Besonderheit gilt es hervorzuheben, das GDI sich des Mechanismus der virtuellen Geräte bedient. Dadurch können Geräte unterschiedlicher Hersteller auf identische Gerätefunktionsbeschreibungen abgebildet werden, da Herstellerspezifika mit dem virtuellen Gerät verborgen werden. Andererseits können für ein Gerät unterschiedliche Sichten angeboten werden, von denen zur Laufzeit dann eine aktiv angewendet wird. Die GDI Philosophie ermöglicht dadurch auch die Definition von Diagnose Sichten (Virtual Devices) unabhängig von der Nutzungs- / Applikationssicht. Über einen Diagnose Access Layer im System Under Test kann auf interne Zustände in diesen eigenständigen Systemen zugegriffen bzw. auswählbare Registerzustände abgefragt werden. Dies ermöglicht eine Diagnose der im System Under Test implementierten Software im realen Einsatzfall. Da Tests für ein virtuelles Gerät geschrieben werden, entfällt auch eine Testüberarbeitung nach Gerätemodifikationen.

3.3 MCD Anbindung

Während die Diagnosefunktionen bereits bei der Standardisierung von OTX in Form der MCD-3D Schnittstelle berücksichtigt wurden, müssen für die MC-Funktionen Erweiterungen in OTX vorgenommen werden.
In OpTIF wird hierfür eine eigene Extension für OTX vorgesehen, die genau die fehlenden Funktionen aus dem MC-Bereich bereitstellt.
Damit ist es schließlich möglich, Abläufe mit Funktionen aus beiden Bereichen über eine einheitliche Sprache zu definieren, und so auch den anderen Komponenten aus OpTIF bereitstellen zu können.
Über die MC-Funktionen der entsprechenden Extension ist es dann möglich, Daten direkt aus dem Fahrzeug zu lesen. Dabei können sowohl Raw-CAN-Signale verwendet werden, wie auch Steuergeräte-Variablen, die per CCP [6] oder XCP [7] ausgelesen werden. Diese CAN Signale stehen damit auch der modellbasierten Fahrzeugdiagnose zur Verfügung.

3.4 Modellbasierte Fahrzeugdiagnosesysteme auf Grundlage von objektorientierten Entwurfsmethoden

3.4.1 Modellbasierte Fahrzeugdiagnose als Bestandteil des OpTIF

Mit gängigen, meist signalbasierten Fehlerdiagnoseverfahren ist in Fahrzeugen generell keine Fehlerlokalisation möglich, was auf die gegenseitige Beeinflussung der Fahrzeugkomponenten zurückzuführen ist (z.B. eine über dem Grenzwert liegende Motortemperatur lässt keinen Schluss auf den Fehlerort und die Fehlerart zu). Moderne modellbasierte Diagnosesysteme, wie sie im Nutzfahrzeugbereich angewendet werden, erlauben hingegen die Fehlerdetektion, die Fehlerlokalisation und die Fehlerisolation, da hierbei das Verhalten einer Fahrzeugkomponente mit ihrem differential-algebraischen Systemmodel auf Konsistenz geprüft und mittels einer Diagnosemethode ausgewertet wird. Der maßgebliche Nachteil ist, dass für jedes zu diagnostizierende System das Systemmodell und die Diagnosemethode jeweils komplett neu entworfen werden müssen, was bei dem variantenreichen Aufbau von Fahrzeugen folglich zu unverhältnismäßig hohem und damit unwirtschaftlichem Aufwand an Expertenwissen führt.
Eine innovative Funktionalität des OpTIF ist die modellbasierte Fahrzeugdiagnose auf Grundlage von objektorientierten Entwurfsmethoden. Die modellbasierten Diagnosesysteme für einzelne Fahrzeugkomponenten werden als Objekte beschrieben und unabhängig voneinander entworfen. Die einzelnen Objekte werden dann über einheitlich definierte Schnittstellen (entsprechend den physikalischen Kopplungen der Fahrzeugkomponenten) zu einem abstrakteren Diagnosesystem verknüpft. Folglich werden im abstrakten Diagnosesystem systemübergreifende Wirkungszusammenhänge berücksichtigt, so dass eine präzisere Fehlerdiagnose im Fahrzeug möglich wird. Aufgrund der selbstähnlichen Struktur und der einheitlichen Schnittstellen können einzelne Diagnoseobjekte flexibel ausgetauscht werden. Der entscheidende Vorteil der objektorientierten Entwurfsmethode zum Entwurf modellbasierter Fahrzeugdiagnosesysteme liegt in ihrer modularen Herangehensweise. Der Aufwand an Expertenwissen beschränkt sich auf Grund dessen auf den Entwurf von Diagnoseobjekten für Fahrzeugkomponenten und dem Erstellen entsprechender Bibliotheken. Der Entwurf des Diagnosesystems, also das Zusammenstellen geeigneter Diagnoseobjekte für das zu untersuchende Fahrzeug, kann in einfacher Art und Weise vom Anwender vorgenommen werden, so dass ein besonders wirtschaftliches und effizientes Vorgehen beim Entwurf von Fahrzeugdiagnosesystemen möglich ist.
Zur Applikation der modellbasierten Fahrzeugdiagnosesysteme bietet das Embedded System des OpTIF die ideale Umgebung und die Zielhardware FLEA3 die ideale Plattform. Diese besitzen Schnittstellen wie CAN und Ethernet, die Middlewaretechnologie GDI (Generic Device Interface) und den MVCI Server (Modular Vehicle Communication Interface), welche Sensordaten und die Kommunikation mit den Steuergeräten des Fahrzeugs bereitstellen. Das Diagnosesystem wird als C-Code im Embedded System implementiert, wo es von OTX Abläufen getriggert wird. Eine dafür entworfene OTX-Erweiterung stellt die auf dem CAN liegenden Sensordaten für das Diagnosesystem bereit. Durch die Realisierung der Diagnosesysteme als C-Code ist ein einfacher Austausch der Diagnosesysteme möglich. Durch dieses hohe Maß an Flexibilität kann der OpTIF mit den applizierten modellbasierten Fahrzeugdiagnosesystemen auf Grundlage von objektorientierten Entwurfsmethoden eine, im Rahmen der Gegebenheiten, exakte

Fehlerdiagnose garantieren, bei gleichzeitig verringerten Reparatur- und Standzeiten.

3.4.2 Realisierung modellbasierter Fahrzeugdiagnosesysteme im OpTIF

Zur Realisierung modellbasierter Fahrzeugdiagnosesysteme auf Grundlage von objektorientierten Entwurfsmethoden auf dem OpTIF stehen zwei Möglichkeiten zur Verfügung:

- Wenig rechenintensive Diagnosesysteme werden unter Verwendung der notwendigen Sensordaten in Echtzeit auf dem Embedded System des OpTIF verarbeitet.
- Ist ein abstraktes, modellbasiertes Diagnosesystem zur rechenintensiv, erfolgt die Echtzeitfehlerdetektion auf dem OpTIF im ersten Schritt mit vereinfachten modellbasierten Diagnosesystemen. Nach Auftreten eines Fehlers wird das abstrakte Diagnosesystem höherer Detailtiefe auf die FLEA3 geladen, wo die Fehlerlokalisation und die Fehleridentifikation erfolgen, jedoch nicht in Echtzeit.

Zur Fehlerdiagnose muss das Verhalten von Fahrzeugkomponenten im fehlerfreien Fall und im Fehlerfall bekannt sein. Deshalb werden die notwendigen Sensormesswerte dauernd gepuffert. Stellen Diagnosesysteme ein kritisches Ereignis fest, erfolgt eine Triggerung, so dass die Daten des Puffers in einen reservierten, nichtflüchtigen Speicher geschrieben werden und die bereitgestellten Messdaten fortlaufend aufgezeichnet werden.
Die modellbasierten Diagnosesysteme werden mit MATLAB entwickelt. Die Implementierung der Diagnosesysteme auf dem Embedded System des OpTIF erfolgt durch einen automatisch generierten C-Code aus MATLAB heraus. Der entsprechend entwickelte Code-Generator reserviert auch Speicherplatz für den Puffer und den nichtflüchtigen Speicher.
Künftig soll auch ein Zugriff des Diagnosesystems auf Stellgrößen, zwecks Stimulation von Teilsystemen, mit entsprechenden Diagnosediensten der Steuergeräte über den MVCI-Server oder über die GDI Laufzeitumgebung möglich sein. Dadurch können zusätzliche, für die exakte Diagnose relevante Daten erzeugt werden.

3.4.3 Methodische Grundlagen modellbasierter Fahrzeugdiagnosesysteme

Die bislang im Bereich der Softwareentwicklung und neuerdings im Bereich der Simulationstechnik verwendete objektorientierte Entwurfsmethodik wird im Rahmen der Forschungsarbeit erstmalig auf den Bereich der modellbasierten Fahrzeugdiagnose ausgedehnt. Grundlage der modellbasierten Fahrzeugdiagnose ist der Entwurf von differential-algebraischen Systemmodellen für alle Fahrzeugkomponenten. Im Sinne der Fehlerdiagnose werden durch ein Systemmodell redundante Informationen über das Verhalten einer Fahrzeugkomponente generiert. Mittels Messung der Ein- und Ausgangsgrößen prüfen Diagnosemethoden (z.B. beobachterbasierte Residuengeneratoren), ob das Verhalten einer Fahrzeugkomponente mit ihrem Systemmodell konsistent ist oder ob ein bestimmter Fehler eingetreten ist. Das Systemmodell in Verbindung mit der Diagnosemethode wird als Diagnosesystem bzw. Diagnoseobjekt (Abbildung 1) bezeichnet. Für die Diagnoseobjekte sind einheitliche Schnittstellen definiert, über die die Objekte miteinander verknüpft werden und die entsprechend der physikalischen Realität den Energiefluss zwischen den Objekten beschreiben.

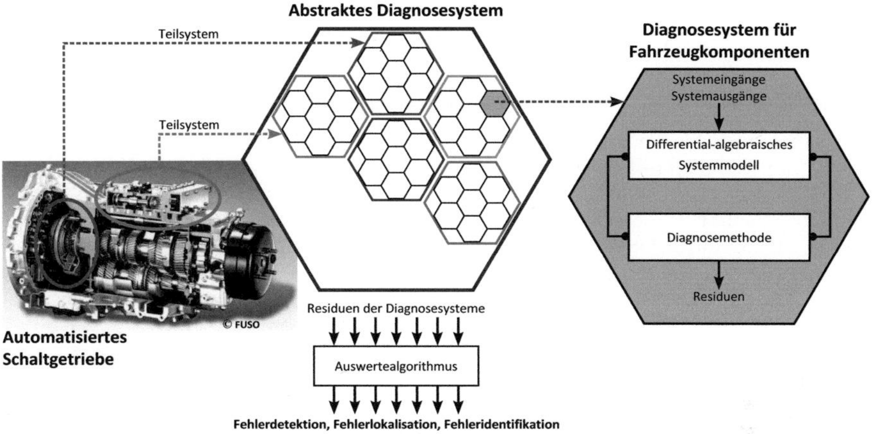

Bild 4: *Objektorientierter Entwurf modellbasierter Diagnosesysteme*

Durch die Verknüpfung der Objekte über ihre Schnittstellen werden die physikalischen Kopplungen zwischen den Fahrzeugkomponenten abgebildet. Dadurch werden bei der Diagnose systemübergreifende Wirkungszusammenhänge berücksichtigt. Jedes Diagnoseobjekt besitzt, aufgrund der einheitlichen Schnittstellenstruktur, nach außen identisches Verhalten. Dies gilt auch für eine Kombination von Objekten zu einem neuen Diagnoseobjekt auf höherer Abstraktionsebene (Abbildung 1), so dass man von einer selbstähnlichen Struktur des Diagnosesystems spricht. Für die objektorientierte Diagnose hat dies den Vorteil, dass zum einen Diagnosesysteme für Fahrzeugkomponenten unterschiedlicher Disziplinen (mechanisch, elektrisch, pneumatisch) entsprechend der Struktur im Fahrzeug kombiniert werden können. Außerdem kann das Diagnosesystem bei Änderung einer Fahrzeugkomponente durch Austausch bzw. Anpassung des entsprechenden Objekts einfach modifiziert werden. Zum anderen können unabhängig von der Abstraktionsebene immer die gleichen Diagnosemethoden angewendet werden. Zur Fehlerlokalisation und Fehleridentifikation werden die Ergebnisse der einzelnen Diagnosesysteme mit entsprechend entworfenen Algorithmen (Abbildung 1) ausgewertet. Die objektorientierten Methoden erlauben den Entwurf modellbasierter Fahrzeugdiagnosesysteme mit unterschiedlichem Diagnosetiefen.
Zukünftige Entwicklungen im Bereich der Fehlerdiagnose könnten in Richtung Fehlerprädiktion gehen. Damit wäre beispielsweise ein präventiver Austausch von verschlissenen Komponenten im Nutzfahrzeug möglich, wodurch Ausfälle und Standzeiten verringert würden.

3.4.4 Verifikation der modellbasierten Fahrzeugdiagnose mit dem OpTIF

Die modellbasierten Fahrzeugdiagnosesysteme auf Grundlage von objektorientierten Entwurfsmethoden werden derzeit im Rahmen des Projekts anhand eines automatisierten Schaltgetriebes aus einem Nutzfahrzeug verifiziert. Ziel ist die Detektion und Lokalisation von Fehlern in einem elektropneumatischen Aktuator zum Schalten der Gänge. Dieser besteht aus gekoppelten Komponenten unterschiedlicher Disziplinen (mechanisch, elektrisch, pneumatisch), die sowohl unterschiedliche Dynamiken als auch unterschiedliche Anforderungen an die zu entwickelnden Diagnosesysteme besitzen: es müssen Leckagen in Leitungen, aber auch hohe Reibverluste in den Zylindern diagnostiziert werden können.

Für die einzelnen Komponenten des elektropneumatischen Aktuators werden Diagnoseobjekte in MATLAB entworfen und, in Anlehnung an das Prinzip von Modelica, über ihre Schnittstellen gemäß den physikalischen Kopplungen verknüpft. Anschließend erfolgt automatisiert eine Analyse des Systems mit strukturellen Methoden (z.B. nach Dulmage/Mendelson). Dies resultiert in einer bestimmten Anzahl überbestimmter Gleichungssysteme, auf Basis derer die isolierbaren Fehler bestimmt (Isolierbarkeitsanalyse) und die beobachterbasierten Residuengeneratoren erzeugt werden. Basierend auf der Isolierbarkeitsanalyse wird eine Fehlerdetektionsmatrix erstellt, die bei Auftreten bestimmter Residuen den Fehlerort identifiziert.

Das Expertenwissen besteht somit in der Erstellung von Bibliotheken für Diagnoseobjekte von Fahrzeugkomponenten und der einmaligen Programmierung der Systemanalyse sowie der Auswertung, jeweils in MATLAB. Der Anwender stellt gemäß dem zu diagnostizierenden System anhand der Bibliothek die Diagnoseobjekte zusammen und verknüpft sie entsprechend der physikalischen Realität. Die Isolierbarkeitsanalyse, die Erzeugung von Residuengeneratoren und deren Auswertealgorithmus erfolgt dann automatisiert.

Das so entstandene abstrakte Diagnosesystem wird per Codegenerator in ausführbaren C-Code gewandelt und im Embedded System der FLEA3 implementiert. Bei Auftreten eines Fehlers schreibt der Auswertealgorithmus in einen reservierten Speicher den Fehler und den Fehlerort.

Zur Verifikation der auf dem OpTIF implementieren, modellbasierten Diagnosesysteme wird eine HIL-Umgebung aufgebaut. Als HIL Simulator wird eine MicroAutoBox II der Firma dSPACE verwendet, die mittels CAN mit der FLEA2 verbunden wird. Es wird ein Systemmodell des elektropneumatischen Aktuators und weiterer Komponenten des automatisierten Schaltgetriebes im HIL-Simulator implementiert. Des Weiteren werden Fehlerfälle zur Verifikation der Diagnosesysteme definiert und implementiert. Über ControlDesk Next Generation wird der HIL-Simulator gesteuert und die Fehler werden aktiviert.

4. Vorteile

Für die GDI Nutzung wird die PID Konfiguration verwendet. Damit wird die Inbetriebnahme von der Nutzungsphase durch Verwendung eines standardisierten Konfigurationsprozesses entkoppelt. Vorteil für den OTX Testersteller ist es, das die gesamte Konfiguration nicht im Ablauf beschrieben werden muss, sondern direkt mit den Testinstanzen gearbeitet werden kann.

Durch die volle Integration einer GDI Laufzeitumgebung im Tester ist für den Nutzer der Geräteaustausch gewährleistet. Die GDI Schnittstellen sind standardkompatibel implementiert. Der Zugriff auf den Koordinator über die Koordinator API ist über OTX für den Anwender komplett gekapselt.

GDI abstrahiert die Sicht auf das GDI Gerät und ermöglicht dessen Austausch ohne, dass vorhandene Diagnoseabläufe erneut angepasst werden müssen. Damit wird die Nutzung von OTX über die bisherige Zielgruppe, Diagnose im Automotive Bereich, erweitert.

Mit dem vorgestellten Tester können gemeinsame Abläufe erzeugt werden, bei denen sowohl eine Messwert Erfassung und Gerätesteuerung vorgesehen ist, als auch ein Zugriff auf Steuergeräte über Diagnoseservices erfolgen soll. Dabei kommt eine identische Bedienphilosophie zum Einsatz. Für den Anwender hat dies den Vorteil dass er die Testabläufe für Messtechnik und Steuergerätediagnose mit identischem Look and Feel erstellen kann, da die komplette Gerätetechnik durch GDI gekapselt wird. Im Vordergrund steht für den Testersteller damit die Prozesskenntnis, und nicht die spezifischen Eigenschaften der Schnittstellen oder der abgebildeten Gerätefähigkeiten.

Die GDI Philosophie bringt eine erhebliche Anzahl von Vorteilen für die Testgestaltung mit OTX ein. Einerseits können alle Geräte, welche der GDI Philosophie genügen unabhängig von den zum Einsatz kommenden Kommunikationsprotokoll, bzw. der physikalischen Schnittstelle, in OTX einbezogen werden, andererseits kann innerhalb von GDI ein problemloser Austausch dieser Geräte durch funktional äquivalente Geräte anderer Hersteller erfolgen, ohne das ein Eingriff im Testablauf erforderlich wird.

Über die GDI Modellierung wird vom Gerätehersteller bestimmt, welche Funktionalität zu welchem Zeitpunkt verfügbar sein soll. Dabei besteht auch die Möglichkeit unterschiedliche Sichten (VD's) vorzusehen. Neben der Remote Funktionalität für die Gerätesteuerung können auch interne Prozesszustände für den Zugriff offengelegt werden, welche es erlauben die Software im Gerät zu diagnostizieren und zu analysieren.

Mit OTX als herstellerunabhängige Prüfablaufsprache erfolgt eine Fokussierung auf den Prüfprozess und die Gerätefunktionalität. Die zum Einsatz kommenden API's sind weitestgehend für den Testersteller gekapselt, womit eine Komplexitätsreduzierung erfolgt. Aufgrund der grafisch orientierten Testerstellung sind nur eingeschränkte Programmierkenntnisse erforderlich. Demgegenüber steht, wie bei jeder Programmiersprache, das die ermittelten Daten direkt ausgewertet und weiterverarbeitet werden können. Damit sind auch Verzweigungen im Testablauf möglich, die verhaltenstechnisch realen Applikationen entsprechen. Das eröffnet z.B. auch die Möglichkeit komplexe Anwendungsabläufe, welche von Herstellern zugekauft wurden, für Entwicklungszwecke und Erprobungen in OTX nachzubilden.

Da OTX Testbeschreibungen als Austauschformat fungieren, besteht die Möglichkeit die vom Endanwender bevorzugte Laufzeitumgebung zu verwenden. Hierbei erweist

es sich als vorteilhaft das alle zum Einsatz kommenden Schnittstellen über die ISO genormt wurden.
Im Automobilbereich können Testabläufe im gesamten Produktlebenszyklus, insbesondere in der Entwicklung, Produktion und im Service wiederverwendet werden.
Der Tester ist universell konfigurierbar, ermöglicht einen stationären und insbesondere auch einen mobilen Einsatz. Damit reicht das Spektrum von einfachen Systemen bis zu Systemen mit High Performance. Zeitkritische Anforderungen sind mit dem Embedded Funktionstester umgesetzt, um Fehler im laufenden realen Betrieb zu diagnostizieren. Identische Testabläufe können über eine PC Lösung analog einer Embedded Umsetzung ausgeführt werden.

5. Ausblick

In OpTIF wurde bisher MCD und GDI umgesetzt. Prinzipiell besteht die Möglichkeit auch XIL zu integrieren. In diesem Fall ist eine Extension für die Anbindung eines XIL Frameworks zu definieren. Da es sich bei XIL ebenfalls um eine standardisierte Gesamtlösung handelt, ist auch in diesem Fall die Austauschbarkeit der herstellerspezifischen Komponenten gewährleistet. Derzeit existiert keine normative Lösung für den Austausch von XIL Prüfabläufen. OTX ist dafür prädestiniert.
OTX bietet damit eine zukunftssichere Basis für die Erstellung von Testbeschreibungen im Automatisierungsumfeld.
OpTIF wurde für den Einsatz im Automotive Umfeld entwickelt und kann dabei sowohl als stationärer als auch mobiler Tester eingesetzt werden. Der Tester existiert als PC Lösung und als Embedded Umsetzung. Mit dem Tester steht die komplette Infrastruktur für die Erstellung von Testabläufen in OTX und deren anschließenden Ausführung über Laufzeitsysteme zur Verfügung. Über die GDI Philosophie ist dabei die zum Einsatz kommende Kommunikationsschnittstelle gekapselt, die im Testablauf zur Verfügung stehende Gerätefunktionalität wird über die Gerätemodellierung vom Gerätehersteller bestimmt. Wendet man diese Philosophie konsequent an, können auch beliebige andere Embedded Systeme mit dem Tester diagnostiziert werden. Dies erfordert einerseits einen Software Diagnose Access Layer im zu testenden Embedded System (System Under Test) zu integrieren und andererseits die Integration von Diagnoseschnittstellen im Tester (z.B. JTAG). Qualitativ wird für die Embedded Systems eine automatische Repräsentation als GDI Gerät für den Test- und Diagnosezugriff angestrebt. Da GDI im Tester integriert ist steht dieser als Ausführungsplattform zur Verfügung. Mit der Repräsentation als GDI Gerät wird für das Embedded System der Zugriff auf geräteinterne Größen ermöglicht.
Perspektivisch können die OTX Testablaufbeschreibungen für vom Gesetzgeber vorgeschriebene technische Sicherheitskontrollen verwendet werden. Dabei besteht der Hauptfokus auf der Geräteunabhängigkeit der Tests und der Sicherstellung der Manipulationssicherheit durch Gerätehersteller. Die Kombinatorik von OTX als grafisch orientierte Testsprache und GDI als Middleware für die Geräteanbindung erlauben die Testerstellung durch Behörden basierend auf abstrakten Gerätefunktionen. Insbesondere können prozesssichere Prüfalgorithmen auch nach der Gerätemodifikation beibehalten werden und die Prüfabläufe für unterschiedlichste Geräteanbieter zum Einsatz kommen. Erfolgversprechend kann das Verfahren nur zum Einsatz kommen, wenn eine Akzeptanz von OTX als Beschreibungsmittel bei den durch den Gesetzgeber autorisierten Prüfstellen erfolgt. Mit OTX als Plattform- und Tester- unabhängiges Beschreibungs- und

Austauschformat können die erstellten Tests auf unterschiedlichsten Testerplattformen zum Einsatz kommen.

Literatur

[1] Open Test sequence eXchange - ISO 13209

[2] MVCI Server API ISO 22900-3

[3] PDU-API ISO 22900-1

[4] Open Diagnostic Data Exchange - ISO 22901

[5] Generic Device Interface - ISO 20242

[6] CCP - CAN Calibration Protocol, ASAM Standard

[7] XCP - Universal Measurement and Calibration Protocol, ASAM Standard

Gefördert durch:

Bundesministerium
für Wirtschaft
und Technologie

aufgrund eines Beschlusses
des Deutschen Bundestages

8 Visualisierung von Diagnoseprozessen

Dr. **Norbert Waleschkowski**, M.Sc. **Ronny Giera**, Semantis Information Builders GmbH, Oberursel

Abstract

A picture says a thousand words. In typical diagnostic applications of today the communication with the user is primarily based upon textual instructions. This paper deals with a couple of concepts in order to visualize the diagnostic process. Only knowledge based systems seem capable to provide such an approach in its entirety. These concepts will lead to much more intuitive and user-friendly diagnostic application that come along with a whole bundle of generic interactive functions which offer the user high degrees of freedom and responsiveness to run the diagnostic process.

Kurzfassung

Ein Bild sagt mehr als tausend Worte. In heutigen rechnergestützten Diagnosesystemen basiert die Kommunikation mit dem Benutzer dagegen überwiegend auf sprachlichen Anweisungen. Im vorliegenden Beitrag werden grundlegende Konzepte zur Visualisierung des Diagnoseprozesses vorgestellt, wie sie in ihrer Gesamtheit wohl nur von wissensbasierten Systemen bereitgestellt werden können. Diagnoseanwendungen können sich dadurch nicht nur wesentlich intuitiver und benutzerfreundlicher präsentieren, sie können auch um ein ganzes Bündel von generischen interaktiven Funktionen erweitert werden, die dem Benutzer ein Höchstmaß an Freiheitsgraden in der Diagnoseführung bieten.

1. Einleitung

In heutigen rechnergestützten Diagnosesystemen basiert die Kommunikation mit dem Benutzer in seinem Kern primär auf sprachlichen Anweisungen, die genau gelesen, verstanden und umgesetzt werden müssen. Eine typische Anweisung könnte sich etwa wie folgt lesen:
"Schalten Sie die Zündung (Kl. 15) aus. Ziehen Sie den Anschlussstecker Zentralverriegelung ab. Ziehen Sie den Anschlussstecker Türsteuergerät ab. Prüfen Sie die Leitung von … nach … auf Kurzschluss gegen Plus und ... Sie benötigen zur Durchführung das Werkzeug X. Vergessen Sie nicht, die Steckverbindungen später wieder zu schließen."

Sprachliche Anweisungen dieser Art unterliegen immer wieder Missverständnissen, sei es durch Verwendung abstrakter Begriffe, durch komplexe Satzstrukturen oder durch mangelnde Sprach- und Lesekompetenzen der Benutzer. Auch Standardisierungsbemühungen helfen nur begrenzt. Allen Bemühungen hinsichtlich einer Standardisierung von Textbausteinen zum Trotz führt die Nutzung natürlicher Sprache mit ihrer hohen Flexibilität fast unvermeidlich zur Tendenz, ähnliche Sachverhalte immer wieder unterschiedlich und nicht immer eindeutig und verständlich auszudrücken. Umgekehrt kann eine vermeintliche Ähnlichkeit von Satzmustern dazu führen, dass bestimmte Bedeutungen unterstellt werden, die u.U. gar nicht vorliegen. In einer typischen Werkstattumgebung werden die sprachlichen Anweisungen nicht immer mit allen Details gelesen, sondern oft eher erkannt. Schließlich sind in Werkstätten keine Linguisten am Werk und die verfügbare Zeit ist knapp bemessen.

Der Autor einer Diagnoseanwendung kann die textuellen Anweisungen ggf. durch Bilder oder Grafiken anreichern. Dies geschieht i.d.R. so, dass der Autor bzw. Entwickler diese Bilder oder Grafiken explizit im entsprechenden Prüfablauf verankert bzw. in die Oberfläche einbettet, um die Diagnoseanwendung so sprechender und intuitiver zu gestalten. Die Verwendung grafischer Informationselemente muss vom Entwickler aber stets eingeplant und implementiert werden. Die textuellen Anweisungen können auf diese Art und Weise illustriert bzw. "bebildert" werden.

Diesem klassischen Ansatz der Ausgestaltung der Benutzerschnittstelle einer Diagnoseanwendung soll im Folgenden ein durchgängiger grafischer Ansatz gegenübergestellt werden. Dieser neue Ansatz basiert auf dem Prinzip, das während des Diagnoseprozesses verfügbare Wissen (technisches Wissen, funktionales Wissen, Diagnosewissen, abgeleitetes bzw. erlerntes Wissen etc.) zu visualisieren. Dies setzt allerdings voraus, dass es sich um ein wissensbasiertes System – also mit expliziter Repräsentation der Wissenselemente – handeln muss. Wenn Wissen lediglich in Zeichenketten versteckt ist – wie dies typischerweise in Entscheidungsbaum-basierten oder ausprogrammierten Abläufen der Fall ist – ist dies nicht möglich. Wissen entsteht dann lediglich durch Interpretation der Zeichenketten durch den Benutzer.

Das Leitmotiv und Grundprinzip des wissensbasierten Visualisierungsprinzips lautet also:

"Keine Präsentation ohne Repräsentation."

Es sollte klar sein, dass dies nur möglich ist, wenn das Wissen explizit repräsentiert wird. Ein solches System ist dann zwingend ein wissensbasiertes System.

Wir skizzieren das Visualisierungskonzept am Beispiel der wissensbasierten Raptor Diagnostic Suite, die im Folgenden auch kurz Raptor-Suite oder Raptor genannt wird. Die Raptor-Suite ist eine lernfähige Diagnoseumgebung, die verschiedene Diagnosestrategien transparent integriert (vgl. [1] und [2]). Dazu zählen die Familie kausaler Fehlernetzstrategien, die fallbasierte Diagnostik, die modellorientierte Diagnostik, die statistische Diagnosestrategie sowie Entscheidungsbaumverfahren. Das Wissen wird unter Verwendung geeigneter Wissensrepräsentationsformen – dies sind u.a. Fehlernetze, Fallbasen, funktionsorientierte Modelle sowie mit deutlichen Einschränkungen auch Entscheidungsbäume – in einer Wissensbasis hinterlegt. Diese Wissensbasis wird von entsprechenden Inferenzmaschinen (bzw. Schlussfolgerungskomponenten) inspiziert und interpretiert. Die Wissensbasis bildet gleichzeitig ein Bayes-Netz, worauf die maschinelle Lernfähigkeit des Raptors in Form von Bayesschem Lernen (Bayesian Learning) basiert.

Die bisher benannten Inferenzmaschinen beziehen sich im Kern auf die Diagnose im engeren Sinne. Nichtsdestoweniger gibt es in der Raptor-Suite nach einer Fehlerdiagnose auch Inferenzmechanismen für die sich anschließenden Reparatur- und Verifikationsstrategien.

2. Der Diagnoseprozess und seine Phasen

Ein Diagnoseprozess ist kein monolithischer Prozess, sondern er gliedert sich in Teilphasen, die i.d.R. iterativ durchlaufen werden:

(1) Bestimmung des Symptom-/Fehlerbildes
(2) Inspektionsphase
(3) Reparaturphase
(4) Verifkationsphase

Diese Phasen werden üblicherweise so lange durchlaufen, bis das Symptom-/Fehlerbild abgearbeitet ist.

Unter dem Symptom-/Fehlerbild, das wir im Folgenden auch kurz Fehler- oder Problembild nennen, versteht man die Menge aller Symptome und/oder Fehlercodes, die auf einen Fehler bzw. eine Fehlfunktion im Fahrzeugsystem hinweisen. Die Gewinnung dieses Bildes umfasst alle Maßnahmen, die geeignet sind, ein möglichst vollständiges Fehlerbild zu erhalten. Dies beginnt mit der strukturierten Erfragung von Symptomen bzw. Fehlfunktionen im Annahmegespräch mit dem Kunden, durch das anschließende Auslesen der Fehlerspeicher der Steuergeräte sowie durch weitere Informationen über Fehler, die während des gesamten Diagnoseprozesses gewonnen werden.

Die Inspektionsphase ist die eigentliche Diagnosephase im engeren Sinne. Hier kommen die o.g. Diagnosestrategien zum Einsatz.

Die Fehlerbehebungs- bzw. Reparaturphase beinhaltet alle Aktivitäten, Maßnahmen und Strategien, wie ein gefundener Fehler behoben werden kann.

Die Verifikationsphase umfasst die Menge aller Maßnahmen und Strategien, um zu prüfen, ob die ausgeführten Fehlerbehebungsmaßnahmen den bzw. die untersuchten Fehler tatsächlich behoben haben.

Die Phasen werden üblicherweise durchlaufen, bis das Symptom-/Fehlerbild vollständig abgearbeitet wurde. Das verbleibende Fehlerbild nach einem Phasendurchlauf nennen wir Restfehlerbild. Es kann sein, dass erst ein Teil der vorliegenden Probleme behoben ist. Es können außerdem weitere, bisher noch unentdeckte Fehler identifiziert worden sein, die dem Fehlerbild hinzugefügt wurden. Ist das Restfehlerbild nicht leer, ist der Diagnoseprozess noch nicht abgeschlossen und muss erneut durchlaufen werden.

3. Visualisierungskonzepte im Einzelnen

Wir stellen im Folgenden Visualisierungskonzepte vor, die nicht explizit vom Autor bei der Erstellung einer Diagnoseanwendung vorgedacht werden müssen, sondern die zur Laufzeit der Wissensbasis entnommen werden können. Es geht also nicht um die klassische Illustration oder Bebilderung einer Anwendung durch den Autor bzw. den Entwickler einer Diagnoseanwendung, sondern um die Präsentation von Wissen, ohne dass der Autor einer Anwendung dies modellieren muss. Es sollte klar sein, dass solche Visualisierungskonzepte nur wissensbasierten Systemen vorbehalten sind. Wir nennen diese Konzepte daher wissensbasierte Visualisierungskonzepte. Das zugrundeliegende Prinzip lautet:

Keine Präsentation ohne Repräsentation!

3.1 Die Diagnoseuhr

In der Raptor-Suite wird der augenblickliche Zustand eines Diagnoseprozesses durch die sogenannte Diagnoseuhr visualisiert. Die einzelnen Phasen werden durch kleine Symbole bei 12 Uhr (Fehlerbild), 3 Uhr (Inspektionsphase), 6 Uhr (Reparaturphase) und 9 Uhr (Verifikationsphase) dargestellt. In Bild 1 befindet sich die Diagnoseanwendung gerade in der Inspektionsphase. Zusätzliche Informationselemente informieren über weitere Details der aktuellen Phase, hier der Inspektionsphase.

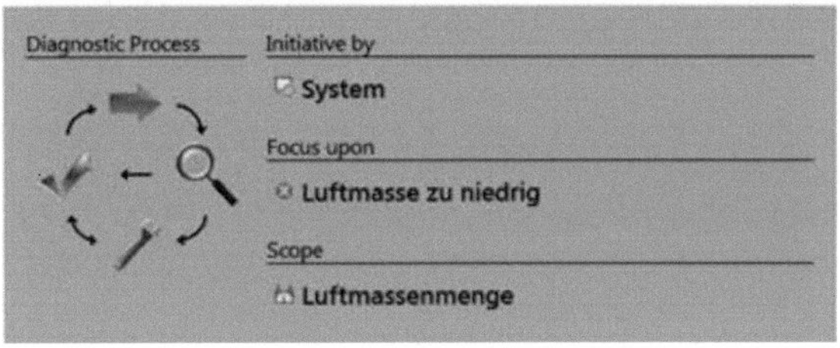

Bild 1: *Diagnoseuhr*

Ein Blick auf die Diagnoseuhr gibt unmittelbar Aufschluss über den aktuellen Stand der Diagnosesitzung. Hier befindet sich das System gerade in der Inspektionsphase (3 Uhr-Icon ist "enabled"). Das System hat die Diagnoseführung inne (s. *Initiative by*). Alternativ könnte der Benutzer die Diagnoseführung innehaben und zu diesem Zweck Fehlerkandidaten oder Bauteile seiner Wahl ausgewählt haben. Die Inferenzmaschinen haben den Fokus (s. *Focus upon*) auf den Fehlerkandidaten "Luftmasse zu niedrig" gelegt. Zu diesem Zweck wird gerade ein Test der Luftmassenmenge (s. *Scope*) durchgeführt. Diese Informationen werden von den Inferenzmaschinen bereitgestellt.

3.2 Strukturierte grafische Prüfanweisungen

Üblicherweise erhalten Benutzer einer Diagnoseanwendung sprachliche Instruktionen in Form von Fließtext. Oft finden sich in diesen Textbausteinen Textelemente unterschiedlicher Bedeutung. Dies können z.B. Vorbedingungen sein wie etwa "Ziehen Sie vor der Messung den Stecker X ab." oder "Die Kühlmitteltemperatur muss mindestens 60 C° betragen." bzw. Anweisungselemente wie "Messen Sie nun ..." oder Nachbedingungen wie "Vergessen Sie nicht, die Steckverbindung X wieder zu schließen." oder auch Informationen über benötige Werkzeuge. Oft werden diese Textelemente lediglich optisch hervorgehoben oder voneinander entfernt positioniert, bilden aber nichtsdestoweniger intern lediglich eine Zeichenkette. Man vergleiche hierzu auch die beispielhafte Anweisung zu Beginn der Einleitung.

In der Raptor-Suite werden semantisch unabhängige Anweisungskonzepte streng voneinander getrennt und typisiert. So sind z.B. Bedingungen (Vor- sowie Nachbedingungen) unabhängige, eigenständige – und damit wiederverwendbare – Objekte. Für diese Objekttypen werden standardmäßig grafische Präsentationsformen präferiert. Im Allgemeinen verbleiben im Ergebnis lediglich einzelne Begriffe oder kurze Phrasen in textueller Form, wie die folgende Abbildung 2 zeigt.

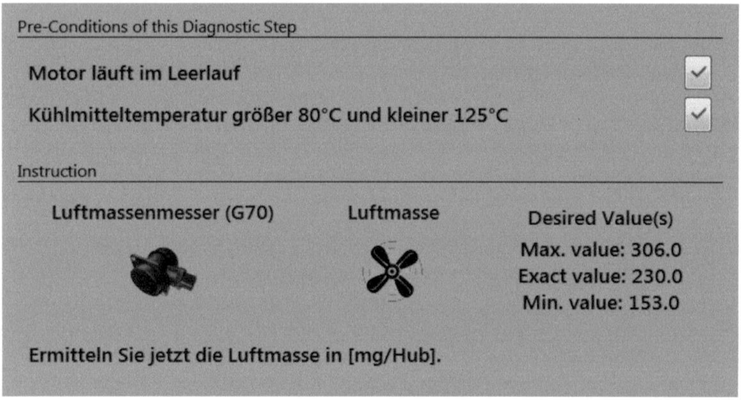

Bild 2: *Grafische Prüfanweisung*

Im Beispiel soll eine Luftmassenmessung durchgeführt werden. Hierzu müssen bestimmte Vorbedingungen (Pre-Conditions) erfüllt sein. Die ansonsten übliche monolithische Anweisung wird hier in zwei Vorbedingungen und die eigentliche Prüfanweisung (*Instruction*) unterteilt. Die Anweisung selbst kann nur ausgeführt werden, wenn die Vorbedingungen erfüllt sind, was durch die gesetzten Haken hinter den Anweisungen veranschaulicht wird. Sind die Vorbedingungen nicht erfüllt, ist der Anweisungsbereich ausgegraut und nicht ausführbar.

Ob die Vorbedingungen erfüllt sind, wird vom Raptor automatisch ermittelt, sofern die entsprechenden Daten von der Fahrzeugelektronik bezogen werden können. Andernfalls muss der Benutzer bestätigen, dass eine Vorbedingung erfüllt ist, indem er selbst den Haken setzt und damit bestätigt, dass die Bedingung erfüllt ist. Erst dann wird die eigentliche Prüfanweisung aktiviert und kann ausgeführt werden.

Ferner werden anstelle textueller Prüfanweisungen grafische Präsentationsformen präferiert. Anstelle einer ausführlichen sprachlichen Beschreibung werden das relevante Bauteil – hier ein Luftmassensensor – sowie die zu messende Größe nebst

Einheit – hier die Luftmasse – durch einen Begriff und ein grafisches Symbol – angezeigt und optional um den Sollwert sowie die Ober- und Untergrenzen für den Messwert ergänzt. Damit liegen alle notwendigen Informationen für die Anweisung vor. Auf Wunsch kann der Autor wie hier im Beispiel eine sprachliche Beschreibung hinzufügen, wenn er dies für nötig hält.

Grafische Prüfanweisungen besitzen viele Vorzüge gegenüber klassischen sprachlichen Anweisungen. Sie sind intuitiv und können unmittelbar und schnell verstanden werden. Und, last but not least, sie erfordern keinen Übersetzungsaufwand. Da es sich bei den textuellen Komponenten lediglich um einzelne Begriffe oder kurze Phrasen (wie Namen von Bauteilen oder Messgrößen) handelt, lassen sich diese einfach und unzweideutig automatisch übersetzen. Das Einsparpotential ist erheblich, denn ein sehr großer Teil der Anweisungen lässt sich grafisch eindeutig darstellen. Wir präsentieren ein zweites Beispiel:

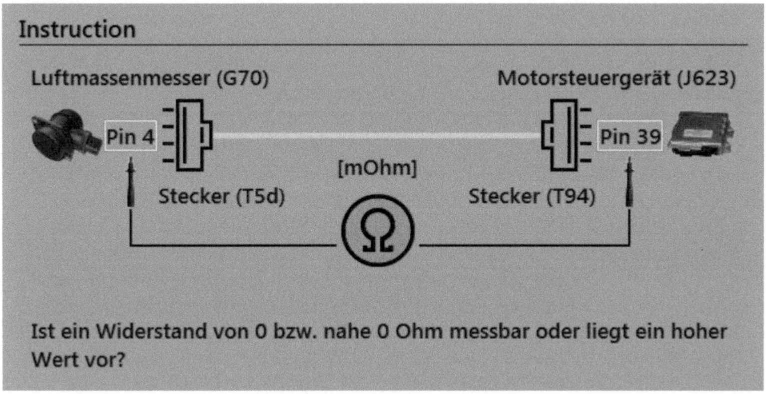

Bild 3: *Grafische Prüfanweisung zum Test einer Kabelverbindung auf Unterbrechung*

In diesem Beispiel geht es um die Prüfung einer Leitung auf Unterbrechung. Die Grafik ist selbsterklärend und erfordert lediglich eine Standardphrase wie "Test auf Unterbrechung". Die relevanten Informationen über Bauteile, Stecker und Pins sowie Kabelfarbe etc. werden automatisch dem funktionalen Modell entnommen.

In der Raptor-Suite werden für jede einzelne Leitungsverbindung automatisch grafische Testobjekte zum Test auf Unterbrechung, auf Kurzschluss nach Masse oder auf Kurzschluss gegen Plus etc. erzeugt. Dadurch wird nicht nur ein sehr hoher Grad an Standardisierung in Bezug auf die Darstellung – bereits ein großer Wert an sich – erreicht, sondern auch hinsichtlich der Prüfstrategie selbst. Bei klassischen Diagnoseanwendungen dagegen muss jeder Leitungstest vom Autor explizit modelliert werden, eine Arbeit, die in vielen Fällen angesichts der großen Vielzahl von Leitungsverbindungen wegen des hohen manuellen Aufwands unterbleibt und somit zu empfindlichen Lücken hinsichtlich des Vollständigkeitsgrades der Diagnoseabdeckung führt.

3.3 Interaktive Stromlaufpläne und Funktionsdiagramme

Als ein wissensbasiertes System verfügt die Raptor-Suite auch über umfassende Features zur modellorientierten Repräsentation technischer Systeme. Diese Funktionalität ermöglicht nicht nur die automatische Erzeugung standardisierter Prüfabläufe (vgl. Kap. 3.1), sondern stellt dem Benutzer auch funktionale Modelle, etwa komplette Stromlaufpläne, in Form interaktiver Grafiken zur Verfügung. Dabei handelt es sich nicht um Bilder, sondern die Stromlaufpläne werden zur Laufzeit aus den Wissensbasen generiert und spiegeln den aktuellen Diagnosestatus wider.

Aus Gründen einer höheren Übersichtlichkeit wird i.a. nicht der gesamte Stromlaufplan des jeweiligen Teilsystems angezeigt, sondern nur ein relevanter unter Diagnose stehender Ausschnitt, ein sogenanntes Segment. Ein Segment besteht mindestens aus einem kompletten funktionalen Pfad bzw. einer sog. funktionalen Gruppe. So kann etwa bei einer Untersuchung des funktionalen Pfades "Lambdasonde" auf die gleichzeitige Darstellung der meisten übrigen Pfade verzichtet werden. Der Benutzer kann aber jederzeit auf die Anzeige des gesamten Stromlaufplans umschalten. Auf die Markierungen zum Diagnosefokus sowie die Blame Distribution (Verteilung der Fehlerwahrscheinlichkeiten) hat dies keine Auswirkungen.

Neben den Komponenten, die im Stromlaufplan enthalten sind, gibt es meistens noch zahlreiche nicht-elektrische Komponenten, die zu einem funktionalen Komplex gehören. Beispielhaft sei hier der Luftfilter genannt, der zum Funktionspfad des Luftmassensensors gehört. Wir nennen diese Komponenten assoziierte Komponenten. Diese werden genauso in die Inferenz und in die Berechnung der Blame Distribution einbezogen wie die Komponenten des Stromlaufplans. Ein funktionaler Pfad in einem Stromlaufplan ist lediglich Teil eines umfassenderen Wirkungskomplexes, der auf dem Zusammenspiel elektrischer, mechatronischer, hydraulischer oder mechanischer Komponenten beruht. Diese Wirkungskomplexe sind Kerngegenstand der Diagnose. Die assoziierten Bauteile eines solchen Wirkungskomplexes werden in einem Wirkungszusammenhang in einem Teilfenster des funktionalen Diagramms angezeigt.

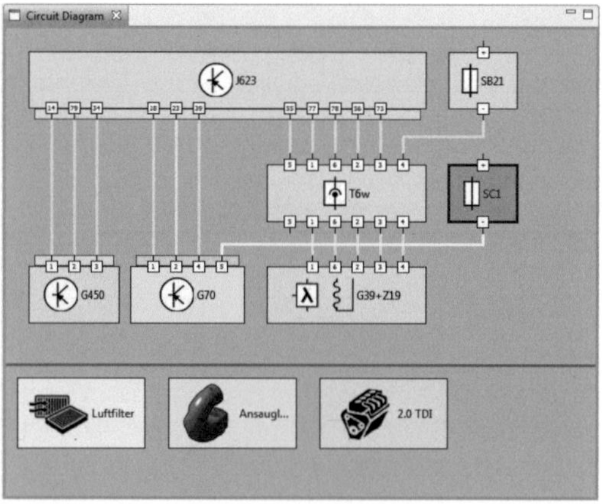

Bild 4: *Interaktiver Stromlaufplan zur Laufzeit*

Diese Stromlaufpläne einschl. der assoziierten nicht-elektrischer Komponenten sind interaktiv in folgendem Sinne:

(1) Der Raptor markiert zur Laufzeit den verdächtigen Bereich des Stromlaufplans (durch einen blauen Rahmen), der derzeit im Fokus der Inferenz liegt. Die Strategie besteht darin, den verdächtigen Bereich schrittweise und möglichst effizient einzuschränken, bis der Fokus auf dem(n) verdächtigen Bauteil(en) – den Diagnosekandidaten – liegt. Dabei wird auch die Suche nach Mehrfachfehlern unterstützt. Im Bild liegt der Fokus bereits auf dem Bauteil SC1, einer Sicherung.

(2) Parallel zur Markierung der fokussierten Bereiche werden alle Bauteile gemäß ihrer Fehlerwahrscheinlichkeit – der sog. Blame Distribution – farblich markiert. (Die Färbung läuft von dunkelgrün ("fehlerfrei") über ein kontinuierliches "grün-gelb-rot"-Spektrum (von *kein Verdacht* über *verdächtig* bis *fehlerhaft*). Die Färbung wird mit jedem einzelnen Testschritt aktualisiert. Dieses Merkmal basiert auf der automatischen Lernfähigkeit des Raptors durch Bayes-Lernen. Im Bild ist ersichtlich, dass die Sicherung SC1 durch ihre orangefarbene Färbung eine hohe Fehlerwahrscheinlichkeit aufweist. Ebenfalls, wenn auch in geringerem Maße, erscheint der Luftfilter durch seine gelbliche Färbung verdächtig.

(3) Sämtliche Objekte der aktiven Grafik – also Bauteile, Steuergeräte, Steckverbindungen, Kabel und Verbindungsleitungen, Pins etc. – sind maussensitiv. Fährt man mit der Maus über ein Objekt, werden dabei wichtige Informationen zum jeweiligen Bauteil angezeigt.

(4) Der Benutzer kann jede Komponente im Stromlaufplan – selbst einen Pin – anklicken. Zu jedem Objekt werden dann umfassende Informationen angeboten wie z.B.
   - die genaue Bezeichnung und der Verbauort der Komponente bzw. des Bauteils, zu der diese Komponente gehört,
   - die aktuelle Fehlerwahrscheinlichkeit des Bauteils,
   - in Fällen von Leitungsverbindungen deren Signale und die Farbe,
   - technische Daten wie Sollwerte und Toleranzbereiche,
   - Sensitivitäten,
   - Bilder, Bildsequenzen oder Videos zum Bauteil,
   - alle potentiellen Fehlerkandidaten (Fehlermodi) zu diesem Bauteil mit ihren aktuellen Fehlerwahrscheinlichkeiten,
   - alle Testobjekte mit Informationen, wie das Bauteil auf die Existenz von Fehlern bzw. Fehlfunktionen geprüft werden kann,
   - alle Reparaturobjekte im Kontext möglicher Fehler,
   - bekannte Diagnosefälle aus der Fallbasis mit ihren aktuellen Ähnlichkeitswerten
   - etc.

(5) Aus den angebotenen Informationselementen zu einem Bauteil kann zu jedem Zeitpunkt ein beliebiges Objekt zur weiteren Inspektion ausgewählt werden, etwa ein ähnlicher Diagnosefall aus der Vergangenheit. Das System setzt dann den Diagnoseprozess durch Inspektion dieses Falles fort. Entsprechendes gilt für andere Objekttypen.

Diese interaktiven Funktionsdiagramme – ausgestattet mit einem reichen Vorrat an Funktionen und Informationen – spiegeln unmittelbar den aktuellen Wissenstand des laufenden Diagnoseprozesses wider und kommunizieren direkt mit dem Benutzer. Von Benutzern werden sie daher schnell als unverzichtbare Assistenten und Begleiter durch den Diagnoseprozess von höchstem Nutzwert aufgefasst.

3.4 Fahrzeugdaten, Zustände und Messwerte

Während der Diagnose werden ständig Daten von der Fahrzeugelektronik oder über vorhandene Messtechnik erfragt und bezogen. Bekanntlich sagt eine Grafik mehr als tausend Worte; eine begleitende Visualisierung wichtiger Daten und Messwerte, direkt eingebettet in die Oberfläche einer Diagnoseanwendung, liegt daher nahe. Dabei kann es sich um Daten handeln, die die Diagnoseanwendung für einen durchzuführenden Prüfablauf benötigt und sich eigenständig beschafft. Es kann sich aber auch um Werte handeln, die der Techniker aus bestimmten Gründen beobachten möchte.

Die Raptor-Suite stellt zur Visualisierung von Messwerten ein eigenes Fenster bereit, das beliebig viele Messgrößen anzeigen kann. Für jede Messgröße wird dynamisch eine Kachel erzeugt, welche

- die Messgröße in Form eines Symbols darstellt sowie als Begriff benennt,
- die zu messende Größe nebst Angabe der jeweiligen Einheit in Echtzeit sowie als Messkurve anzeigt und
- – sofern verfügbar – den Sollwert und/oder Toleranzgrenzen der Messgröße einblendet.

In Bild 5 werden einige Beispielmessungen gezeigt. Die Kachel 'Luftmasse' stellt zusätzlich kontextabhängige Sollwerte dar, wodurch sofort ersichtlich ist, dass sich der Istwert der Luftmasse außerhalb des Sollwertbereichs bewegt. Durch die Darstellung der Messgröße über der Zeit ist erkennbar, dass die Messgröße dauerhaft unter dem Mindestwert liegt.

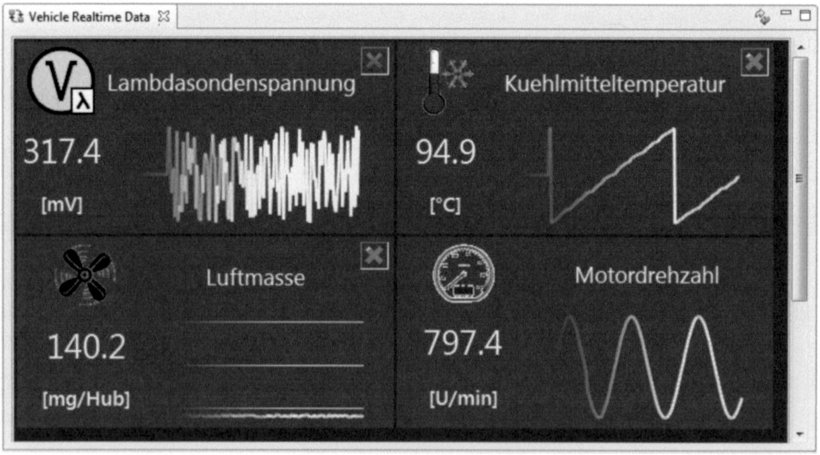

Bild 5: *Messwerte-View*

In der Raptor-Suite werden Messwerte automatisch dargestellt, wenn sie im Fokus der Inferenz liegen, also für den augenblicklichen Diagnoseschritt von Bedeutung sind. Dies ist der Fall, wenn sie entweder Größen zu überwachender Prüfbedingungen oder Größen eines automatischen Prüfschritts sind. Sind diese nicht mehr von Bedeutung, werden sie automatisch ausgeblendet. Der Benutzer kann aber auch selbst aus einer Liste aller Messgrößen die Anzeige gewünschter Messgrößen anstoßen.

3.5 Intelligente Assistenten

Intelligente Assistenten haben die Aufgabe, den Benutzer bestmöglich bei der Diagnose zu unterstützen. Die Raptor-Suite bietet zwar stets eine Diagnoseführung an, von der der Benutzer aber jederzeit abweichen kann, sofern diese Option nicht aus bestimmten Gründen und in bestimmten Situationen inaktiviert wird, wenn ein fester Ablauf erzwungen werden muss. Hinter den intelligenten Assistenten steht das Motiv, dem Benutzer die Initiative zu überlassen, wenn er dies möchte. In diesem Fall soll sich das Diagnosesystem dem Benutzer unterordnen und als intelligenter Ratgeber und Informationsbeschaffer fungieren.

Der Raptor stellt zahlreiche Assistenten mit unterschiedlichem Fokus zur Verfügung. Diese Assistenten beziehen ihre Informationen ebenfalls aus der Wissensbasis. Es handelt sich also um eine Visualisierung des aktuell vorhandenen Wissens mit dem Ziel, dieses dem Benutzer in möglichst einfacher und übersichtlicher Form zur Verfügung zu stellen. Alle Informationen wie Status, Fehlerwahrscheinlichkeit etc. sind kontextabhängig und stellen den augenblicklichen Zustand dar. Diese Informationen werden mit jedem einzelnen Prüfschritt aktualisiert. Mit diesen Assistenten wird der Techniker in die Lage versetzt, den Weg zur richtigen Diagnose entscheidend zu verkürzen.

Wir beschreiben die Aufgaben einiger dieser Assistenten:

- Der Assistent 'Aktuelle Fehlerkandidaten' bietet dem Benutzer alle aktuell in Frage kommenden Fehlerkandidaten mit ihren automatisch erlernten Fehlerwahrscheinlichkeiten und ihrem derzeitigen Diagnosestatus zur Auswahl und Inspektion an.
- Der Assistent 'Ähnliche Diagnosefälle' präsentiert alle ähnlichen Diagnosefälle, absteigend geordnet nach ihren augenblicklichen Ähnlichkeitswerten, und bietet diese zur Auswahl und Inspektion an.
- Der Assistent 'Best-Shot' bietet alle Bauteile des gerade untersuchten Wirkungskomplexes zur freien Auswahl und Inspektion an, absteigend angeordnet nach ihren augenblicklichen Fehlerwahrscheinlichkeiten.
- Der Assistent 'Testkandidaten' bietet alle noch offenen, d.h. bisher noch nicht ausgeführten Testschritte zur freien Auswahl an.
- Der Assistent 'Messgrößen' bietet alle grundsätzlich verfügbaren Messgrößen zur Anzeige in der Messwerte-View (vgl. Abschnitt 3.4) an, die von der Fahrzeugelektronik bezogen werden können.

Darüber hinaus gibt es eine Reihe weiterer Assistenten, etwa zur Anzeige der Reparaturkandidaten oder aller bereits durchgeführten Tests und Prüfschritte mit ihren Ergebnissen u.a.

Alle verwendeten Wahrscheinlichkeitswerte beruhen nicht auf à-priori-Einschätzungen oder vorgegebenen Daten, sondern sind automatisch erlernt. Eine Raptor-Wissensbasis hat zwar primär die Aufgabe, funktionales, technisches und diagnostisches Wissen zu repräsentieren, denn dazu wurde sie modelliert. Sie wird aber gleichzeitig vom Lernalgorithmus – genauer von den Lernalgorithmen – als ein Bayes-Netz aufgefasst. Ähnlich wie eine Datenbank dient sie nicht nur einem Zweck, sie ist vielmehr zweckpluralistisch bzw. zweckneutral. Ausgestattet mit einer anderen Inferenzmaschine kann sie auch anderen Aufgabenstellungen dienen. So ließe sich etwa bei Umkehrung der Inferenzrichtung folgende Aufgabenstellung untersuchen: Wir nehmen an, Bauteil X sei defekt. Zu welchem Symptom-/Fehlerbild bzw. zu welchen Auswirkungen wird dies führen?

Der Raptor unterstützt die effiziente Nutzung der Assistenten, als dass dem Benutzer nach jedem Prüfschritt in Kurzform die wichtigste neugewonnene Information mitgeteilt wird wie etwa "Es wurde ein neuer ähnlichster Fall identifiziert."

Wir erläutern den Umgang mit intelligenten Assistenten an zwei Beispielen. Zunächst betrachten wir den 'Best Shot'-Assistenten. Wie der Name schon sagt, soll der Assistent die derzeit beste Vermutung auf ein defektes Bauteil liefern.

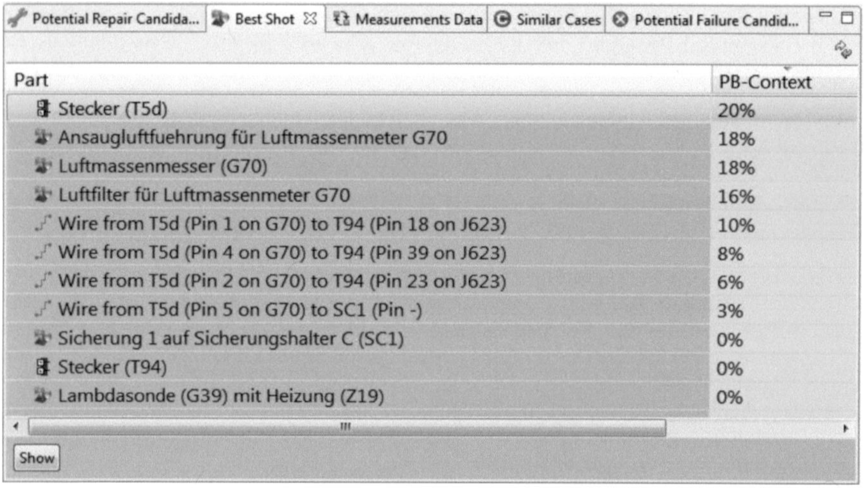

Bild 5: *Der Assistent 'Best Shot'*

Der Aufruf des Best Shot-Assistenten geschieht, wie für alle anderen Assistenten auch, via Schaltfläche. Wie das Bild 5 zeigt, können mehrere Assistenten parallel genutzt werden. Man wechselt einfach in einen anderen Assistenten, indem man den entsprechenden Tabulator auswählt. Der Best Shot-Assistent präsentiert eine Liste von potentiell defekten Bauteilen, absteigend angeordnet nach ihrer Fehlerwahrscheinlichkeit. Der Best Shot ist in diesem Falle der Stecker T5d am Luftmassensensor mit einer Fehlerwahrscheinlichkeit von 0,2. Der Benutzer kann nun ein beliebiges Bauteil seiner persönlichen Einschätzung zur näheren Inspektion auswählen. Dies kann, muss aber nicht der Best Shot sein. Er entscheidet sich hier für die Auswahl des Luftmassensensors und erhält dann die folgende Information:

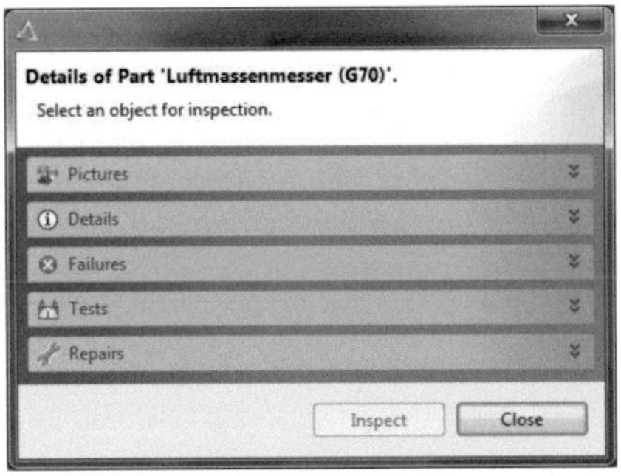

Bild 5: *Informationskategorien zu einem Bauteil*

Es gibt vielfältige Informationen zu einem Bauteil. Diese sind in objektspezifische Kategorien (auf-/zuklappbar) unterteilt, aus denen der Benutzer die gewünschte Information oder Aktion auswählen kann:

- Pictures: liefert bildgestützte Informationen zum Bauteil oder zur Verbauung (Bildsequenzen oder Videos)
- Details: liefert technische Daten, Sollwerte, Toleranzen, Sensitivitäten etc.
- Failures: stellt alle Fehlermodi zum Bauteil zur Selektion zusammen
- Tests: stellt alle verfügbaren Tests zum Bauteil zur Auswahl bereit
- Repairs: stellt alle Reparaturmaßnahmen zum Bauteil zur Auswahl bereit

Die folgende Abbildung zeigt einen Fehlerkandidaten-Assistenten:

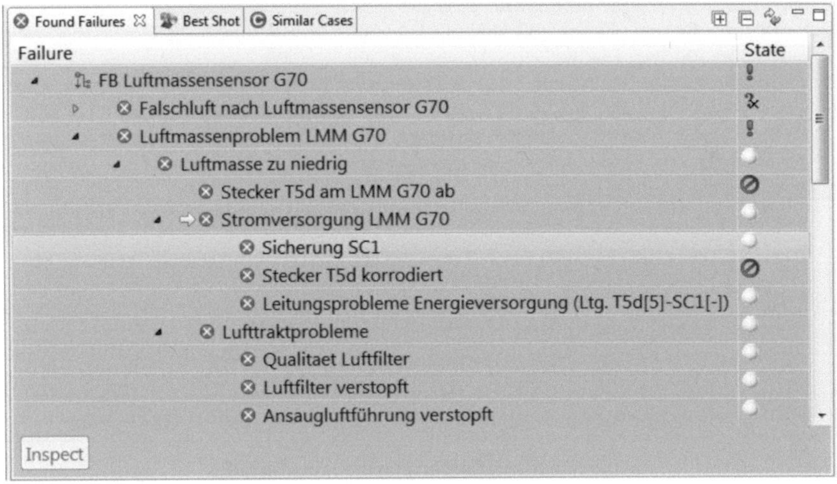

Bild 6: *Der Fehlerkandidaten-Assistent*

Der Assistent stellt alle potentiellen Fehlerkandidaten zur Auswahl bereit. Das Ziel der Diagnose besteht darin, einen Fehler zu widerlegen oder zu bestätigen. Ein Statussymbol (s. Spalte *State*) gibt Aufschluss über den jeweiligen Fehlerzustand. Ein Rufzeichen bedeutet z.B., dass der Fehler bereits bestätigt wurde, also definitiv vorliegt. Ein Fragezeichen symbolisiert, dass bereits eine Fehlerinspektion stattgefunden hat, der Fehler bisher aber weder bestätigt noch widerlegt werden konnte. Ein Verbotssymbol zeigt an, dass der Fehler bereits widerlegt werden konnte. Ein gelber Pfeil vor einem Fehlerobjekt zeigt an, an welcher Stelle die Inferenzmaschine ihre Diagnose fortsetzen würde. Der Grad der Einrückung eines Fehlers informiert über seinen Detaillierungsgrad. Kann ein terminales Fehlerobjekt bestätigt (bzw. widerlegt) werden, so hat man eine tiefste Ursache gefunden (bzw. ausgeschlossen).

Der Benutzer kann nun ein Fehlerobjekt seiner Wahl selektieren. Die Auswahl eines Fehlerkandidaten führt dazu, dass die Diagnose an dieser Stelle fortgesetzt wird.

3.6 Weitere Konzepte

Im Beitrag wurden einige ausgewählte Konzepte zur wissensbasierten Visualisierung vorgestellt. Es gibt darüber hinaus eine Reihe weiterergehender Konzepte, auf die an dieser Stelle nicht eingegangen werden kann. Die Raptor-Suite stellt einem Entwickler natürlich auch alle üblichen bekannten Funktionen zur expliziten grafischen und mediengestützten Anreicherung von Anwendungen zur Verfügung.

4 Zusammenfassung der Visualisierungskonzepte zu einem Gesamtkonzept

Die folgende Abbildung zeigt exemplarisch, wie die diskutierten wissensbasierten Visualisierungskonzepte kombiniert und zu einer Gesamtoberfläche zusammengestellt werden können. Dabei handelt es sich natürlich nicht um die Oberfläche einer Diagnoseanwendung. Dieser Schnappschuss soll lediglich einen Eindruck vermitteln, wie die Benutzeroberfläche einer durchgängig und homogen grafisch ausgerichteten Diagnoseanwendung mit vielen Freiheitsgraden und einem hohen Grad an Interaktivität und "Responsiveness" aussehen kann. Es sollte klar sein, dass ein statischer Abzug eines Bildschirms keinen Eindruck von der Dynamik moderner grafischer Anwendungen darstellen kann.

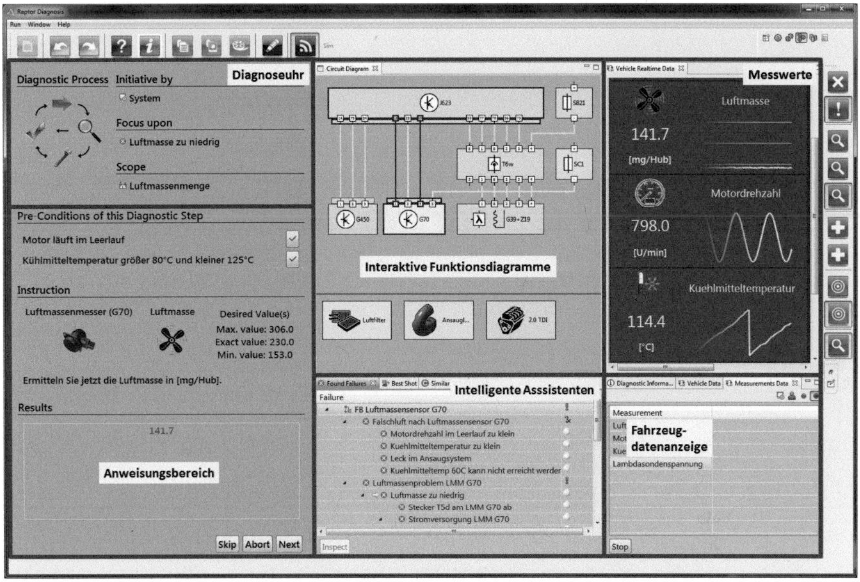

***Bild 5:** Zusammenspiel grafischer Diagnoseelemente*

5 Grundprinzipen der wissensbasierten Visualisierung

Ein Bild sagt mehr als tausend Worte. Dieses Schlagwort verdeutlicht in aller Kürze den Nutzen und die Vorteile einer guten und durchgängig grafisch gestalteten Oberfläche gegenüber eher textuell gestalteten Anwendungen. Höhere Intuitivität, schnellere Erfassbarkeit und geringere Fehleranfälligkeit sind ein unbestreitbarer Nutzen.

Bei klassischen Systemen muss sich der Autor einer Anwendung um jedes einzelne Detail selbst kümmern. Was er nicht vorgesehen hat, ist zur Laufzeit nicht verfügbar. Das Wissen, über das eine klassische Anwendung verfügt, steckt im Programmcode. Es ist als solches nicht ohne weiteres erkennbar und muss bei Bedarf mühsam aus dem Code rekonstruiert werden. Es ist völlig unklar, wie dieses Wissen zur Laufzeit visualisiert werden kann. Bei konkretem Bedarf löst der Autor klassischer Diagnoseanwendungen dieses Problem durch Vordenken und anschließende explizite Programmierung.

In wissensbasierten Anwendungen lautet das Grundprinzip dagegen: "Keine Präsentation ohne Repräsentation". Hier werden Wissenselemente intern explizit repräsentiert. In der wissensbasierten Diagnostik werden außerdem Repräsentationsformen präferiert, die mächtiger, effizienter und flexibler als klassische Entscheidungsbäume sind und auch keine festen Abläufe repräsentieren. Wissensbasierte Systeme besitzen das Potential, das vielfältige Wissen eigenständig und unmittelbar für vielfältige Zwecke zu operationalisieren und auch zu visualisieren. Ein entscheidender Vorteil liegt darin, dass sich der Entwickler nicht um diese Operationalisierung kümmern muss, sondern diese Funktionalität quasi "geschenkt" bekommt. Das Vorhandensein explizit repräsentierten Wissens und der "leichte" generische Zugriff auf die Wissenselemente bilden eine geradezu notwendige Voraussetzung für generische Visualisierungskonzepte, um die sich der Autor selbst nicht mehr kümmern muss. Die Anwendung kann dadurch viel intuitiver, reicher und benutzerfreundlicher ausgestaltet werden.

Darüber hinaus lassen sich die Diagnoseanwendungen um ein ganzes Bündel von generischen interaktiven Funktionen erweitern, die dem Benutzer ein bisher nicht gekanntes Maß an Freiheitsgraden eröffnet. Beispielhaft seien hier die interaktiven Schaltpläne und die intelligenten Assistenten erwähnt. Das Grundprinzip auch hier: Keine Präsentation ohne Repräsentation!

Literatur

[1] Waleschkowski, N.: Lernfähige wissensbasierte Diagnosesysteme, in: Bäker, Unger (Hrsg.): Diagnose in mechatronischen Fahrzeugsystemen IV, Expert-Verlag, Renningen, 2011

[2] Waleschkowski, N.; Giera, R.: Optimierung der Diagnose durch maschinelles Lernen aus Felddaten, in: Bäker, Unger (Hrsg.): Diagnose in mechatronischen Fahrzeugsystemen V, Expert-Verlag, Renningen, 2012

[3] Waleschkowski, Norbert: Wissensbasierte Diagnostik, Vorlesungsskriptum, Hochschule Darmstadt, FB Informatik, Wintersemester 2013/14

9 Fehlererkennung für ein automatisiertes Getriebe in schweren Nutzfahrzeugen

Dipl.-Ing. **Sebastian Alfes** MSc, Daimler AG, Stuttgart und TU Darmstadt
Dipl-Ing. **Arno von Querfurth**, Daimler AG, Stuttgart
Prof. Dr.-Ing. **Rolf Isermann**, TU Darmstadt, Darmstadt

Abstract

Shift processes and gear changes are automated by electromechanical actuators in modern commercial vehicles. The automation reduces shifting times and interruptions of traction to reduce fuel consumption and relieve the driver. According to prognoses the market share of automatized gearboxes for commercial vehicles is continuously increasing. A faultless function of all different gearbox actuators, like gear-, select-, clutch-actuator or layshaft brake is necessary, to grant the advantage of automated gearboxes. The increased complexity and the resulting increased failure rate of automated gearboxes make modern diagnosis and fault detection methods absolutely essential.
In the paper a model- and a signal-based fault detection of automated gearboxes in heavy commercial vehicles is presented. The fault detection is designed for a flexible, interactive remote diagnosis. For such remote diagnosis sessions, test routines are transferred to vehicles as OTX-scripts for specific and reproducible diagnosis checks. A prototype of the proposed remote diagnosis and validation of the fault detection with test bench routines are exemplarily described in the paper.

Kurzfassung

In diesem Artikel ist eine Fehlererkennung für das automatisierte Getriebe in schweren Nutzfahrzeugen beschrieben. Die Fehlererkennung ist an einem Prüfstand mit dem nicht-synchronisierten Klauengetriebe G281 durch direkten Fehlereinbau validiert und verifiziert. Anhand der automatisierten Kupplung, dem Gang- und Gassenaktuator ist die Modellbildung, die Fehlererkennung mittels Paritätsgleichungen und Parameterschätzung beispielhaft beschrieben. Ein mögliches Anwendungsgebiet der Fehlererkennung ist die erläuterte interaktive Ferndiagnose für die zusätzlich eine signalbasierte Fehlererkennung durch Flächenberechnung entwickelt ist.

1. Konzept der interaktiven Ferndiagnose

Für den Käufer eines modernen Nutzfahrzeugs ist die Service-Wertigkeit in Reparatur- und Pannenfällen ein wichtiges Kaufkriterium. Flottenhalter interessieren sich zunehmend für Ausfallzeiten und Reparaturqualität. In der Studie von Oliver Wyman [1] ist die Servicequalität für den Käufer in Deutschland das drittwichtigste Kaufkriterium nach der verfügbaren Fahrzeugbetriebszeit und der Garantie/ Werterhaltung.

Dies ist nicht stark verwunderlich, denn durch die zunehmende Verbauung von hochkomplexen Komponenten im Nutzfahrzeug ist die Fehlerursache immer unterschiedlicher und komplizierter. Ursachen für Defekte am Fahrzeug kann der Fahrer nicht mehr selbst erkennen und erst recht nicht beheben, sodass die Kosten und Ausfallzeiten wesentlich schwerer zu kalkulieren sind. Der Kunde muss häufig in die Werkstatt, um die Problemursache an seinem Fahrzeug endgültig beheben zu lassen. Die vermehrten Werkstattbesuche sind für den Kunden zeitaufwändig und verursachen außerhalb der Garantiezeit hohe Kosten.

Um Werkstattaufenthalte zu verkürzen oder sogar zu vermeiden ist in diesem Beitrag eine prototypische Umsetzung für eine Ferndiagnose vorgestellt. Im Gegensatz zur klassisch lesenden Ferndiagnose, wie sie beispielweise in Kuschel [2] vorgestellt ist, handelt es sich hier um eine Telematik-Anbindung zum Fahrzeug, bei der aktive Systemeingriffe mittels Diagnoseroutinen durchführbar sind, Bild 1.

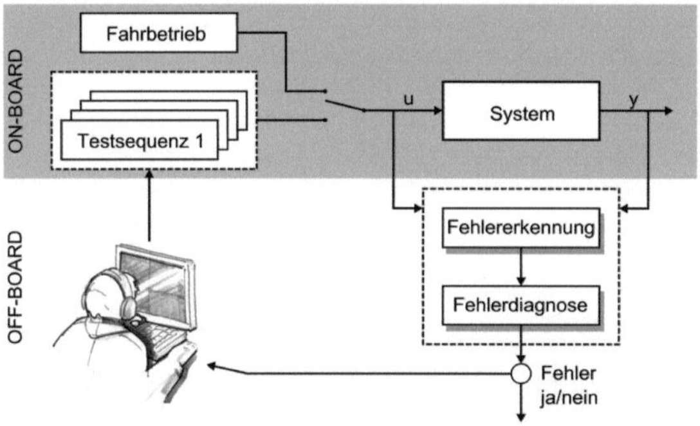

***Bild 1:** Aktive Ferndiagnose mittels Diagnoseroutinen*

Fahrzeuge werden sehr unterschiedlich belastet und eingesetzt. Die Fahrart des Fahrzeugführers und das Einsatzgebiet der Fahrzeuge variieren, was das Erzielen von reproduzierbaren und einheitlichen Diagnoseergebnissen stark erschwert.
Durch Diagnoseroutinen soll das zu testende System in einen einheitlichen Betriebszustand gebracht werden, um reproduzierbare Messkurven zu erhalten. Die Diagnoseergebnisse sind über die Telematik-Anbindung mit weiteren Fahrzeugen vergleichbar, die ein ähnliches Einsatzprofil besitzen.

Im nachfolgendem ist für diese Telematikdiagnose eine Fehlererkennung am automatisierten NFZ Getriebe entwickelt worden.

2. Aufbau und Funktionsweise des automatisierten Getriebe in schweren Nutzfahrzeugen

Immer häufiger sind schwere Nutzfahrzeuge für den Güterverkehr mit automatisierten Schaltgetrieben ausgerüstet. Erste NFZ-Baureihen sind bereits mit serienmäßiger Automatik verbaut.

Insgesamt entwickelt sich ein Trend zur automatischen Schaltung in Nutzfahrzeugen, nicht nur in schweren sondern auch in leichten und mittleren Verteilerfahrzeugen, STM [3]. Der Trend lässt sich begründen, da automatische Getriebesysteme es dem Fahrer erlauben, sich besser auf den Straßenverkehr zu konzentrieren. Neben der Bedienungsvereinfachung und der Komfortsteigerung wird durch eine optimierte Schaltstrategie der Verschleiß im Getriebe vermindert und die Zugkraftunterbrechung verkürzt, was zur Senkung der Kraftstoffkosten führt. Für die automatisierten Schaltabläufe und Gangwechsel sind verschiedene elektromechanische Aktuatoren notwendig, sodass die Komplexität in modernen Getriebesystemen stark gestiegen ist. Durch die Zunahme an ausgereiften und verfeinerten Komponenten im Getriebe, steigt die Komplexität und die damit einhergehende vermehrte Fehlerhäufigkeit. Moderne Fehlerdiagnose- und Fehlererkennungsmethoden sind somit unabdingbar.

Bei dem zu diagnostizierenden Getriebe handelt es sich um das Mercedes Power Shift Gruppengetriebe G281 mit 16 Gängen für das schwere Nutzkraftfahrzeug ACTROS, Bild 3.

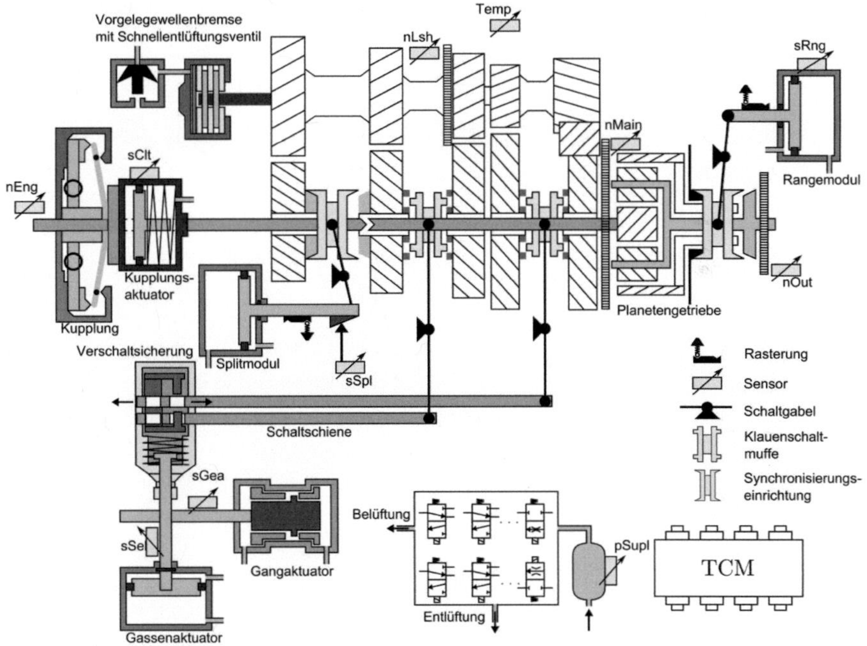

Bild 3: *Aufbau eines automatisierten 16-Gang NFZ-Getriebes*

2.1 Ablauf eines Hochschaltvorganges

Im nicht-synchronisierten Klauengetriebe G281 sind die Kupplungsbetätigung und der Gangwechsel durch gezieltes Abbremsen bzw. Beschleunigen aller rotierenden Drehmassen in Getriebe und Kupplung automatisiert. Das Abbremsen erfolgt durch eine Getriebe-Lamellenbremse, die an einem Ende der Vorgelegewelle montiert ist. Aus diesem Grund wird sie auch als Vorgelegewellenbremse bezeichnet. Das Beschleunigen der Drehmassen erfolgt über das „Befeuern" des Verbrennungsmotors. Der Gangsteller betätigt die im Hauptgetriebe angeordneten Schaltmuffen zu dem entsprechenden Gangradpaar, während der Gassensteller zwischen den zwei Klauenschaltmuffen auswählt. Ein vollständiger Hochschaltvorgang z. B. vom zweiten in den dritten Gang erfolgt zunächst über den Drehmomentabbau am Verbrennungsmotor. Anschließend wird die Reibkupplung durch den Kupplungssteller betätigt, sodass die Zugkraftunterbrechung zwischen Verbrennungsmotor und der Abtriebsseite herrscht. Für den Schaltvorgang vom zweiten in den dritten Gang ist eine Split-Schaltung notwendig. Diese erfolgt direkt nach Entkuppeln des Verbrennungsmotors. Da die Split-Gruppe mit Synchronisierungseinheit verbaut ist, muss keine gesonderte Drehzahlanpassung durchgeführt werden. Nachdem die Splitgruppe geschaltet hat, fährt der Gangsteller in die Neutralstellung um alle Zahnradpakete von der Hauptwelle zu entkoppeln. Die Drehzahlsynchronisierung der Eingangs- und der Vorgelegewelle startet, indem die Getriebe-Lamellenbremse beide Wellen abbremst. Die Zieldrehzahl der Vorgelegewelle ist die Übersetzung des neuen Gangradpaares multipliziert mit der Drehzahl der Hauptwelle.
Bei definiertem Drehzahlunterschied zwischen den Klauenverzahnungen der Schiebemuffe und des neuen Gangradpaares, drückt der Gangsteller die Schiebemuffe in das Gangradpaar zur formschlüssigen Verbindung. Nachdem der Gang eingelegt ist, wird die Kupplung geschlossen und das Antriebsdrehmoment wieder aufgebaut.

3. Modellbildung des Kupplungsaktuators und der Einscheiben-Trockenkupplung

Wie aus dem Bild 3 hervorgeht, ermöglicht ein Kolbenzylinder über eine 6-Punkt Regelung das automatisierte Verstellen der Einscheibentrockenkupplung.

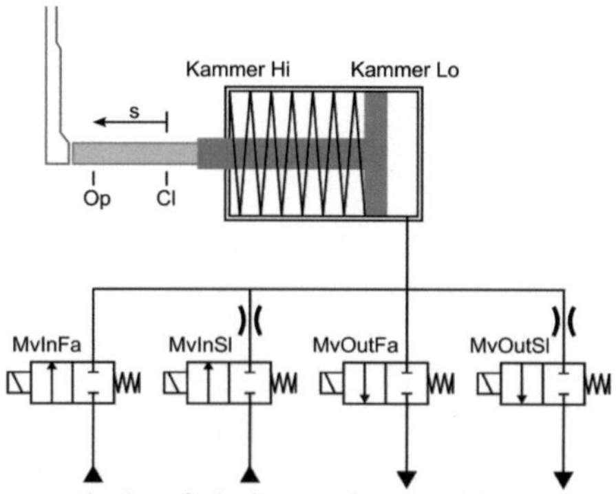

***Bild 4:** Pneumatischer Schaltungsplan des Kupplungsaktuators*

3.1 Modellierung und Verifikation des Kupplungsaktuators

Der Kolbenzylinder wird über vier elektromagnetische Ventile gesteuert, Bild 4. Die Magnetventile MvInFa und MvInSl befüllen die Kammer Lo. Der Kolben fährt in die Open-Position um den Verbrennungsmotor zu entkoppeln. Die Federkraft wirkt entgegen der Kolbenbewegung. Das MvInFa mit einem großen Flächenquerschnitt für den Luftdurchfluss ermöglicht zunächst ein schnelleres Ausfahren der Kolbenstange zur groben Regelung des Kupplungsweges. Das Magnetventil MvInSl besitzt einen kleineren Querschnitt und ermöglicht so eine fein abgestufte Regelung der Position des Kolbens. Ist kein Magnetventil betätigt, so bleibt die vorhandene Luft in den Kammern und der Kolben hält seine aktuelle Position. Werden die Magnetventile MvOutFa (zur Grob-Regelung) und MvOutSl (zur Feinjustierung) betätigt, kann die Druckluft der Kammer Lo entweichen. Die Federkraft drückt den Kolben in die Close-Position.

3.1.1 Modellbildung des pneumatischem Teilsystems

Die thermodynamische Zustandsänderung in der Zylinderkammer wird vereinfacht als adiabate und isentrope Kompression bzw. Expansion betrachtet. Somit existiert keine Wärmeübertragung zur Umgebung und die Gase strömen wirbel- und reibungsfrei. Unter dieser Annahme lässt sich der Luftmassenfluss $\dot{m}$ mit dem Isentropenexponent κ, der universellen Gaskonstante R, einem pneumatischen Leitwert C und der Querschnittsfläche des Rohres A berechnen, Isermann [4].

Zur Ermittlung des Massenflusses für die Zylinderkammerentlüftung $\dot{m}_{out}$ ist das Druckverhältnis zwischen äußerem Umgebungsluftdruck p_{Amb} und innerem Kammerdruck p_{Ch} notwendig,

$$\dot{m}_{out} = C_{out} \frac{A_{out} \cdot p_{Ch}}{\sqrt{T}} \sqrt{\frac{2\kappa}{R \cdot (\kappa - 1)}} \left(\frac{p_{Amb}}{p_{Ch}} \right)^{\frac{1}{\kappa}} \sqrt{1 - \left(\frac{p_{Amb}}{p_{Ch}} \right)^{\frac{\kappa-1}{\kappa}}} . \quad (1)$$

Der pneumatische Leitwert C ist abhängig von unterschiedlichen Rohrdurchmessern und verschiedenen Rohrkrümmungen. Je nach Bauvariante eines Getriebes liegen verschiedene und unterschiedliche Rohrdurchmesser, -krümmungen oder Engstellen in einer Leitung zur jeweiligen Komponente vor. Die Annahme einer adiabate und isentrope Zustandsänderung zur Modellierung zu treffen, ist daher physikalisch nicht zwingend korrekt, jedoch notwendig um die Modellkomplexität zu begrenzen.
Um diese Problemstellung zu lösen, ist der pneumatische Leitwert in verschiedene Werte- und Druckbereiche unterteilt. Die Ermittlung der Parameter erfolgte iterativ um das Simulationsmodell optimal am Messverlauf anzupassen,

$$C_1(p_{amb} < p < p_{Crit,1}), C_2(p_{Crit,1} \leq p < p_{Crit,2}) \ldots C_i(p_{Crit,i-1} \leq p < p_{Supl}).$$

Für die Berechnung des Massenzuflusses in die Kammer $\dot{m}_{in}$ wird das Druckverhältnis Kammerdruck p_{Ch} zu Versorgungsdruck p_{Supl} benötigt,

$$\dot{m}_{in} = C_{in} \frac{A_{in} \cdot p_{Supl}}{\sqrt{T}} \sqrt{\frac{2\kappa}{R \cdot (\kappa - 1)}} \left(\frac{p_{Ch}}{p_{Supl}} \right)^{\frac{1}{\kappa}} \sqrt{1 - \left(\frac{p_{Ch}}{p_{Supl}} \right)^{\frac{\kappa-1}{\kappa}}} . \quad (2)$$

Beim Massenfluss ist das Druckverhältnis entscheidend, da es die Strömungsgeschwindigkeit der Luft bestimmt. Unter dem kritischen Druckverhältnis β_{cr} ist der Massenfluss maximal. Der maximale Massenfluss wird folgendermaßen berechnet,

$$\dot{m}_{max} = C \cdot \frac{A \cdot p}{\sqrt{T}} \left(\frac{2}{\kappa + 1} \right)^{\frac{\kappa}{\kappa - 1}}. \tag{3}$$

Die Unterscheidung des unter- und überkritischen Druckverhältnisses ist für die Be- und Entlüftung zu berücksichtigen. Zudem findet die Belüftung einer Kammer nur statt, wenn der äußere Druck größer ist als der Kammerdruck, $p_{Supl} > p_{Ch}$ und die Entlüftung bei einem größeren Kammerdruck $p_{Ch} > p_{Amb}$ statt. Bei gleichem Druck fließt das Medium nicht.

Um den Kammerdruck zu berechnen ist vorerst die Luftmasse m_{Clt} in der Zylinderkammer aus der Differenz des abströmenden und des zufließenden Mediums der vier Magnetventile zu berechnen,

$$m_{Clt} = \int (\dot{m}_{InFa} + \dot{m}_{InSl} - \dot{m}_{OutFa} - \dot{m}_{OutSl})\, dt. \tag{4}$$

Mit Hilfe der thermischen Zustandsgleichung für ideale Gase ist der Kammerdruck des Kupplungsaktuator p_{Clt} berechnet,

$$p_{Clt} = \frac{m_{Clt} R_S T}{A_{Clt} \cdot s_{Clt} + V_{Clt,D}}. \tag{5}$$

Das Volumen V_{Clt} ist abhängig von der Position des Kolbens s_{Clt}, der Querschnittsfläche der Zylinderkammer A_{Clt} und einem Restvolumen $V_{Clt,D}$.

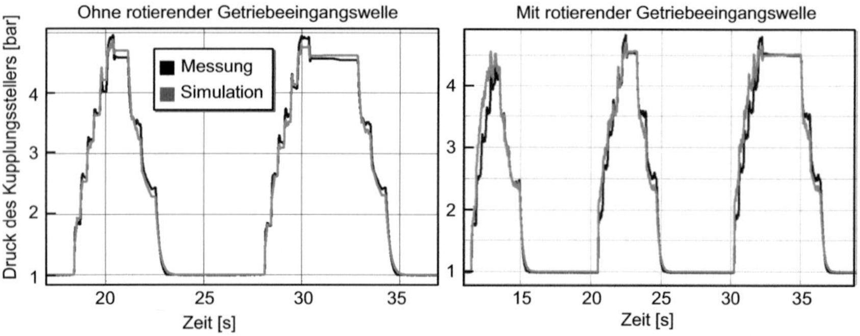

***Bild 5:** Vergleich des Drucks vom Kupplungsaktuator innerhalb der Testsequenz*

Die Validierung des Simulationsmodells erfolgte an einem Prüfstand mit zusätzlich verbauten Drucksensoren. Das Modell weist eine niedrigere Abweichung zu den Messungen aus, wenn die Getriebeeingangswelle steht. Bei rotierender Eingangswelle entsteht der Taumelschlag an der Kupplung, der den Zylinderkolben zum Schwingen bringt. Obwohl die Rückwirkungen des Taumelschlags bei rotierender Eingangswelle nicht nachgebildet sind, ist die durchschnittliche Differenz zwischen Modell und Messung für eine Fehlererkennung ausreichend.

3.1.2 Modellbildung des mechanischen Teilsystems

Die entwickelte Kraft durch den Druck wirkt der Reibungskraft F_{Fric} und der Rückstellfederkraft F_{Spr} entgegen. Über die resultierende Kraft und der Kolbenmasse m kann die Position des Zylinderkolbens s_{Clt} ermittelt werden.

$$m\,\ddot{s}_{Clt} = p_{Clt}\,A_{Clt} - F_{Fric} - F_{Spr} \tag{6}$$

Die Rückstellfeder drängt den Zylinderkolben bei der Entlüftung der Druckluftkammer in seiner Ausgangsposition zurück. Für die Simulation ist die Federkraft F_{Spr} unterteilt in die Vorspannungskraft F_0, die von der Bewegungsrichtung des Kolbens abhängig ist und der eigentlichen Spannungskraft. Die Spannungskraft ist abhängig von der Auslenkung der Feder, also der Kolbenposition und der Federsteifigkeit c_{Spr},

$$F_{Spr} = c_{\mathrm{Spr}} \cdot s_{Clt} + F_0 \cdot \mathrm{sgn}(s_{Clt}). \tag{7}$$

Die verbaute Rückstellfeder weist ein degressives Verhalten auf, um dieses zu simulieren ist eine Approximation vorgenommen worden (Bild 6).

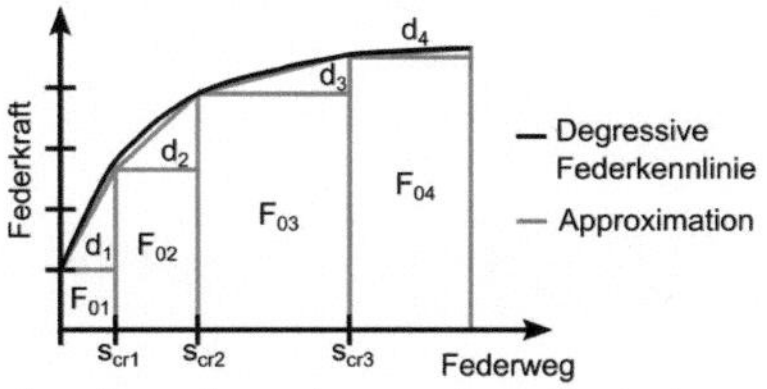

Bild 6: *Approximation einer degressiven Federkennlinie*

Bei der Approximation ist die Vorspannung F_0 und die Federsteifigkeit c_{Spr} für verschiedene Auslenkungen in unterschiedlichen Werte und Positionsbereiche unterteilt,

$$F_{spr} = \begin{cases} 12 \cdot 10^4 s_{Clt} + 20 \cdot \mathrm{sgn}(s_{Clt}), & s_{Clt} < 3{,}5mm \\ 8{,}5 \cdot 10^4 s_{Clt} + 100 \cdot \mathrm{sgn}(s_{Clt}), & 3{,}5mm \le s_{Clt} < 6{,}5mm \\ 3 \cdot 10^4 s_{Clt} + 400 \cdot \mathrm{sgn}(s_{Clt}), & 6{,}5mm \le s_{Clt} < 10mm \\ 2{,}1 \cdot 10^4 s_{Clt} + 500 \cdot \mathrm{sgn}(s_{Clt}), & 10mm \le s_{Clt} \end{cases}. \tag{8}$$

Für die Reibungskraft ist der viskose d_v und der coulomb'sche F_C Anteil berücksichtigt,

$$F_{Fric} = d_{\mathrm{v}} \cdot \dot{s}_{Clt} + F_{\mathrm{C}} \cdot \mathrm{sgn}(\dot{s}_{Clt}). \tag{9}$$

3.2 Modellierung und Verifikation der Trockenkupplung

Im untersuchten Automatikschaltgetriebe ist eine Einscheiben-Trockenkupplung verbaut die den Kraftschluß zwischen Verbrennungsmotor und Antriebsstrang unterbricht. Die in Bild 8 dargestellte Kupplung hat den bereits modellierten Kupplungssteller integriert.

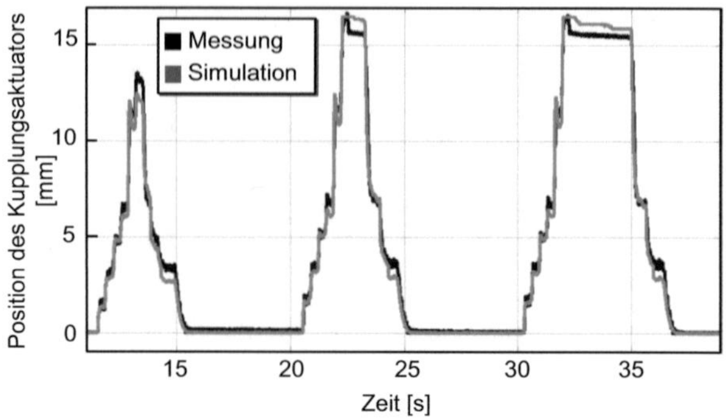

Bild 7: *Vergleich des gemessenen und modellierten Weges des Kupplungsaktuators*

Ist der Kupplungssteller nicht betätigt (Cl-Position, Bild 4) ist die Kupplung geschlossen. Der Zylinderkolben drückt über die Feder auf das Ausrücklager. Der Druck auf die Membranfeder bewirkt, dass die Druckplatte die axial verschiebbare Mitnehmerscheibe auf die Reibfläche des Motorschwungrades drückt. So werden Reibkräfte erzeugt, die am effektiven Reibradius ein Drehmoment verursachen. Das Drehmoment, auch Rutschmoment genannt, wird an der Getriebeeingangswelle abgegeben. Das Rutschmoment M_C ist abhängig

- vom Ausrückweg des Kupplungsstellers,
- vom effektiven Reibradius,
- vom Reibungskoeffizient (bei Differenzdrehzahl) und
- von der Anzahl der wirksamen Reibflächen.

Mitnehmerscheibe und Eingangswelle sind über den nichtlinearen Torsionsdämpfer miteinander verbunden. Der Dämpfer greift in das Torsionsschwingungsverhalten des Antriebsstranges ein. Durch die Verdrehung der Kupplungsscheibe und Kupplungsnabe entsteht das Feder- und Dämpfermoment.

Für die Modellierung der Kupplung wurde das Prinzip von Pfeiffer [5] erweitert. Dabei wird zwischen Rutsch- und Haftphase unterschieden.

In der Rutschphase (Kupplung ist offen) sind die Reibflächen der Kupplungsscheibe J_{CS} und des Verbrennungsmotos J_E nicht miteinander vorhanden, da das Rutschmoment sehr gering bzw. gegen Null geht. Für die Drehmomentenbilanz gilt:

$$0 = M_E(t) - J_E \cdot \ddot{\varphi}_E(t) - M_C(s_{Clt}(t), \Delta\omega(t)) \quad (10.1)$$

$$0 = M_C(s_{Clt}(t), \Delta\omega(t)) - J_{CS} \cdot \ddot{\varphi}_{CS}(t) - M_{CD}(\dot{\varphi}_{CS}(t), \dot{\varphi}_{IS}(t)) - M_{CSp}(\dot{\varphi}_{CS}(t), \dot{\varphi}_{IS}(t)) \quad (10.2)$$

$$0 = M_{CD}(\dot{\varphi}_{CS}(t), \dot{\varphi}_{IS}(t)) + M_{CSp}\big(\dot{\varphi}_{CS}(t), \dot{\varphi}_{IS}(t)\big) - J_{IS} \cdot \ddot{\varphi}_{IS}(t) - M_{IS}(t) \quad (10.3)$$

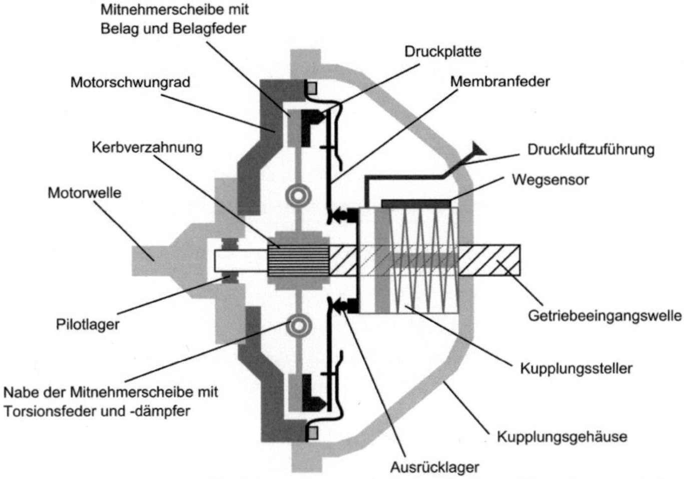

***Bild 8:** Prinzipskizze einer Reibkupplung mit integriertem Kupplungssteller*

Ist die Kupplungsscheibe und die Reibfläche des Verbrennungsmotors miteinander gekoppelt, gilt für die Haftphase die Drehmomentenbilanz:

$$0 = M_E(t) - (J_E + J_{CS}) \cdot \ddot{\varphi}_E(t) - M_{CD}(\dot{\varphi}_{CS}(t), \dot{\varphi}_{IS}(t)) - M_{CSp}(\dot{\varphi}_{CS}(t), \dot{\varphi}_{IS}(t)) \quad (11.1)$$

$$0 = M_{IS}(t) + J_{IS} \cdot \ddot{\varphi}_{IS}(t) - M_{CD}(\dot{\varphi}_{CS}(t), \dot{\varphi}_{IS}(t)) - M_{CSp}(\dot{\varphi}_{CS}(t), \dot{\varphi}_{IS}(t)) \quad (11.2)$$

M_E Motormoment
M_{IS} Lastmoment von Getriebeeingangswelle zur Kupplung
M_{CD} Torsionsdämpfermoment abhängig vom Verdrehwinkel
M_{CSp} Torsionsfedermoment abhängig vom Verdrehwinkel
J_{IS} Trägheitsmoment der Getriebeeingangswelle

Die Erweiterungen des oben genannten Modells von Pfeiffer [5], beziehen sich auf die Rutschphase.

Beim Öffnen der Kupplung wird die Mitnehmerscheibe axial auf der Kerbverzahnung mit verschoben, so dass sich diese von dem Motorschwungrad trennt. Dabei können unterschiedliche Effekte zu einer zeitlichen Verzögerung der Verschiebung führen. Zu diesen Effekten gehören ein Schleppmoment, die unterschiedlich stark ausgeprägten Motorvibrationen, der Taumelschlag und das Reibmoment der restlichen Getriebewellen. Das Getriebereibmoment ist sehr stark abhängig vom Verhalten der Ölpumpe und vom verbauten Getriebelager. Ölviskosität und -temperatur nehmen somit unter anderem Einfluss auf das Trennverhalten der Kupplung. Das Schleppmoment ist ein permanentes Restmoment des Verbrennungsmotors. Über das Pilotlager wird das Reibungsmoment vom Motor zur Getriebeeingangswelle übertragen. Dieses Moment variiert nach Zustand der Kupplung und kann bei stärkerer Ausprägung auf einen Fehler am Pilotlager deuten.

Zusammengefasst kann gesagt werden, dass ein sauberes Trennverhalten zwischen Druckplatte und Mitnehmerscheibe durch den Kupplungssteller vorliegt. Zwischen der axial verschiebbaren Mitnehmerscheibe und des Motorschwungrades ist das Trennverhalten jedoch neben dem Ausrückweg des Kupplungsstellers von schwer modellierbaren Effekten abhängig. Das Schleppmoment, die Motorvibrationen, der Taumelschlag und das entgegenwirkende Getriebereibmoment beeinflussen die zeitliche Verschiebung für die Mitnehmerscheibe.

Ein stark vereinfachter Ansatz zur Modellierung des zeitversetzten Trennens ist die Darstellung des Rutschmoments über den Ausrückweg des Kupplungsstellers als Hysterese. Die Hysterese bildet die Verzögerungsunterschiede für das Schließ- und Öffnungsverhalten im Mittel ab, sie beschreibt aber nicht gezielt die einzelnen Effekte.

Eine weitere Erweiterung ist das entgegenwirkende Reibmoment an der Kupplungsscheibe $M_{F,CS}$ in Gleichung 10.2 und das Reibmoment der Getriebeeingangswelle $M_{F,IS}$ in Gleichung 10.3. Kupplungsscheibenreibmoment und Getriebereibmoment sind abhängig von der Ölviskosität, der Öltemperatur und dem Verschleißzustand der Getriebelager. Ebenfalls beeinflusst das Verhalten der Ölpumpe die Reibmomente. Die Pumpe ist mit Vorgelegewelle mechanisch verbunden und verändert je nach Übersetzungsverhältnis der Synchronisierungseinrichtung an der Eingangswelle die Umdrehungen.

Durch Vorgabe des Übersetzungsverhältnisses innerhalb des Diagnoseskriptes muss der Schaltzustand des Splitmoduls nicht berücksichtig werden. Für die Modellierung der restlichen Einflussfaktoren ist das klassische Reibungsmodell, um drehzahl und temperaturabhängige coloumb'sche F_C und viskose d_v Parameter erweitert worden, um das stark ausgeprägte nichtlineare Verhalten nachzubilden,

$$M_{Fric} = d_v(\omega,T) \cdot \omega + F_C(\omega,T) \cdot \mathrm{sgn}(\omega). \tag{12}$$

Die coloumb'schen und viskosen Parametern sind für die Testsequenzen in einem Kennfeld für definierte Temperatur- und Drehzahlbereiche aufgenommen. Dieses Reibmodell trug maßgeblich für verbesserte Modellierungsergebnisse bei, siehe Bild 10.

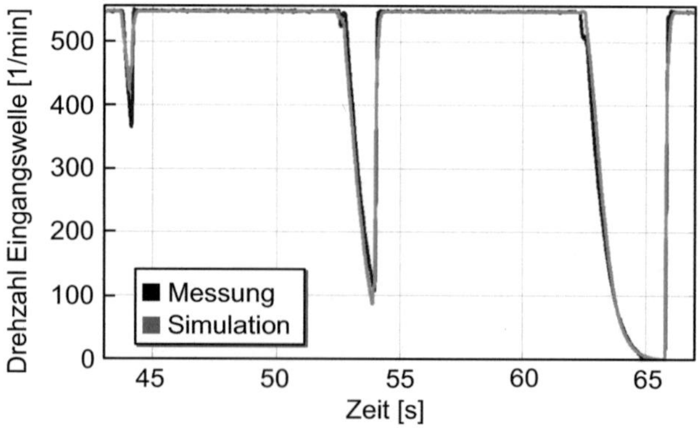

Bild 10: *Vergleich der gemessenen und modellierten Eingangswellendrehzahl innerhalb der Testsequenz*

4. Modellbildung des Gassen- und Gangaktuators

Das Hauptgetriebe ist als unsynchronisiertes Klauengetriebe realisiert, bei der die Querschaltung bestehend aus Gassen- und Gangaktuator die zwei Schaltmuffen auswählen und verschalten, siehe Prinzipskizze Bild 11.

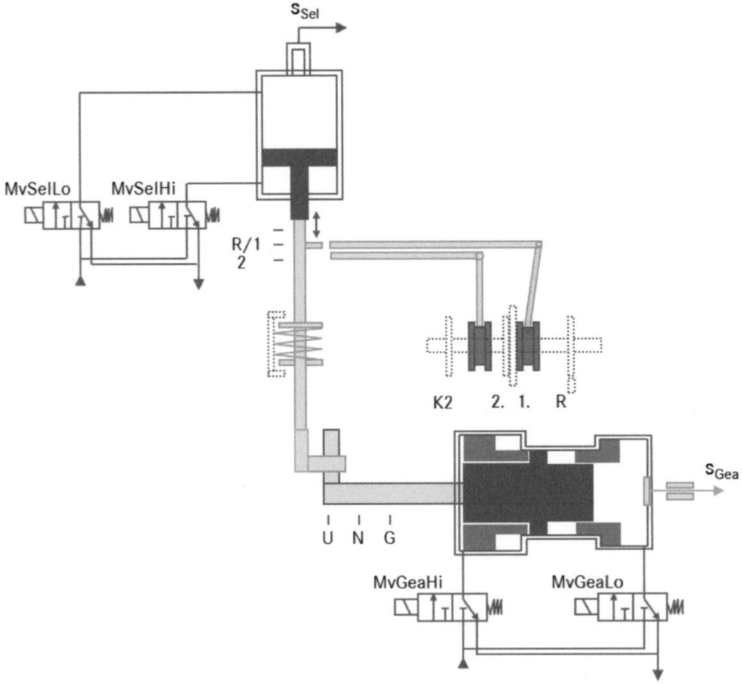

Bild 11: *Prinzipskizze Querschaltung*

Die Bewegung des Gassenzylinders führt zu einer translatorischen Bewegung der Schaltwelle, was zur Auswahl der Schaltschiene bzw. Schaltmuffe führt. Durch die Feder ist die Schaltwelle bzw. auch der Zylinderkolben des Gassenaktuators zentriert. Eine Betätigung des Gangaktuators führt zu einer rotatorischen Bewegung der Schaltwelle. Über ein Gelenk am Ende der Schiene erfolgt die Bewegung auf die Schaltmuffe. Somit legt der Gangaktuator fest, ob ein gerader oder ungerader Gang eingelegt wird. Durch die gleichzeitige Ansteuerung beider elektromagnetischer Ventile wird die Kolbenstange in die Neutralstellung positioniert. Gang- und Gassenaktuator sind jeweils über zwei elektromagnetische 3/2-Wegeventile angesteuert, die im nicht angesteuerten Zustand die Luft aus den Zylinderkammern entweichen lassen.

4.1 Modellierung des mechanischen Teilsystems des Gangaktuators

Der Gangaktuator hat einen besonderen Aufbau. Zusätzliche Hülsen im Zylinderraum des Gassenstellerstellers bewegen sich in bestimmten Kolbenposition s mit, was zu unterschiedlichen Druckflächen (A_1, A_2) führt. Für die Berechnung der resultierenden Kraft aus dem Luftdruck p ergibt sich eine Fallunterscheidung in der Mittelstellung s_{Mid} des Kolbens,

$$F_{Prss} = \begin{cases} pA_1, & s \geq s_{Mid} \\ pA_2, & s < s_{Mid} \end{cases}. \tag{13}$$

Diese Fallunterscheidung ist für die jeweilige Luftdruckkammer Hi und Lo mit den entsprechenden Querschnitten zu berücksichtigen.

Die translatorische Bewegung des Zylinderkolbens wird über ein federbelastendes Kugellager in die rotatorische Bewegung der Schaltwelle umgewandelt. Über einen Spannstift und Schaltfinger wird dann direkt die Schaltschiene translatorisch bewegt. Durch diesen Mechanismus rasten die unterschiedlichen Positionsstellungen (Ungerade, Gerade, Neutral) des Gangaktuators mechanisch ein, Bild 12.

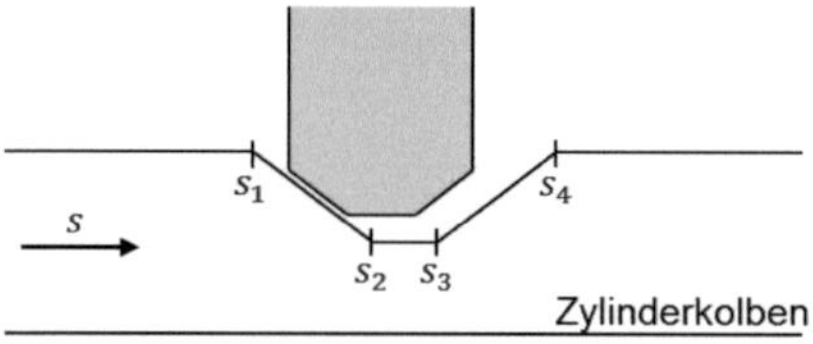

***Bild 12:** Schaubild Einrasterung*

Für das Simulationsmodell ist eine Einrasterungskraft F_{En} für die Neutralstellung modelliert. Auf Grundlage von Flohr [6] ist dieses Gleichungssystem entwickelt worden,

$$F_{En} = \begin{cases} -F_{En} + d_{En}(s_3 - s), & s_3 > s > s_4 \\ 0 & s_2 \geq s \geq s_3. \\ F_{En} + d_{En}(s - s_1), & s_2 > s > s_1 \end{cases} \tag{14}$$

Die Stellungen Gerade und Ungerade des Zylinderkolbens sind gleichzeitig die Anfangs- s_{min} und Endpositionen s_{max}. Auf diesen Positionen wirkt die Hard-Stop Kraft F_{HS}, die als Feder-Dämpfer System beschrieben ist,

$$F_{HS} = \begin{cases} c_{HS}(s - s_{max}) + d_{HS}(\dot{s} - \dot{s}_{max}), & s \geq s_{max} \\ 0 & s_{max} > s > s_{min}. \\ c_{HS}(s - s_{min}) + d_{HS}(\dot{s} - \dot{s}_{min}), & s \leq s_{min} \leq 0 \end{cases} \tag{15}$$

Für die nichtlinearen Reibungseffekte ist analog zum Reibungsmoment (Gleichung (12)) eine Reibungskraft entwickelt worden, die eine einfache Modelloptimierung erlaubt,

$$F_{Fric} = \begin{cases} d_{v,i}(s,T) \cdot \dot{s} + F_{C,i}(s,T) \cdot sgn(\dot{s}) & \dot{s} \geq 0 \\ d_{v,d}(s,T) \cdot \dot{s} + F_{C,d}(s,T) \cdot sgn(\dot{s}) & \dot{s} < 0 \end{cases}. \tag{16}$$

Die Parameter d_v und F_C sind für definierte Temperatur- und Positionsbereiche in Look-Up Tables dargestellt. Analog zu Gleichung 8, ist aber auch eine Approximation möglich.

Die resultierende Kraft zur Berechnung der Kolbenposition des Gangstellers s_{Gea} ergibt sich aus der Bilanz

$$m\,\ddot{s}_{Gea} = F_{Prss} - F_{Fric} - F_{En} - F_{HS}. \tag{17}$$

4.2 Beschreibung der weiteren Teilmodellierung

Wie bei der Modellbildung des Kupplungsaktuators wird die Massenfluss- und Druckberechnung mittels veränderlichen pneumatische Leitwerte für die Modellierung des Gang- und Gassenstellers verwendet. Die Berechnung erfolgt für die jeweiligen zwei Luftdruckkammer Hi und Lo.
Für die Modellierung des mechanischen Teilsystems des Gassenaktuators ist die Federkraft Gleichung (8), die Reibkraft Gleichung (16) und die Hard-Stop Kraft Gleichung (15) verwendet worden. Einzelne Simulationsergebnisse des Gangaktuators sind in Bild 12 hinterlegt.

5. Anwendung und Vergleich verschiedener Fehlererkennungsmethoden

In diesem Kapitel sind für die in Tabelle 1 aufgeführten Fehlerarten die Ergebnisse unterschiedliche Methoden zur Fehlererkennung beispielhaft vorgestellt. Die Fehler sind direkt am Getriebe G281 eingebaut. Zur Fehlererkennung wurden Paritätsgleichungen und Parameterschätzungen verwendet. Die grundlegenden Methoden sind in Isermann [7] zu finden.

Fehlerfrei	F_0
Kleine Leckage innerhalb der Zylinderluftdruckkammer	F_1
Große Leckage innerhalb der Zylinderluftdruckkammer	F_2
Poröser Kammerdichtungsring klein	F_3
Poröser Kammerdichtungsring groß	F_4
Kleine Verstopfung Hauptluftdruckleitung	F_5
Große Verstopfung Hauptluftdruckleitung	F_6
Gebrochene und verwickelte Rückstellfeder	F_7

Tabelle 1: Übersicht der eingebauten Fehler

5.1 Fehlererkennung mittels Paritätsgleichungen am Beispiel des Gangaktuators

Für die Fehlererkennung mittels Paritätsgleichungen wird das Residuum als Differenz zwischen Simulationsmodell $(f0)$ und Messungen (sns) verwendet. Durch die zusätzlich verbauten Drucksensoren sind an dem Prüfobjekt drei Residuen möglich,

$$\begin{aligned} res\,s &= s_{Sns} - s_{f0}, \\ res\,p_{Hi} &= p_{Hi,Sns} - p_{Hi,f0}, \\ res\,p_{Lo} &= p_{Lo,Sns} - p_{Lo,f0}. \end{aligned} \tag{18}$$

Im Gegensatz zur Fehlererkennung am Prüfstand, muss für die verbauten Seriengetriebe auf die zwei Druckresiduen verzichtet werden. Anhand der Tabelle 2 und des Bildes 12 ist zu erkennen, dass alleine mit dem Positionssensor keine Luftdruckleckage erkennbar ist. Ebenfalls ist keine kleine Verstopfung oder kleine Undichtigkeit des Dichtungsrings zwischen der Zylinderkammer detektierbar. Durch die Leckagen und Verstopfungen entsteht konstruktionsbedingt aber auch kein Einfluss auf die Zylinderkolbenposition. Es liegt also keine Störung der eigentlichen Funktion des Schaltvorgangs vor, daher kann auch noch nicht von einem Fehler gesprochen werden. Erst wenn die Schaltfunktion gestört ist, erkennt das Residuum für die Position $res\ s$ den Fehler. Mit zusätzlich verbauten Drucksensoren ist eine frühzeitige Erkennung von Druckluftleckagen, Verstopfungen oder Undichtigkeiten des Dichtungsrings möglich, auch wenn diese die Schaltfunktion in den Testsequenzen nicht stört.

Zur Unterscheidung der Fehler F_4 und F_6 ist das Positionsresiduum $res\ s$ in zwei Bereiche $res\ s_{Hi}$ und $res\ s_{Lo}$ aufgeteilt, Tabelle 2.

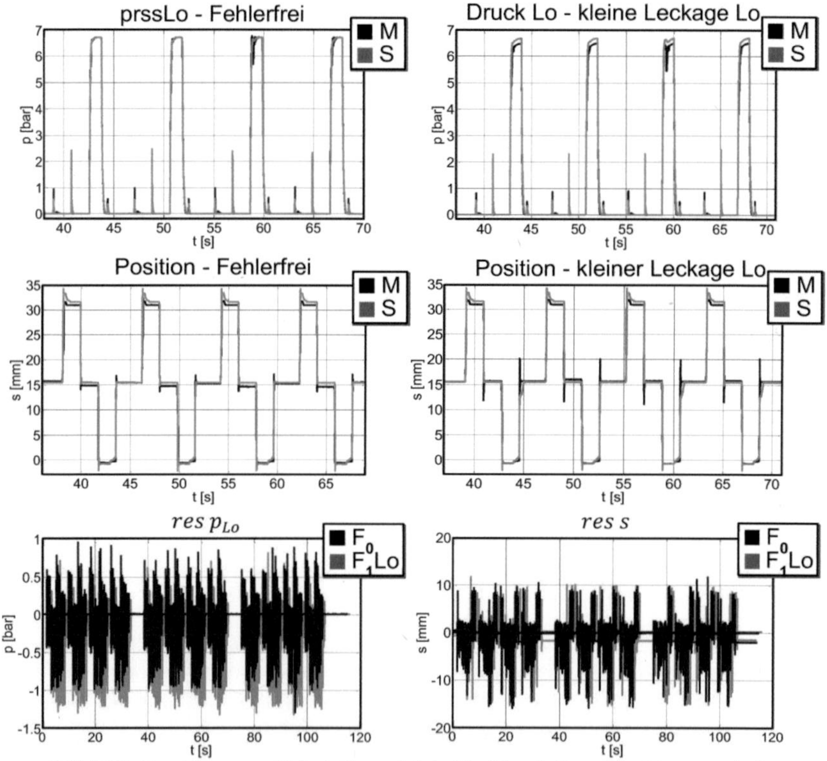

Bild 12: *Residuen und Modellvergleich (S=Simulation, M= Messung) des Gangaktuators*

-	F_1 Lo	F_2 Lo	F_1 Hi	F_2 Hi	F_3	F_4	F_5	F_6
$res\ p_{Lo}$	-	- -	0	0	+	+ + - -	- -	- -
$res\ p_{Hi}$	0	0	-	- -	+	+ + - -	-	-
$res\ s_{Lo}$	0	0	0	0	0	+ + - -	0	+ +
$res\ s_{Hi}$	0	0	0	0	0	+ + - -	0	+ +

Tabelle 2: Auswertung der Paritätsgleichungen des Gangaktuators

5.2 Fehlererkennung mittels Parameterschätzung am Beispiel des Gassenaktuators

Für die Parameterschätzung sind die zusätzlichen Drucksensoren notwendig, da sonst viele geschätzte Parameter zu sehr streuen und kein endgültiges Resultat liefern. Da viele Simulationsparameter in unterschiedliche Wertebereiche aufgeteilt wurden, ist auch für die Parameterschätzung je nach Wertebereich zu unterscheiden. Die rekursive LS-Parameterschätzung mit Vergessensfaktor (Isermann und Münchhof [8]) wurde für die Schätzung verwendet. Beispielhafte Ergebnisse sind in den Bilder 13 und 14 dargestellt.

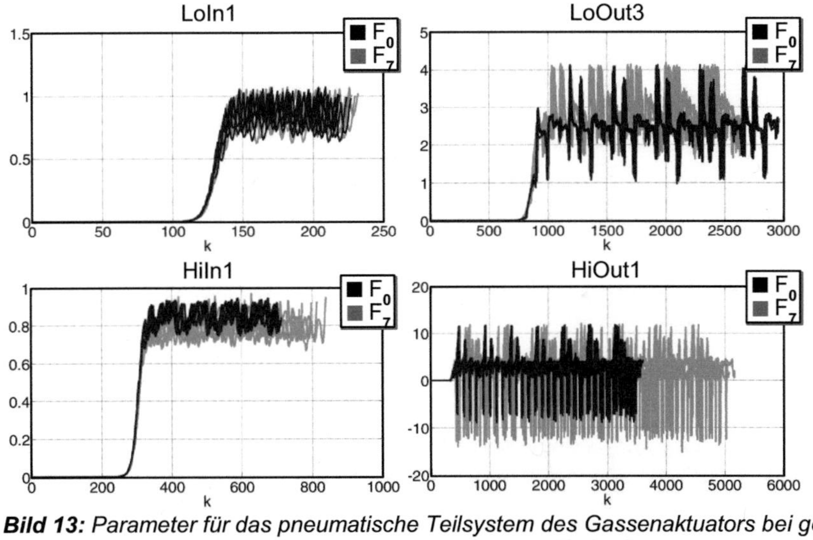

***Bild 13:** Parameter für das pneumatische Teilsystem des Gassenaktuators bei gebrochener und verwickelter Rückstellfeder F_7*

Für die Auswertung der Parameter ist ein Muster notwendig. In diesem Muster wird zwischen pneumatischen Parameter der Kammer Lo, pneumatische Parameter der Kammer Hi und mechanische Parameter unterschieden. Sobald innerhalb drei Muster ein Parameter vom fehlerfreien Zustand abweicht, kann der Fehler identifiziert werden, Tabelle 3.

-	F_1 Lo	F_2 Lo	F_1 Hi	F_2 Hi	F_3	F_4	F_5	F_6	F_7
LoIn1	0	-	0	0	0	-	0	-	0
LoIn4	-	N/A	0	0	-	-	-	-	0
LoOut3	+	+	0	0	0	-	0	0	0
HiIn1	0	0	-	-	-	-	-	-	0
HiOut1	0	0	0	+	0	0	0	0	0
SprCoLoDecr2	0	-	0	0	0	-	0	0	-
SprCoHiIncr4	0	0	0	-	0	-	0	0	-
FricVisLoIncr1	0	0	0	0	+	-	0	0	0
FricVisHiIncr2	0	+	0	+	+	+	0	0	+

Tabelle 3: Auswertung der Parameterschätzung für den Gassenaktuator

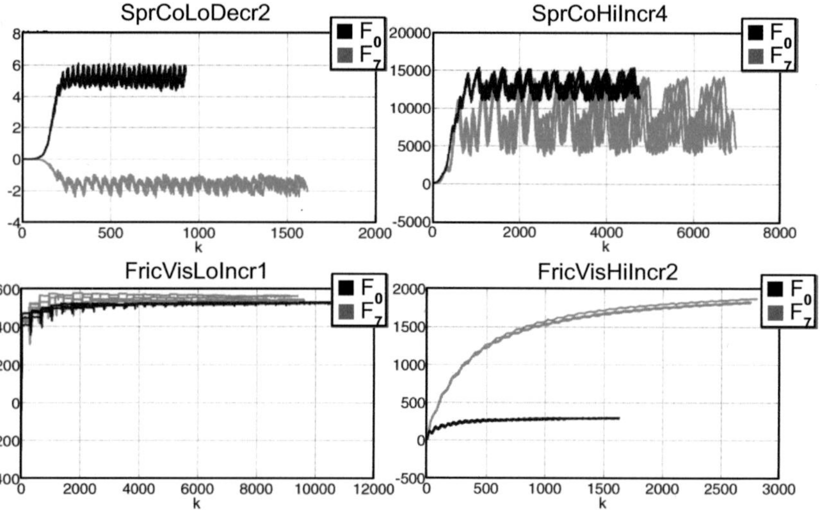

Bild 14: *Parameter für das mechanische Teilsystem des Gassenaktuators bei gebrochener und verwickelter Rückstellfeder F_7*

5.3 Fehlererkennung mittels Flächenberechnung am Beispiel des Kupplungsaktuators und der Trockenkupplung

Ein direkter signalbasierter Vergleich ist aufgrund von zeitlichen Taktzitterns bei der Übertragung der CAN-Botschaften (Jitter) nicht möglich. Die komplexe Bussystemstruktur bewirkt höhere Latenzzeiten, sodass eine zeitliche Verschiebung innerhalb der Testsequenz stattfindet, Bild 15.

Ein direkter Vergleich mehrerer Diagnoseroutinen ist so nicht möglich, daher ist speziell für die Testsequenzen eine einfache und rein signalbasierte Methode zur Fehlererkennung entwickelt worden. Da es sich um einheitliche und reproduzierbare Testsequenzen für eine Komponente handelt, ist es möglich durch den Flächeninhalt unterhalb des Signalverlaufs eine eindeutige Aussage über den Zustand der Komponente zu treffen. In Schwarte [9] ist bereits ein ähnlicher Ansatz beschrieben.

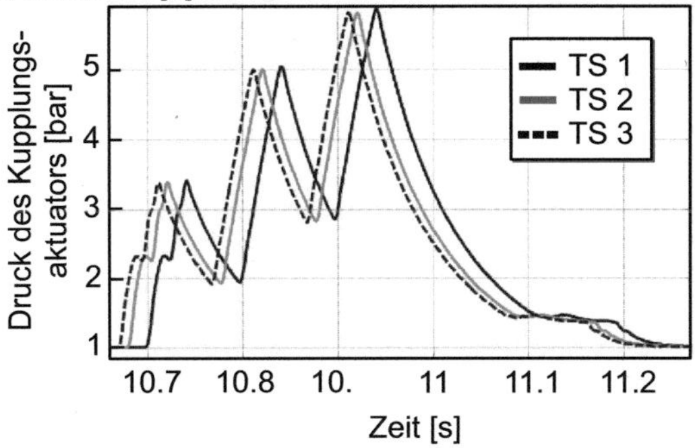

***Bild 15:** Vergleich identisch programmierter Testsequenzen (TS)*

Die Ermittlung der Fläche A unterhalb eines beliebigen Sensorsignalverlaufs sns erfolgt ab dem Zeitpunkt, wenn der Starttrigger T_0 innerhalb der Diagnoseroutine auslöst. Mit dem Trigger T_e endet die Flächenberechnung,

$$A = \int_{T_0}^{T_e} sns\; dt. \tag{19}$$

Für die automatisierte Kupplung ist die Fläche für die Signalverläufe der vier elektromagnetischen Wegeventile, des Kammerluftdrucks, der Position und der Getriebeeingangsdrehzahl berechnet worden.

Anhand der Veränderung der Fläche im Vergleich zum fehlerfreien Zustand, sind die unterschiedlichen Fehler eindeutig erkannt und identifiziert, Tabelle 4.

-	F_1	F_2	F_5	F_6
A MV_ClFa	-	- -	-	- -
A MV_ClSl	0	-	0	- -
A MV_OpFa	+	+ +	+	+ +
A MV_OpSl	0	0	+	+ +
A prss	-	- -	-	- -
A sSns	0	+	0	-
A nGbIn	0	+	-	- -

Tabelle 4: Auswertung der Flächenberechnung für die automatisierte Kupplung

Die Unterscheidung zwischen Leckagen und Verstopfungen gelingt alleine über die Betrachtung des Magnetventil OpSl und der Position des Kupplungsaktuators, sowie der Drehzahl. Die zusätzlichen verbauten Sensoren sind in diesem Fall nicht notwendig.

6. Zusammenfassung und Ausblick

Aufgrund der gestiegenen Komplexität im automatisierten Schaltgetriebe, im Vergleich zu Handschaltgetriebe, sind moderne Methoden zur Fehlererkennung unabdingbar. In diesem Artikel ist eine Modellbildung am Beispiel der automatisierten Kupplung, dem Gang- und Gassenaktuator beschrieben. Durch die Unterteilung in mechanische und pneumatische Teilsysteme, sowie der stückweisen Modellierung ist ein modularer Modellierungsansatz entstanden, der hinreichend genaue Ergebnisse erzielt und schnellere Modellentwicklungszeiten ermöglicht.

Durch die modellbasierte Fehlererkennung wie Paritätsgleichungen und Parameterschätzungen sind unterschiedlich eingebaute Fehler erkannt worden. Während die modellbasierten Verfahren hohe Entwicklungszeiten beanspruchen, ist das entwickelte signalbasierte Verfahren mittels Flächenberechnung speziell für die Ferndiagnose durch Diagnoseroutinen entwickelt worden. Die Entwicklungszeit der Fehlererkennung durch Flächenberechnung ist deutlich geringer, benötigt aber die einheitlichen und reproduzierbaren Testsequenzen.

Die modell- und signalbasierte Fehlererkennung wurde bereits für weitere Getriebeaktuatoren validiert und verifiziert. Die Ergebnisse waren durchweg positiv, dass nun eine Fehlerklassifizierung für die Flächenberechnung umgesetzt werden soll. Da die Parameterschätzung zusätzliche Drucksensoren im automatisierten Getriebe benötigt, wird als nächstes das entwickelte Simulationsmodell im Fahrbetrieb abgeglichen.

Literatur

[1] Wyman, Oliver, Europe Net und Pleon: Study European Truck Customer 2010, 2010.

[2] Kuschel, J., H. Fagrell und C.J. Andersson: A Prototype for Remote Vehicle Diagnostics. In: Mobile Human-Computer Interaction, Band 3160, Seiten 361–365. Springer Berlin Heidelberg, 2004.

[3] STM: Das bringt den LKW nach vorn. Schwertransportmagazin, 18, 2007.

[4] Isermann, R.: Mechatronische Systeme. 2. Auflage, Springer-Verlag Berlin Heidelberg, 2008.

[5] Pfeiffer, Klaus: Fahrsimulation eines Kraftfahrzeuges mit einem dynamischen Motorenprüfstand. Dissertation, TU Darmstadt, Fortschrittsberichte VDI Reihe 12 Nr.336. 1997.

[6] Flohr, G.: A contribution to model-based fault diagnosis of electro-pneumatic shift actuators in commercial vehicles. Dissertation, TU-Kaiserslautern, 2012.

[7] Isermann, R.: Fault-Diagnosis Systems. Springer-Verlag Berlin Heidelberg, 2006.

[8] Isermann, R. und M. Münchhof: Identification of Dynamic Systems. Springer-Verlag Berlin Heidelberg, 2011.

[9] Schwarte, A.: Modellbasierte Fehlererkennung und Diagnose des Ansaug- und Abgassystems von Dieselmotoren. Dissertation, TU Darmstadt, Fortschrittsberichte VDI Reihe 12 Nr.634. 2007.

10 Softwarebasiertes Fehlermanagement in elektronischen Steuergeräten

Dipl.-Ing. **Sandro Friedrich**, Dipl.-Ing. (FH) **Sina Kaprolat**, IAV GmbH, Berlin

Abstract

The Fault Management with aid of suitable software structures represents the essential tasks of diagnosis activities in an electronic control unit beneath the Fault Detection and Identification. As its central element, a Fault Handler is established which has the main task to process the status information of each fault symptoms from Local Diagnosis and to give optionally feedback to them. This processing is splitted up in sub functions of debouncing, initiation of necessary fault reactions and the fault storage and signalization for after-sales service. This article elaborates on the underlying basic concept and shows some specific aspects of the implementation into a universal software structure for a transmission control unit, being a significant representative of mechatronic systems. Generally all information provided can be transferred to any other automotive control unit taking into account its special characteristics.
In conclusion the similarity with the main principles and structures of the AUTOSAR standard is pointed out according to this topic.

Kurzfassung

Das Fehlermanagement mittels entsprechender Softwarestrukturen gehört neben der Fehlererkennung und -identifikation zu den wesentlichen Aufgaben der Diagnose innerhalb eines elektronischen Steuergeräts im Fahrzeug. Als zentraler Baustein gilt dabei der Fehlerhandler, dessen Hauptaufgabe in der Weiterverarbeitung der Statusinformation der einzelnen Fehlersymptome der Lokalen Diagnosen und ggf. in einer entsprechenden Rückkopplung auf diese besteht. Die Weiterverarbeitung unterteilt sich im Wesentlichen in die Teilaufgaben Entprellung, Einleitung der notwendigen Fehlerreaktion sowie die Fehlerspeicherung und -anzeige für den Kundendienst. Der vorliegende Beitrag geht auf das zugrundeliegende Konzept ein und zeigt einige spezifische Aspekte bei der Umsetzung in eine allgemeingültige Softwarestruktur eines Getriebesteuergeräts als markanter Vertreter einer mechatronischen Steuerung. Prinzipiell lassen sich alle gemachten Angaben unter Berücksichtigung der speziellen Besonderheiten aber auch auf jedes andere beliebige Steuergerät innerhalb eines Fahrzeugs übertragen.
Abschließend wird auf die Gemeinsamkeiten mit den grundsätzlichen Prinzipien und Strukturen des AUTOSAR-Standards hinsichtlich dieser Thematik eingegangen.

1. Einleitung

Der Fehlerhandler ist neben der Lokalen Diagnose der zweite zentrale Baustein eines generischen Diagnosekonzepts. Die Hauptaufgabe des Fehlerhandlers liegt in der Weiterverarbeitung der Statusinformation der einzelnen Fehlersymptome in der Lokalen Diagnose und ggf. in einer entsprechenden Rückkopplung auf diese (u.a. Informationen zur Generierung von Ersatzwerten). Die Weiterverarbeitung besteht im Wesentlichen aus der Vorwärts- und Rückwärtsfilterung (Entprellung) sowie der Fehlerspeicherung und -anzeige für den Kundendienst. Die folgende Tabelle zeigt allgemein die Aktionskette, die bei der notwendigen Verarbeitung eines statischen (permanenten) Fehlers entsteht.

Aktion	**Auswirkung**	**Betroffene Funktionsgruppe(n)**
Fehler tritt auf	Erkennung in den vorgehaltenen Diagnosefunktionen (DE) wird notwendig	Systemeinheit
Fehler wird erkannt	Nach Stabilerkennung in der betroffenen DE ist der Fehler zu melden	Lokale Diagnose
Fehler wird gemeldet	Nach erfolgreicher Annahme des Fehler ist dieser zu behandeln (entprellen)	Lokale Diagnose -> Fehlerhandler
Fehler wird behandelt	Nach erfolgreicher Behandlung (Entprellung) ist der Fehler zu berücksichtigen	Fehlerhandler
Fehler wird berücksichtigt	Notwendige Fehlerreaktion macht u.U. eine Fehlerbehebung unvermeidlich	Fehlerhandler -> Systemmodule
Fehler wird behoben	Fehlerbild nicht mehr vorhanden und damit keine Beeinträchtigung mehr	Kundendienst (Werkstatt)

Tabelle 1: Aktionskette der Verarbeitung eines statischen (permanenten) Fehlers

2. Aufbau der Steuergeräte-Software

Der typische Aufbau der Software im Mikrocontroller eines beliebigen Steuergeräts folgt den allgemeinen Grundsätzen der Softwareentwicklung eingebetteter Systeme, die eine Abstraktion zwischen Daten und der benutzten Hardware vorsieht [1]. Dies erleichtert das Design und ermöglicht eine spätere vereinfachte Wiederverwendung in anderen Projekten.

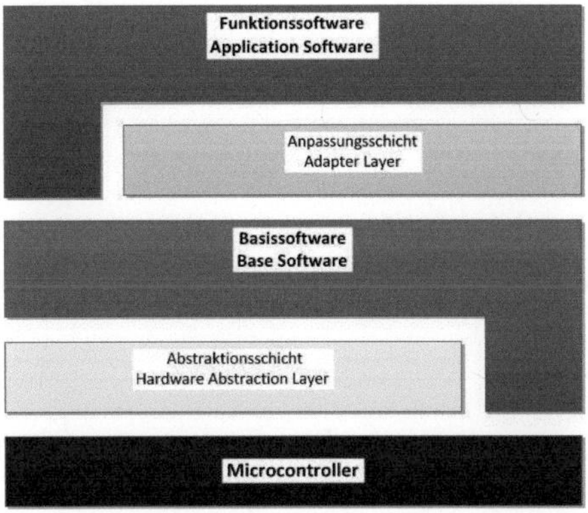

Bild 1: *Typischer Aufbau einer Steuergeräte-Software (layered architecture)*

Die Aufteilung in Basis- und Anwendungssoftware ist nicht nur hinsichtlich des unterschiedlichen Abstraktionsgrades angebracht, sondern spiegelt auch die typische Verteilung in der SW-Entwicklung wider. So wird im allgemeinen ein Steuergeräte-Lieferant auch eine angepasste Basissoftware (BIOS) zur Verfügung stellen, während der OEM auf der Applikationsseite sein Know-How bzgl. der geforderten Funktionalitäten getrennt davon zur Anwendung bringen kann. Aus Sicht des Diagnoseentwicklers ist diese Aufteilung noch unzureichend, da die Diagnose als Querschnittsthema sowohl Interaktionen mit der Applikations- als auch der BIOS-Software aufweist. Im ersten Fall entspricht ist dies der Funktionalen Diagnose, im zweiten der Hardware-Diagnose. Eine Modifikation der Software-Architektur ist daher notwendig, die auch die Notwendigkeit eines Sicherheitsmanagements (Stichwort Funktionale Sicherheit) berücksichtigen sollte, welches für die Ausfertigung eines sicherheitsgerechten Software-Designs unabdinglich ist.

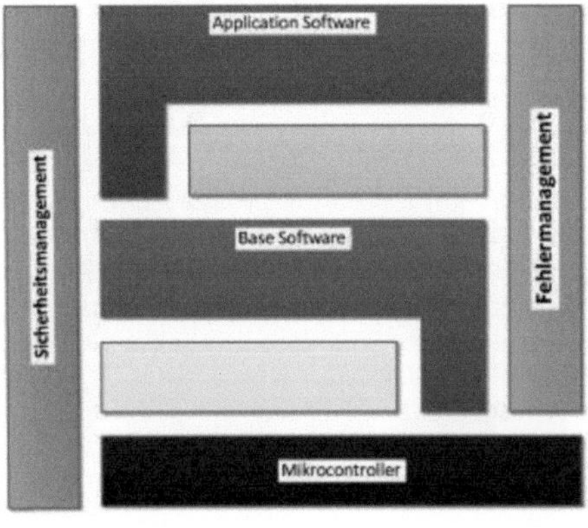

Bild 2: *Aufbau einer Steuergeräte-Software mit Fehler- und Sicherheitsmanagement*

Die Vorteile dieses Konzepts liegen in der klaren Trennung der unterschiedlichen Aufgaben bei der Verarbeitung in der Software aufweist. Im ersten Fall entspricht ist dies der Funktionalen Diagnose

3. Aufbau des Fehlerhandlers

Die Unterteilung der Abläufe bei der Verarbeitung eines Fehlers innerhalb der Steuergeräte-Software bedingt einen entsprechenden Aufbau und Strukturen auch innerhalb des Fehlerhandlers (FH).

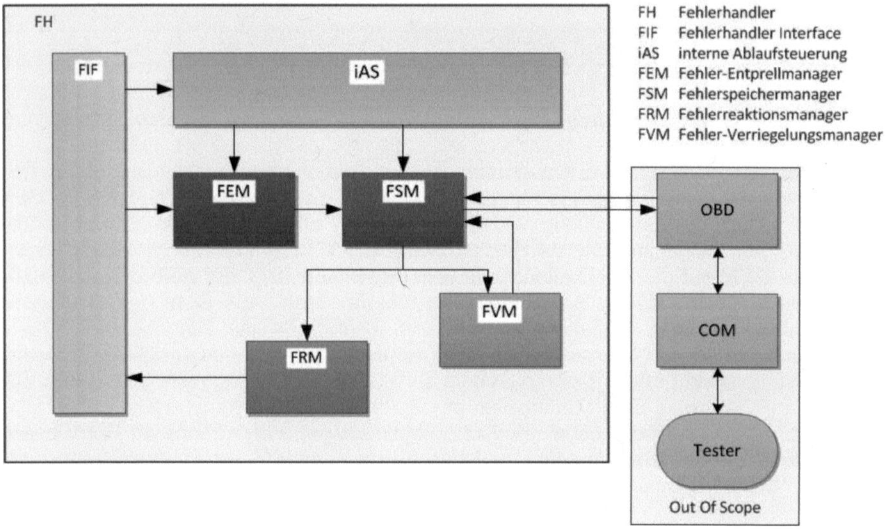

Bild 3: *Innerer Aufbau des Fehlerhandlers einer Steuergeräte-Software*

Die Vorteile dieses Konzepts liegen in der klaren Trennung der unterschiedlichen Aufgaben bei der Verarbeitung der angefallenen Fehler gemäß Tabelle 1 und in deren Zentralisierung (Beherrschung der Komplexität). Dies trifft im besonderen Maße auf die Vielfalt an Applikationsmöglichkeiten (Parametern) zu, gerade wenn man bedenkt, dass z.B. aktuelle Steuergeräte für Getriebesteuerungen mehrere hundert verschiedenartige Fehlersymptome voneinander unterscheiden. Als weiterer Kostengesichtspunkt wird zudem die Wiederverwendbarkeit signifikant erhöht bzw. erst ermöglicht. Es ist in der Embedded Softwareentwicklung allgemeiner Sprachgebrauch, dieses zentrale Fehlermanagement in Form einer größeren SW-Komponente zu realisieren, dem *Fehlerhandler* (engl. Error Handler).

3.1 Die Schnittstelle zur Applikationssoftware

Das Interface des Fehlerhandlers (FIF) stellt eine klar strukturierte und definierte Schnittstelle zwischen dem Fehlerhandler/-management einerseits und seiner (softwareseitigen) Umwelt – also der eigentlichen Applikationssoftware u. dem BIOS – andererseits zur Verfügung. Zu diesem Zweck verfügt das Interface über bestimmte dedizierte Ports (SW-Schnittstelle), welche die zu verarbeitende Diagnoseinformation (gemeldete Fehler) von der Lokalen Diagnose aufnehmen und für die weitere Verarbeitung innerhalb des DFM entsprechend aufbereiten . Nach außen hin werden mittels dieser SW-Schnittstelle die Fehlerstatusinformationen und die daraus ermittelten Fehlerreaktionen ausgegeben bzw. zur Verfügung gestellt und gleichzeitig die Wiederverwendbarkeit des gesamten Fehlerhandlers durch Datenkapselung ermöglicht. Dies stellt ein wesentliches Kriterium für die Bewertung von Softwarequalität dar.

3.2 Die Ablaufsteuerung

Damit die Fehlersymptombehandlung in der jeweils zeitlich und inhaltlich korrekten Reihenfolge erfolgt, ist eine übergeordnete Steuerung notwendig, die durch eine entsprechend ausgelegte Ablaufsteuerung die notwendigen Module und Funktionseinheiten innerhalb des Fehlerhandlers geeignet aufruft und so deren korrekte Abarbeitung in den untergeordneten Funktionen sicherstellt.

3.3 Der Entprellmanager

Alle für die Entprellung relevanten Daten werden typischerweise in einer zentralen Entprelliste gespeichert. Dazu gehören u.a. der Zeitstempel welcher bei dem ersten Auftreten eines Fehlers eingetragen wird, ein Zählerfeld für dessen Auftrittshäufigkeit (AHZ) sowie der gemeldete Status des Fehlers (Fehlersymptom aktiv/deaktiv) von der Diagnosefunktion. Der Entprellmanager bestimmt aus diesen Daten den jeweiligen Entprellzustand der gemeldeten Fehlersymptome mit einer bestimmten Fehler-ID und übergibt diese an die nachfolgenden relevanten Module zur weiteren Verarbeitung.

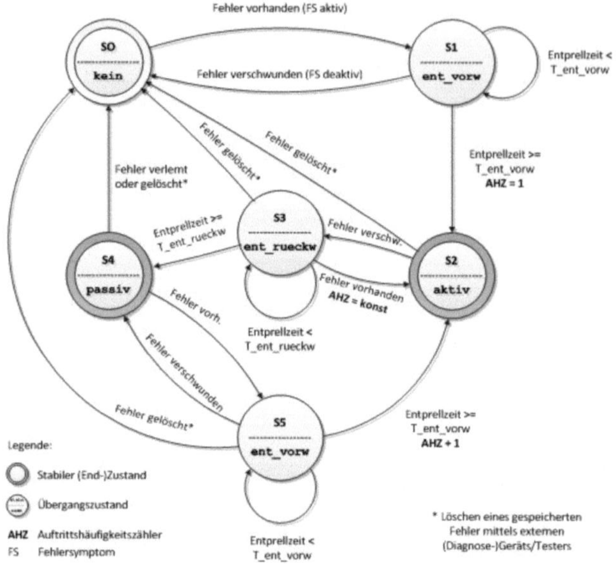

***Bild 4:** Typischer Ablauf der Fehlerentprellung*

Werden die Fehlerbedingungen eines Fehlers von einer Diagnosefunktion als gültig erkannt (Fehlersymptom aktiv), müssen diese vor der Eintragung in den Systemfehlerspeicher für eine systemspezifisch festzulegende und applizierbare Zeit *T_ent_vorw* (z. B. 300ms) erfüllt sein. Dies ist gleichbedeutend mit der Fehler befindet sich in der Vorwärtsentprellung (Zustand S1). Erst nach Ablauf dieser Vorwärtsentprellzeit bei gleichbleibend aktivem Fehlersymptom ist der Fehler als aktiv zu betrachten (S2) und neben der Speicherung für den Kundendienst sind entsprechende Fehlerreaktionen einzuleiten. Sollte anschließend der Fehler wieder verschwinden (S3), so kann erst nach Ablauf einer weiteren Rückwärtsentprellzeit (*T_ent_rueckw*) der Fehler als sog. *geheilt* betrachtet werden und ist insgesamt passiv (S4). In diesem Zustand verbleicht der Fehler, bis er durch eine entsprechende Verlernlogik (typ. Anzahl Fahrzyklen > Verlernschwelle) wieder aus dem Fehlerspeicher gelöscht wird (S0). Sollte das zugehörige Fehlersymptom währenddessen wieder aktiv werden (S5), so muss erneut die Vorwärtsentprellung erfolgreich bestanden werden, bevor der Fehler selbst wieder als aktiv betrachtet wird (S2). In diesem Fall ist der Zähler für die Auftrittshäufigkeit um eins zu erhöhen.

3.3 Der Fehlerspeichermanager

Die Aufgabe des Fehlerspeichermanagers ist es, anhand der vom Entprellmanager zur Verfügung gestellten einzelnen Fehlerstati (zugehörig den eingetragenen Fehlern in der zentralen Entprellliste) zu überprüfen, ob eine Behandlung/Aktualisierung im permanenten Hintergrundspeicher (s. unten) angezeigt ist. Es werden dann die Speichervorgänge vorgenommen, bei dem für jede einzelne Fehler-ID der zugehörige applizierte DTC (Diagnostic Trouble Code) samt aktuellem Fehlerstatus dauerhaft für den Kundendienst gespeichert wird. Im Falle des erfolgreichen Verlernens eines Fehlers über mehrere Fahrzyklen oder mittels externen Diagnose-Geräts erfolgt der entsprechende Löschvorgang.

Permanenter Fehlerspeicher (Persistent Fault Memory)

Die zur Verabeitung der vielen möglichen Fehler benötigten Verwaltungslisten innerhalb der Fehlerhandlers sind typisch aus Kostengründen flüchtiger (volatile) Art und befinden sich daher üblicherweise im RAM. Für eine spätere Analyse beim Kundendienst ist aber eine sichere, d.h. permanente nicht-flüchtige (non-volatile) Speicherung unabdingbar. Aus diesem Grund werden die aktiven Fehler in geeigneter Art u. Weise in einen permanenten Hintergrundspeicher vom Typ EEPROM übertragen. Andersherum werden im Fall bereits dort gespeicherter Fehler diese zur weiteren Behandlung (Entprellung) in die dafür vorgesehen Listen zurückgespielt (z.B. nach einem Power-on oder einer RAM-Initialisierung). Dieses Management ist weitere Hauptaufgabe des Fehlerspeichermanagers.

3.3 Der Fehlerverriegelungsmanager

Ist ein aktiver Fehler gespeichert und eine zugehörige Reaktion bereits erfolgt, kann dies unter bestimmten Umständen dazu führen, dass weitere Diagnosen (Fehlersymptome) aktiv werden und gleichfalls vom Fehlerhandler bedient werden wollen. Dies ist in vielen Fällen nicht gewünscht und führt seitens des Kundendienstes oft zu (unnötiger) Verwirrungen. Aufgrund der direkten Folge durch den bereits aktiven und behandelten Fehler als Ursache dieser Kette, spricht man dabei von Folgefehlern und die Vermeidung zusätzlicher (unerwünschter) Einträge wird folgerichtig Folgefehlerunterdrückung genannt.

3.3 Der Fehlerreaktionsmanager

Die Auslösung geeigneter Fehlerreaktion im Fall von aktiven Fehlern gehört zu den wesentlichsten Aufgaben der Fehlerhandlers. Dazu verfügt dieser über einen entsprechenden Fehlerreaktionsmanager, der nach klar festgelegten Regeln die unterschiedlichen beabsichtigten Systemreaktion an die Applikations- und Basissoftware kommandiert. Diese sind von einer systemweiten Degradationsstrategie abgeleitet, die Aspekte von Bauteilschutz, Verfügbarkeit und Sicherheit zu einem konzeptionellen Miteinander kombiniert.

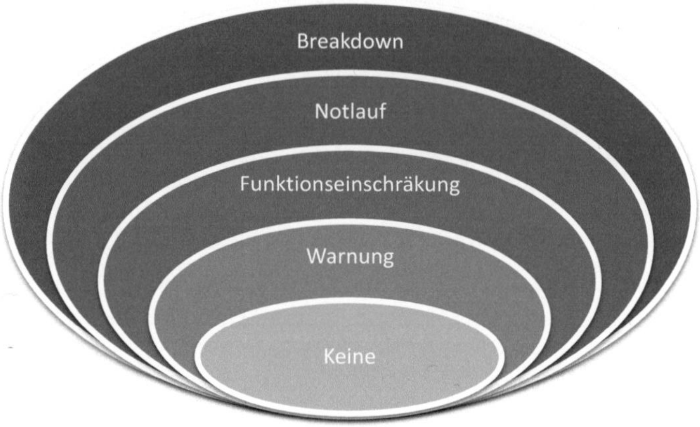

Bild 5: *Beispiel einer Degradationsstrategie*

Fehlerreaktion	Beschreibung	Beispiel Getriebesteuerung (GSG)
Keine	Keine Reaktion notwendig	Keine Aktion
Warnung	Fahrerinformation	Symbol in Kombi-Instrument / Gong
Funktions-einschränkung	Beschränkung Funktionsumfang	Selektive Gangausblendung
Notlauf	Selektive Abschaltung von Teilkomponenten, massive Funktionseinschränkung	Ein Teilgetriebe wird abgeschaltet, Notfahren auf dem intakten TG noch möglich
Breakdown	Gesamtsystem wird abgeschaltet, sicherer Zustand wird hergestellt	Beide Teilgetriebe abgeschaltet, keine Kraftübertragung mehr möglich

Tabelle 2: Übersicht Fehlerreaktionsmodi

Je nach geeigneten Reaktionsmöglichkeiten die das Gesamtsystem bietet, lassen sich abgestufte Fehlerreaktionsmodi definieren, die einer hierarchischen Gliederung entsprechen, d.h. höherwertige Reaktionsmodi überstimmen niederwertige, wobei sich dies auf die Systemrelevanz bezieht.

Die Zuordnung eines Fehlers zu einem Fehlerreaktionsmode erfolgt selbstredend per Applikation und ist so zu jedem Zeitpunkt (auch im Betrieb) entsprechend änderbar.

4. Anwendung im Getriebesteuergerät

Betrachtet wird ein Doppelkupplungsgetriebe, welches vom Typ automatisiertes Schaltgetriebe ist und über zwei Teilgetriebe verfügt. Bild 6 zeigt schematisch die Einbindung in den Antriebsstrang. Typischerweise sitzen die geraden Gänge auf einem Teilgetriebe, die ungeraden auf dem anderem. Ist die Kupplung des ersten Teilgetriebe im Eingriff, kann auf dem anderen bereits ein Gang vorgewählt werden. Das gleichzeitige Öffnen der ersten Kupplung mit dem Schließen der zweiten Kupplung ermöglicht ein zugkraftunterbrechungsfreies Schalten. Die Ausführung des komplexen Schaltvorganges erfolgt durch das Getriebesteuergerät. Kupplungen und Teilgetriebe werden hydraulisch angesteuert.

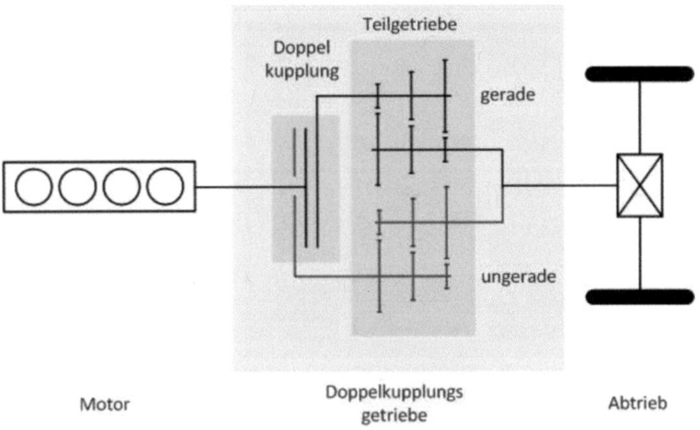

Bild 6: *Systemschaltbild Doppelkupplungsgetriebe*

Auch aus Diagnosesicht ist das Doppelkupplungsgetriebe ein komplexes System. Alle Informationen, die das Getriebesteuergerät für die Ablaufsteuerung einer Schaltung braucht, müssen plausibilisiert werden. Dies sind nicht nur Sensorwerte wie u.a. die Drehzahlen des Antriebs, Abtriebs und der Teilgetriebe, die Positionen der Gangsteller oder Teildrücke des hydraulischen Systems. Auch die Kommunikation mit dem Wählhebel muss überwacht werden, ebenso wie die Informationen vom Bussystem des Fahrzeugs. Weiterhin erfolgt eine Diagnose der Aktoren zur Ansteuerung der Kupplungen und Teilgetriebe.

Eine wichtige Rolle spielen funktionale Diagnosen. Hier sind die Überwachung der von den Kupplungen übertragenen Momente oder der Synchronisierung der Gangsteller zu nennen. Mit einen Temperaturmodell lässt sich eine drohende Überhitzung der Kupplungen erkennen.

In Bild 7 ist ein typischer Ablauf einer Diagnose eines unplausiblen Sensorwerts dargestellt. In diesem Beispiel liefert ein Sensor die Position eines Gangstellers des geraden Teilgetriebes an das Bios des Getriebesteuergeräts. Dieses bereitet den Sensorwert auf und stellt ihn der Funktionssoftware zur Verfügung. Die lokale Diagnose erkennt eine Abweichung vom erwarteten Wert z.B. durch einen Signal Range Check. Über die Schnittstelle zum Fehlerhandler wird die mit diesem Fehlersympton verknüpfte Fehler-ID an den Entprellmanager gemeldet. Wenn nach der Vorwärtsentprellzeit der Fehler als aktiv erkannt ist, wird der entsprechende Fehlereintrag für den Kundendienst vorgenommen und die applizierte Fehlerreaktion ausgelöst.

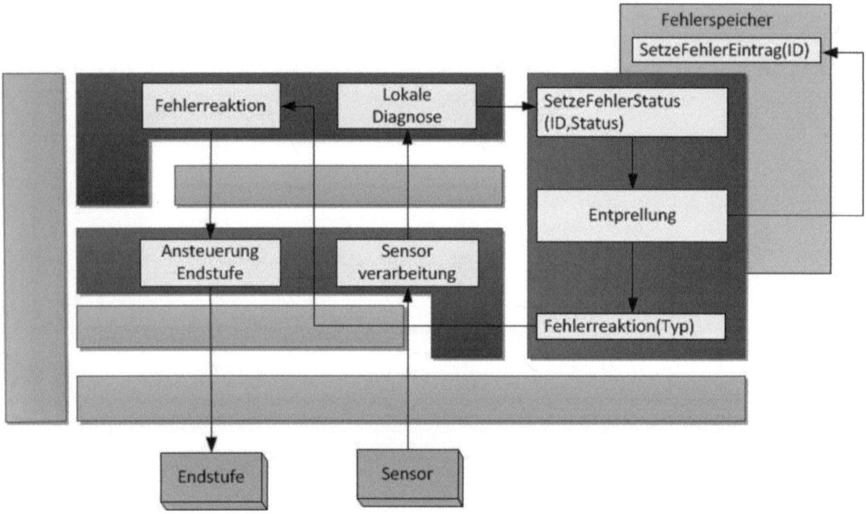

***Bild 7:** Beispiel Diagnose eines unplausiblen Sensorwerts*

Die Bandbreite an typischen Fehlerreaktionen eines Getriebesteuergerätes reicht wie in Tabelle 2 dargestellt von der bloßen Fahrerwarnung durch ein Symbol im Kombi-Instrument bis hin zum Herstellen des sicheren Zustands durch die Stilllegung beider Teilgetriebe. Sind beide Kupplungen geöffnet, ist keine Kraftübertragung vom Motor zum Abtrieb mehr möglich. Bei einem unplausiblen Sensorwert eines Gangstellers können jedoch auch weniger gravierende Eingriffe in Betracht gezogen werden. Eine selektive Ausblendung des betroffenen Gangs bedeutet für den Fahrer eine Einschränkung des Fahrkomforts. Wird das entsprechende gerade Teilgetriebe abgeschaltet, ist auf dem verbleibenden ungeraden Teilgetriebe weiterhin ein Notfahren möglich. Dem Fahrer ist es somit möglich, aus eigener Kraft die Werkstatt aufzusuchen.

5. Gemeinsamkeiten mit AUTOSAR

Die bisher aufgezeigten Prinzipien und Strukturen stellen einen allgemeingültigen Ansatz dar, der auch so in leicht abgeänderter Form im AUTOSAR-Standard wiederzufinden ist, also der gängigen standardisierten Referenzarchitektur für automobile Steuergerätesoftware [2].

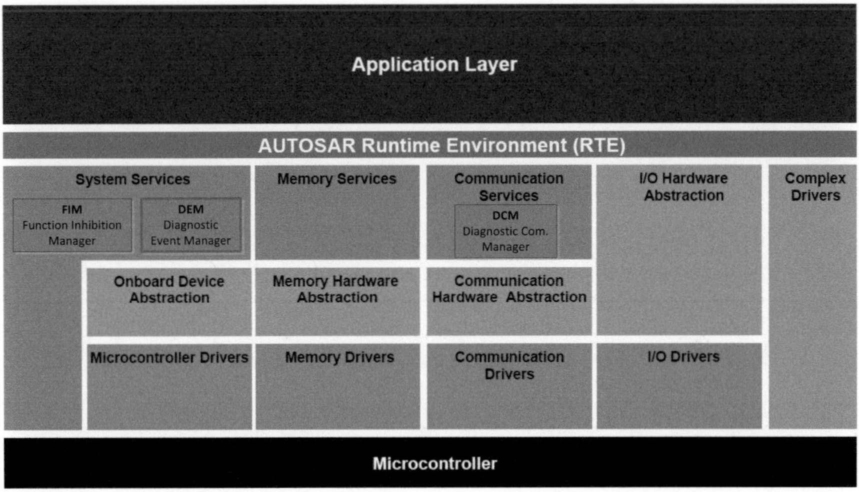

Bild 8: *AUTOSAR-Architektur mit Hervorhebung Diagnoseteile (Architectual View)*

Die Softwareteile für Diagnose in AUTOSAR bestehen auf Seite der Basissoftware aus insgesamt 3 Modulen, dem DEM, FIM und DCM. Während der DCM für die Diagnosekommunikation gemäß UDS und OBDII verantwortlich zeichnet, realisiert der DEM das bisher aufgezeigte Fehlermanagement inklusive der notwendigen Fehlerspeicherung. Der FIM komplettiert den DEM dahingehend, als dass er die Möglichkeit bietet, im Fall von aktiven Fehlern die Ausführung bestimmter Funktionen zu unterbinden (Funktionsunterdrückung) oder andere zu starten (Ersatzfunktionen). In Kombination lässt sich damit eine wirksame Folgefehlerunterdrückung realisieren [3].

Rückt man den DEM mit seinem internen Aufbau in den Fokus der Betrachtung, so kann man anschaulich auch die Anbindung dieser Komponenten einerseits und zur Applikationssoftware andererseits aufzeigen.

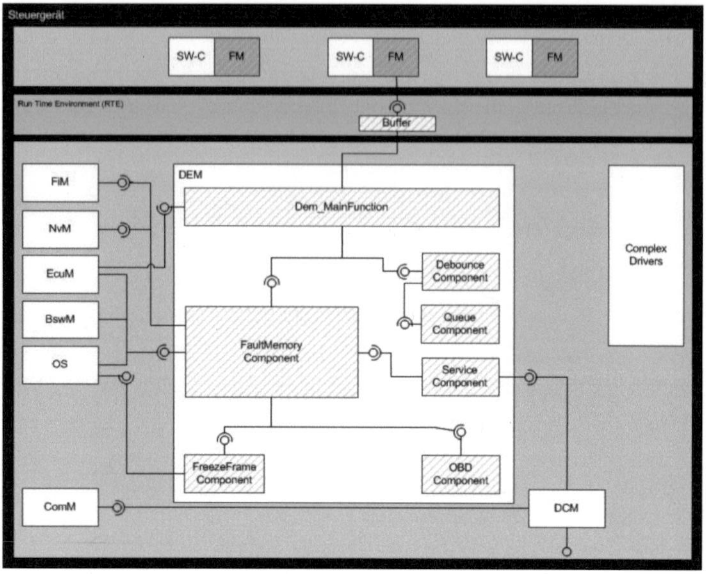

***Bild 9:** Prinzipieller Aufbau DEM und dessen Integration*

Aus der Darstellung wird deutlich, das AUTOSAR im Wesentlichen das Prinzip des zentralen Fehlerhandlers konsequent zur Anwendung gebracht hat und dabei die stark protokollastige Diagnosekommunikation in einem eigenen separaten Teil zusammenfasst. Dies entspricht im Grundsatz genau dem am Anfang aufgezeigten allgemeingültigen Architekturansatz mit der Unterscheidung, dass AUTOSAR diese Aufgaben als Servicekomponenten in der Basissoftware vorhält. Auf der Seite der Applikationssoftware sorgt ein *Function Monitoring* (FM) zugehörig einer Softwarekomponente (SW-C) für die Durchführung der Fehlererkennung, dies entspricht der Diagnosefunktion oder auch Lokalen Diagnose. Den größten Unterschied gibt es beim Aspekt der Folgefehlerunterdrückung, hierbei sieht AUTOSAR dem objektorientierten Gedanken folgend mittels FIM die Möglichkeit vor, ganze gekapselte Funktionalitäten von globaler Stelle aus entsprechend dem Einfluss aktueller Fehler zu beeinflussen. Dies stellt eine konsequente und folgerichtige Weiterführung des Ansatzes zur notwendigen Verriegelung bzw. Unterdrückung abhängiger Diagnosen und deren ungewollten Einfluss dar.

Literatur

[1] W. Ecker, W. Müller, R. Dömer, „Hardware-dependent Software, Principles and Practice", Springer Science + Business Media B.V., 2009

[2] AUTOSAR Spezifikationen: www.autosar.org

[3] K. Beiter, C. Rätz (2013) *Von den Diagnose-Requirements zur Kommunikation* In: B. Bäker, A. Unger (Hrsg.) und 40 Mitautoren, „Diagnose in mechatronischen Fahrzeugsystemen VI", expert verlag, Renningen

11 Methodik und Toolkette für den Diagnose-Designentwurf vernetzter Systeme im Fahrzeug mit Hilfe von PREEvision

Martin Kolbe, Dr. Ing. h.c. F. Porsche AG, **Julia Stumpf**, Bertrandt Technikum GmbH, **Markus Helmling**, Vector Informatik GmbH

Abstract

The continuously increasing complexity and amount of highly networked functions in premium vehicles lead to new challenges concerning specification and design in the field of vehicle diagnostics.
A continuous development tool chain (requirements definition, conceptual design, specification and diagnostics design) is a significant success factor for a goal-oriented and effective implementation of vehicle diagnostics.
For modeling a diagnostics design, hardware-specific properties (connected sensing and actuating components, appropriate cabling or the use of sub systems) as well as required communication with other network participants play a decisive role.
Based on these properties, diagnostics requirements for production and maintenance of vehicle systems are generated.
Today's existing tool chains generally build on a current conceptual design.
The following presentation is a supplement to existing diagnostics tool chains for modeling the conceptual design by means of a pilot project.
This enables a complete and proven process chain, from system modeling to diagnostics data specification.

Kurzfassung

Durch die stetig steigende Komplexität und zunehmende Anzahl hochvernetzter Funktionen in Premium-Fahrzeugen entstehen in der Fahrzeugdiagnose neue Herausforderungen im Umfeld Spezifikation und -design.
Für eine zielgerichtete und effektive Umsetzung der Fahrzeugdiagnose ist eine durchgehende Entwicklungstoolkette (Anforderungsdefinition, Konzeptentwurf, Spezifikation, Diagnosedesign) maßgeblicher Erfolgsfaktor.
Zur Modellierung eines Diagnosedesigns sind sowohl die hardwarespezifischen Eigenschaften (angeschlossene Sensorik / Aktorik, zugehörige Verkabelung, Einsatz von Subsystemen) als auch die zugehörige Kommunikation mit anderen Netzwerkteilnehmern maßgeblich.
Auf Basis dieser modellierbaren Eigenschaften entstehen generisch die Diagnoseanforderungen zur Produktion und Pflege von Fahrzeugsystemen.
Bestehende Toolketten setzen heute i.d.R. auf einem vorliegenden Konzeptentwurf auf. Der vorliegende Beitrag stellt eine Ergänzung bestehender Diagnosewerkzeugketten zur Abbildung des Konzeptentwurfs am Beispiel eines Pilotprojekts dar.
Damit entsteht eine vollständige und abgesicherte Prozesskette von der Systemmodellierung bis zur Diagnosedatenspezifikation.

Motivation

Die Integration von komplexen elektronischen Systemen und Funktionen in Fahrzeugarchitekturen erhöht die Anforderungen zur Sicherstellung der Reparaturfähigkeit. Auch in Zukunft sollen Störungen im Kundendienst effektiv lokalisiert und behoben werden können. (Bild 1).

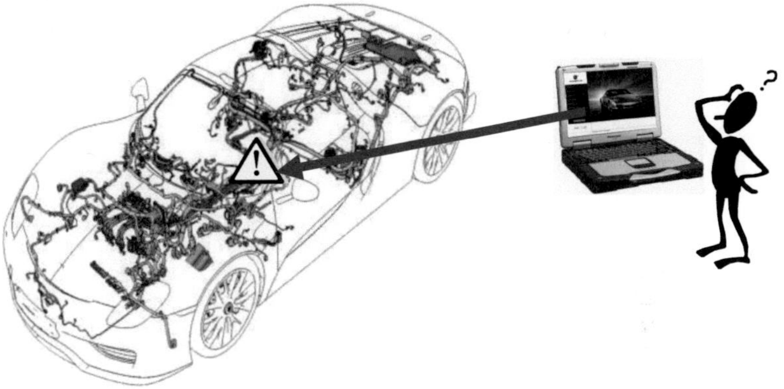

Bild 1: *Störungssuche in komplexer Fahrzeugstruktur*

Hierzu müssen Informationen, Toolketten und Infrastruktur für die weltweit verteilten Service-Werkstätten bereitgestellt werden. Die aufzubereitenden und zu verknüpfenden Informationen erstrecken sich von funktionalen und hardwareseitigen Zusammenhängen der Steuergerätesysteme bis hin zu deren Lokalisierung in Diagnosedaten, Schaltplan und Fahrzeuggeometrie.

Modellierung der Fahrzeugarchitektur

Mit dem Einsatz von *PREEvision* kann der Prozess der Fahrzeugentwicklung vollständig abgebildet werden. *PREEvision* bietet hierzu eine domänenspezifische Sprache und ein Datenmodell, das in fachlich getrennte Ebenen unterteilt ist.

Die für den Architekturentwurf des Fahrzeugnetzwerkes relevanten Merkmale werden bereits in *PREEvision* modelliert. Auf Basis dieser Modellierung erfolgt die funktionale und topologische Strukturierung des Fahrzeugnetzwerkes.
Kundenerlebbare Funktionen können mittels Funktionsblöcken beschrieben werden. Die Kommunikation von Funktionen und Steuergeräten kann auf Basis der importierten Signale aus der Fahrzeug-Kommunikationsmatrix definiert werden. Mit Hilfe der Mapping-Funktion können diese Blöcke mit der bestehenden Hardware verknüpft werden. Damit ist eine detaillierte Aufgabenbeschreibung der einzelnen Hardwareobjekte und deren Beziehung untereinander gegeben. Eine weitere Detaillierung dieser Funktionen ist mit Hilfe des Designs der Software-Architektur und der Implementierung der Funktionen möglich. Durch den regelmäßigen Import der Kommunikationsmatrizen bleibt das System synchron zu den bereits umgesetzten Funktionen der einzelnen Fahrzeugkomponenten (Steuergeräte).
Als unterste Ebene im *PREEvision*-Modell können die Kabelbauminformationen im System abgelegt und mit bestehenden Komponenten verknüpft werden (Bild 2). Dadurch ist die Information über die geometrische Position der Komponenten enthalten.

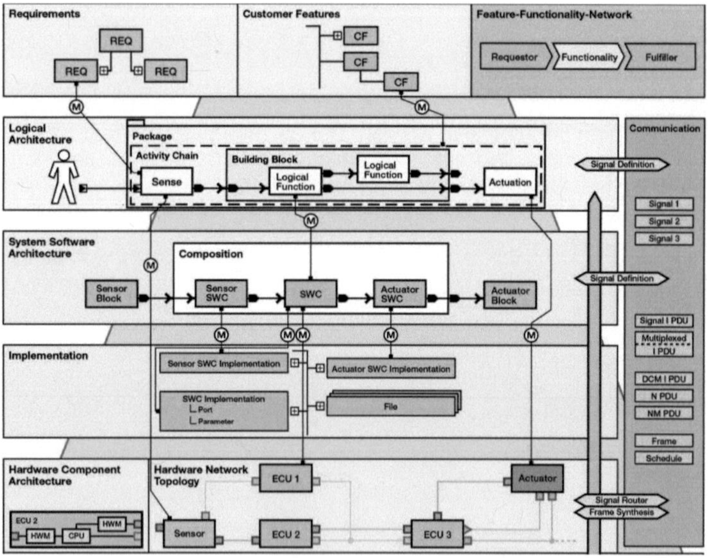

Bild 2: *Ausschnitt a. d. Ebenen-Modell von PREEvision (Requirements, Logische Architektur, System Software Architektur, Netzwerk-Topologie, Kommunikation)*

Steuergeräte-System und Diagnose-Anforderungen

Ausgehend von der Fahrzeugvernetzung wird eine steuergerätebezogene Topologiebeschreibung erstellt. Hierbei können alle dem Steuergerät zugeordneten Komponenten modelliert werden. So ist zu diesem Zeitpunkt bereits bekannt, ob es sich bei der Peripherie einer ECU (eng. Steuergerät) um einen Sensor oder um einen Aktor handelt.
Aus der Hardwarebeschreibung des Steuergerätesystems und dessen Hierarchie (Master / Slave) werden durch *PREEvision* automatisch Diagnoseanforderungen erzeugt. Abhängig von der Einstufung der Diagnosefähigkeit wird für einen diagnosefähigen Sensor mindestens ein Ereignisspeichereintrag (engl. Diagnostic Trouble Code, DTC), ein Messwert sowie Identifikationswerte als Anforderung generiert. Diese Anforderungen können bei Bedarf in *PREEvision* erweitert oder präzisiert werden. Sie stellen den Einstiegspunkt für die spätere Diagnosespezifikation dar.

Bild 3 stellt das Steuergerät „Seat Control" als Diagnose-Master mit den beiden intelligenten Slaves "Angle-Sensor" und "Seat Motor" dar.

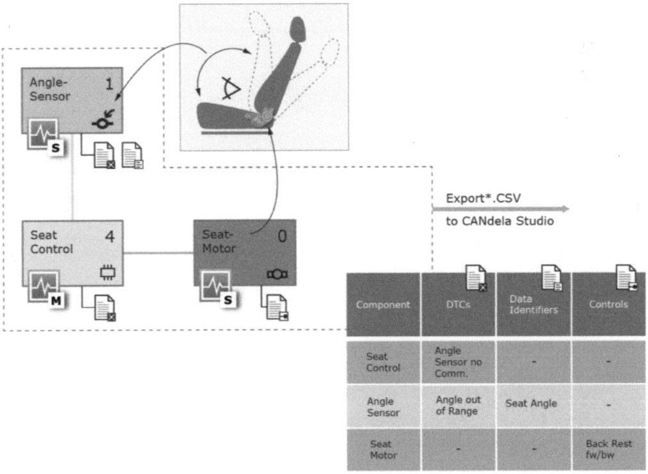

***Bild 3:** Steuergeräte-System mit Diagnose-Anforderungen*

PREEvision ermöglicht im folgenden Schritt den Export einzelner Steuergeräte-Systeme inkl. deren Diagnose-Anforderungen. Der Diagnose-Export besteht z.B. aus einem Steuergerät und dessen Peripherie bzw. Subsystemen und den generierten Diagnoseeigenschaften. Über die Requirements-Schnittstelle des Werkzeugs *CANdelaStudio* lassen sich diese Diagnoseanforderungen importieren. Die durchgängige Verwendung eindeutiger IDs (UUIDs) ermöglicht die Verfolgbarkeit und spätere Updates über diese Schnittstelle hinweg. Da zusätzliche Attribute kundenspezifisch sind, können diese frei für alle Diagnose-Anforderungen konfiguriert werden. Diese Attribute sind dann mit den im *CANdelaStudio* Template verwendeten Attributen synchron. Spezielle Eigenschaftsseiten in *PREEvision* ermöglichen einen einfachen Überblick über alle Diagnose-Anforderungen eines Steuergeräte-Systems.

Diagnose-Spezifikation

Als Werkzeug für die Spezifikation der Steuergerätediagnose ist *CANdelaStudio* als Autorenwerkzeug nahtlos in die anforderungsgetriebene Prozesskette integriert. Die aus dem Steuergeräte-System exportierten Diagnose-Anforderungen lassen sich über die Requirements-Import-Schnittstelle von *CANdelaStudio* mühelos importieren. Die Steuergeräte-Topologie wird über den Requirements-Import transportiert und ist in *CANdelaStudio* in Fahrzeugsystemgruppen abgebildet. Aus den formalen Anforderungen werden auf Knopfdruck Diagnoseobjekte (Diagnosedienste, Datenobjekte, DTCs) erzeugt, die jeweils mit der ursprünglichen Anforderung verknüpft sind. So kann der Anwender die importierten Anforderungen automatisiert abgleichen und synchronisieren, und ggf. die Spezifikation anpassen. Diese enge Verknüpfung zwischen Anforderung und Spezifikation ist in dem typischerweise iterativen Prozess sehr vorteilhaft, da Mehrfachaufwand für die Erstellung und den wiederholten Abgleich der Spezifikationsdaten vermieden wird (**Bild 4**.

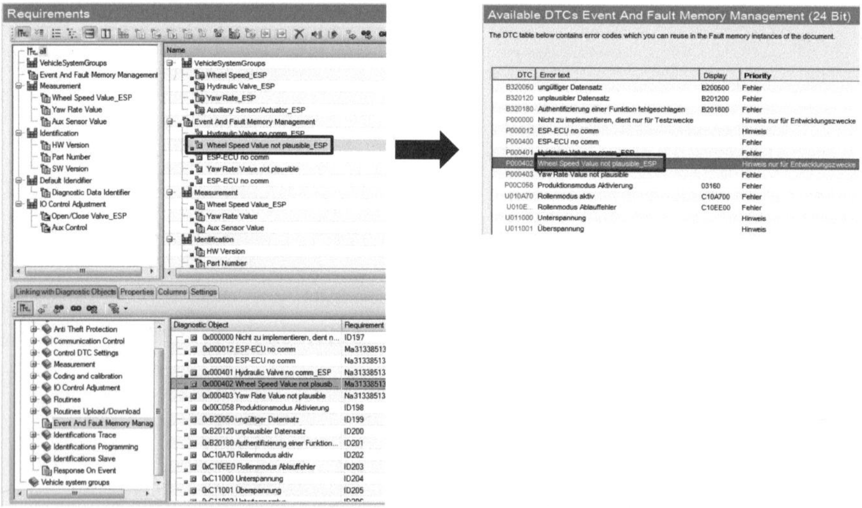

Bild 4: *Requirements Import und erzeugte Diagnose Objekte in CANdelaStudio*

Die mit CANdela Studio fertig gestellte Diagnosespezifikation ist der Input für die weitere Prozesskette. CANdelaStudio speichert die native Diagnosespezifikation im Format *.cdd, auf Knopfdruck kann auch ODX exportiert werden.

Ablauf der Datenerstellung

Um die Verknüpfung der ODX-Diagnosedaten mit den Fahrzeuginformationen herzustellen, ist ein durchgängiger Erstellprozess von Vorteil (Bild 5):

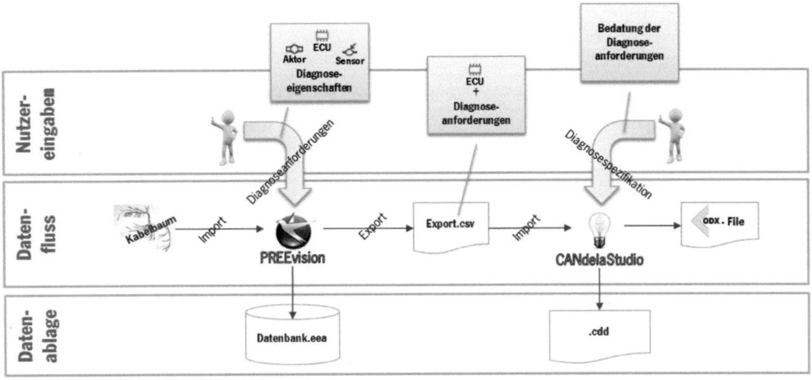

Bild 5: *Ablauf zur Datenerstellung / und –Konsolidierung*

In *PREEvision* erfolgt der Import des Kabelbaums. Hier wird die Topologie des Fahrzeuges hinterlegt und alle Steuergeräte mit Ihren Systemkomponenten (Sensoren, Aktoren) modelliert. Die Daten werden zentral in einer Datenbank gespeichert. Dieses Vorgehen ermöglicht ein paralleles Arbeiten an den hinterlegten Informationen durch verschieden Personen. Den vorhandenen Inhalten werden sowohl automatisiert als auch manuell die Diagnoseanforderungen beigefügt. Ein Export dieser Anforderungen auf Basis eines Steuergerätesystems, ermöglicht die Weiterverarbeitung im Programm *CANdelaStudio*. Hier kann die Kette fortgeführt und den Anforderungen eine Umsetzung zugeordnet werden. Als Ergebnis wird für jedes Steuergerät ein ODX-File erstellt.

Geführte Fehlersuche

Zur Nutzung im Kundendienst müssen Fehlersymptome mit Fehlersuchanleitungen verbunden werden.
Bei einem einfachen Ereignisspeichereintrag wie "Stellmotor tauschen" kann hierzu bereits die Referenzierung auf den Diagnosedienst zum Lesen der Ersatzteilenummer und die Verknüpfung des ODX-Dienstes zur Lokalisierung in Schaltplan und Fahrzeuggeometrie ausreichend sein.
Bei komplexeren Fehlerbildern ist jedoch eine Anleitung zur Fehlersuche und Fehlerbehebung erforderlich.

Die resultierende Reparaturanleitung verwendet die mit der Funktionsbeschreibung, der Steuergerätetopologie und dem Schaltplan bzw. Einbauort verknüpften Diagnosedaten (Bild 6).

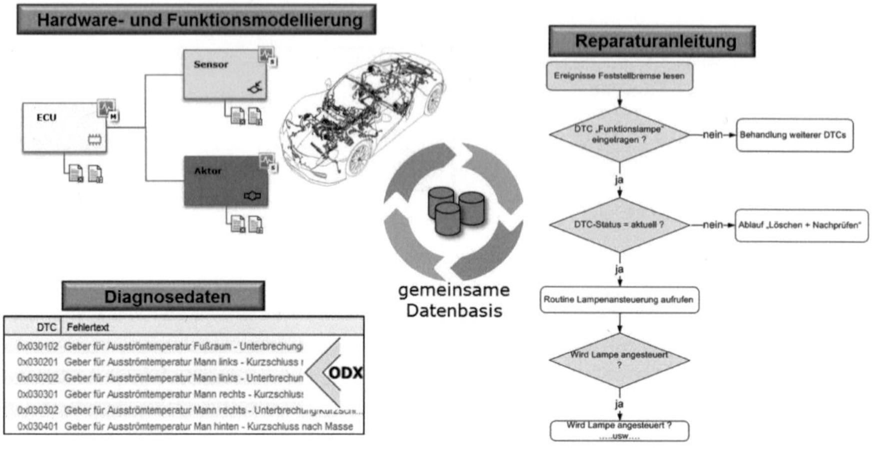

Bild 6: *Datenfusion Hardware – Funktionen – Diagnose - Reparaturanleitung*

So können Messwerte, Prüfroutinen oder Messungen am Kabelbaum eine weitere Eingrenzung der verursachenden Komponente liefern. Schlussendlich erhält der Service-Mitarbeiter den Hinweis wo die zu tauschende Komponente lokalisiert ist, wie diese zu tauschen ist und welche Teilenummer die Komponente besitzt (Bild 7).

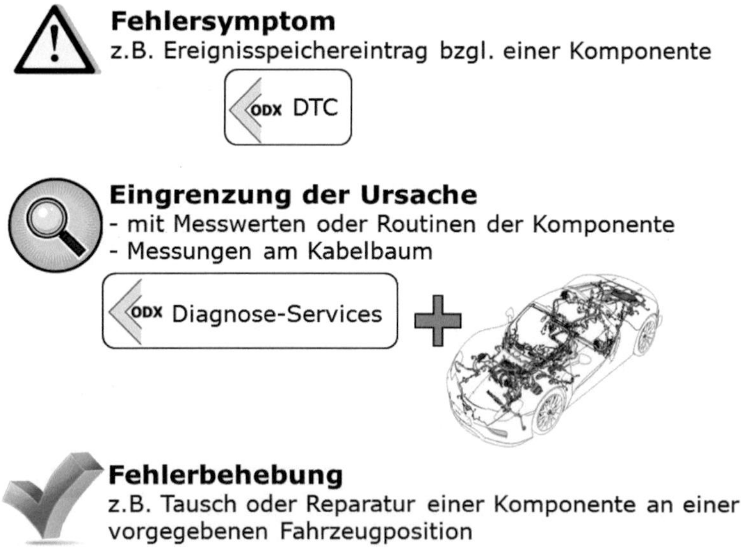

Bild 7: *Geführte Fehlersuche*

Ausblick

In Zukunft ist im Kundendienst eine noch umfassendere Nutzung der vorhandenen Informationen und eine automatisierte Fehleranalyse notwendig. Bei einer spezifischen Funktionseinschränkung kann genau bestimmt werden welche Komponenten an dieser Funktion beteiligt sind.
Mit Hilfe der Fahrzeugdiagnose und aktuell ausgelesener Diagnosesedaten können vorhandene Fehler automatisch analysiert und den verschiedenen Komponenten zugeordnet werden. Durch einen automatisierten Test der einzelnen Komponenten kann bestimmt werden, welches dieser Teile einen Defekt vorweist und getauscht bzw. repariert werden muss. Der Reparaturleitfaden kann dem Werkstattmitarbeiter direkt angezeigt und die Reparatur bzw. Tausch der Komponente sofort durchgeführt werden. Vor dem Tausch einer Komponente wird implizit überprüft, ob diese im Lager vorhanden ist oder bestellt werden muss.

Die Fehlerbehebung kann so weiter optimiert werden.

Abkürzungen

AUTOSAR	AUTomotive Open System Architecture
CAN	Controller Area Network
DID	Data Identifier
DTC	Diagnostic Trouble Code
ECU	Electronic Control Unit, Steuergerät
FIBEX	Field Bus Exchange Format
ISO	International Organization for Standardization
OBD	On-Board-Diagnosis
ODX	Open Diagnostic Data Exchange
SID	Service Identifier
SWC	Software Component
UDS	Unified Diagnostic Services
XML	Extensible Markup Language
UUID	Universally Unique Identifier

Literatur

[1] http://vector.com/vi_preevision_en.html
[2] http://vector.com/vi_candelastudio_en.html
[3] http://www.autosar.org/
[4] ODX Standard (MCD-2 D): http://www.asam.net/nc/home/asam-standards.html

12 Modellbasierte Erstellung von Diagnosewissen für E/E - Architekturen mit PREEvision

Dipl.-Ing. **Andreas Unger**, IAM GmbH, Dresden, Dipl.-Ing. **Georg Menzel,** TU Dresden, **Maik Albert**, TU Dresden, Prof. Dr.-Ing. **Bernard Bäker**, TU Dresden, Dresden

Abstract

Mechatronic vehicle architectures are characterized by a high degree of complexity due to its distributed and interconnected functions. Therefore, extensive coordination between the hardware, communications, software, and network development domains of electric and electronic architectures is required in the design process. Especially the creation of diagnosis knowledge necessitates an early and extensive coordination of the development participants. The commonly used electronically guided fault tracing based on fault tracing plans requires extensive diagnosis knowledge in the form of fault tracing instructions associated with the corresponding schematic diagrams, mounting locations, assignments of error codes to symptoms, as well as the combination to individual diagnosis software. The creation and preparation of the diagnosis knowledge needs much effort especially in regard to the variety of system variants, the market penetration with diagnosis technology, and short production cycles. The present contribution describes a method for the automated creation of vehicle specific fault tracing plans based on a vehicle model realized in PREEvision. The presented method reduces the effort needed for the creation of fault trace plans.

Kurzfassung

Mechatronische Fahrzeugarchitekturen sind aufgrund ihrer vernetzten Funktionen sehr komplex. Bei der Entwicklung sind daher umfangreiche Abstimmungen zwischen den unterschiedlichen Entwicklungsbereichen der Elektrik- und Elektronikarchitektur in den Bereichen Hardware, Kommunikation, Software und Funktionsvernetzung erforderlich. Insbesondere die Erstellung des Test- und Diagnosewissens erfordert eine frühzeitige und umfangreiche Abstimmung der beteiligten Entwicklungsbereiche. Die im Diagnosefall häufig verwendete elektronisch geführte Fehlersuche (GFS) auf Basis von Fehlersuchplänen erfordert ein umfangreiches Diagnosewissen in Form von Fehlersuchanweisungen mit den zugeordneten Schaltplänen, Verbauorten, der Zuordnung von Fehlercodes zu Symptomen sowie der Kombination mit den einzelnen Diagnoseprogrammen. Die Erstellung und Aufbereitung dieses Diagnosewissens ist sehr aufwendig, insbesondere unter den Aspekten der Variantenvielfalt, der Marktdurchdringung mit Diagnosetechnik und kurzen Produktzyklen.
Dieser Beitrag beschreibt ein Verfahren zur automatisierten Erzeugung von fahrzeugspezifischen Fehlersuchplänen auf Basis eines in PREEvision umgesetzten Fahrzeugmodells. Mit diesem Verfahren kann der Erstellungsaufwand der Fehlersuchpläne reduziert werden.

1. Einordnung und Motivation

Durch die steigende Komplexität der Funktionslandschaft in modernen Fahrzeugen ergeben sich neue Herausforderungen an die Diagnose elektronischer und mechatronischer Systeme im Fahrzeug. Diese liegen zum einen in der diagnostischen Beherrschung neuer Funktionen und Systeme. Zum anderen aber auch in der effizienten Berücksichtigung der Variantenvielfalt als Resultat neuer Strategien der Modularisierung. Darüber hinaus werden die Lebenszyklen bestimmter elektronischer Systeme zunehmend durch die kurzen Innovationszeiten im Bereich der Unterhaltungselektronik beeinflusst.

Diese Veränderungen wirken sich nicht nur auf die Erstellung der Diagnosewerkzeuge und des Diagnosewissens aus. Die zunehmende Vielfalt der Fahrzeugsysteme und –varianten führt auch zu einem steigenden Bedarf an Unterstützung in den Werkstätten. In den letzten Jahren sind viele neue Ansätze für die Diagnose mechatronischer Systeme entwickelt und exemplarisch erprobt worden. Im Folgenden werden kurz zwei Beispiele für wissensbasierte Diagnose vorgestellt. Für eine umfassendere Übersicht sei auf [1] verwiesen.

1.1 Modellbasierte Diagnose

Bei der modellbasierten Diagnose liegen der Diagnosealgorithmus, also die Beschreibung des Vorgehens bei der Fehlersuche, und das Wissen über das System getrennt vor. Der Diagnosealgorithmus wird durch generische Regeln zur Problemlösung dargestellt. Die Beschreibung des Systems liegt als Modell vor. Hierbei lassen sich verschiedene Arten von Modellen unterscheiden. Zur Entwicklung einiger Fahrzeugsysteme werden quantitative Systemmodelle verwendet. Diese werden z.B. mit Matlab/Simulink oder Dymola erstellt und können prinzipiell für die modellbasierte Diagnose verwendet werden. Darüber hinaus gibt es noch qualitative Systemmodelle und nichtparametrische Signalmodelle, die speziell für Fehlererkennung und Diagnose erstellt werden. Mit Hilfe der modellbasierten Diagnose lassen sich prinzipiell alle Fehler finden, deren Fehlerursachen im Modell beschrieben sind. Allerdings schränken die in allen Modellen enthaltenen Abstraktionen und Vereinfachungen die Leistungsfähigkeit der modellbasierten Diagnose ein.

Ein Vorteil der modellbasierten Diagnose liegt in der Beschreibung von Systemvarianten, da hier Teilmodelle gekoppelt werden können um Varianten zu beschreiben. Dies ermöglicht ein automatisiertes Variantenmanagement.
Ein Nachteil der modellbasierten Diagnose liegt in der Inhomogenität der verfügbaren Modelle. Die zur Systementwicklung verwendeten Modelle unterscheiden sich je nach System in ihrer Modellierungstiefe und in den verwendeten Sprachen und Werkzeugen. Dadurch wird eine geschlosse Beschreibung des Gesamtfahrzeugs in einem Modell erschwert.

Die modellbasierte Diagnose bietet für Fahrzeugsysteme, bei deren Entwicklung schon entsprechende Modelle eingesetzt werden, eine vielversprechende Option. Aufgrund der zusätzlichen Aufwände bei der Anwendung auf das Gesamtfahrzeug, hat sich die modellbasierte Diagnose im Bereich der Offboarddiagnose noch nicht durchgesetzt.

1.2 Diagnose mit Fehlersuchplänen

Die Diagnose mit Fehlersuchplänen ist als geführte Fehlersuche heute bei vielen Fahrzeugherstellern im Einsatz. Die Fehlersuchpläne enthalten dabei sowohl den Diagnosealgorithmus als auch das Systemwissen in aufbereiteter Form und werden von Diagnoseautoren als ausführbare Programme für Offboarddiagnosesysteme erstellt. Als Kriterium für die Auswahl eines bestimmten Fehlersuchplans wird ein konkretes Symptom, z.B. ein Ereignisspeichereintrag in einem Steuergerät, verwendet.

Es müssen für alle Fahrzeugsysteme Fehlersuchpläne erstellt werden. Um die Variantenvielfalt abdecken zu können, werden Fehlersuchpläne erstellt, die für mehrere Systemvarianten geeignet sind. Diese verallgemeinerten Pläne reduzieren zwar den Aufwand zur Erstellung des Diagnosewissen, sind aber bei der Fehlersuche suboptimal. Sie enthalten häufig Prüfschritte die für die aktuelle Systemvariante nicht notwendig sind oder weisen nicht die gewünschte Granularität auf.

Für die Erstellung der Fehlersuchpläne benötigt der Diagnoseentwickler verschiedene Informationen über das Fahrzeugsystem. Diese erhält er aus Systemunterlagen die entwicklungsbegleitend erstellt werden. Das sind unter anderem Schaltpläne, Funktionsbeschreibungen, DTC-Kataloge, Verbauinformationen und Kommunikationsbeschreibungen. Diese Unterlagen liegen meistens in elektronischer Form als Word, Excel, PowerPoint, Visio, PDF oder CAD/CAE Dateien vor und enthalten die für den Diagnoseentwickler relevanten Informationen zumeist in nicht formalisierter, nicht maschinenauswertbarer Form.

Der Diagnoseentwickler wird bei der Informationsbeschaffung teilweise durch Dokumentenmanagementsysteme unterstützt. Diese bieten ihm allerdings keine Unterstützung bei der inhaltlichen Gestaltung der Fehlersuchpläne. Die Qualität der in den Fehlersuchplänen verwendeten Diagnosestrategien hängt daher stark von der Erfahrung des Diagnoseentwicklers, sowie der Zusammenarbeit mit Funktions- und Systementwicklern ab. Da diese aber insbesondere bei vernetzten und verteilten Funktionen aufgrund der Komplexität schwierig sein kann, ist es eine besondere Herausforderung für derartige Systeme vollständige und konsistente Fehlersuchpläne manuell zu erstellen. Zur Diagnose eines Fehlers in der Werkstatt wird der Fehlersuchplan abgearbeitet. Hierbei wird ein Prüfschritt nach dem anderen ausgeführt. Die Prüfschritte enthalten neben den konkreten Arbeitsanweisungen auch technische Unterlagen (Schaltpläne, geometrische Verbauinformationen) sowie Hinweise zu Messgeräten und Messverfahren.

Der Vorteil der Fehlersuchpläne liegt in der Verwendbarkeit für das Gesamtfahrzeug und in der guten Reproduzierbarkeit der Ergebnisse. Das ermöglicht die Integration der Diagnose in Freigabeprozesse und die Festlegung von Kostensätzen für Garantie- und Kulanzleistungen. Darüber hinaus vereinfacht es die Fehleranalysen in der Entwicklung aufgrund der hohen Vergleichbarkeit der Ergebnisse. Der große Nachteil ist der Aufwand für die Erstellung und Pflege der Fehlersuchpläne. Insbesondere unter der Maßgabe der richtigen Balance zwischen Diagnosekosten, Diagnosetiefe und Entwicklungsaufwand bei immer kürzeren Produktzyklen, steigender Variantenvielfalt, und einer immer größeren Anzahl von fahrzeugweit vernetzten Funktionen ist eine maschinelle Unterstützung bei der Erstellung von Fehlersuchplänen erforderlich.

Das ermöglicht die Absicherung der Konsistenz sowie die schnelle Aktualisierung der Fehlersuchpläne bei Änderungen der Fahrzeugsysteme.

Im Folgenden wird ein modellbasierter Ansatz zur automatisierten Erstellung der Entscheidungsbäume vorgestellt der die aufgeführten Nachteile reduziert und die Nutzung von Fehlersuchplänen durch Aufwandsreduzierung und Konsistenzsicherung auch in zukünftigen hochkomplexen Systemen ermöglicht.

2. Ansatz und Konzept

Die bisherige Vorgehensweise zur Erstellung von Fehlersuchplänen (FSP) wurde im vorherigen Abschnitt mit den Vor- und Nachteilen sowie der sich daraus ergebenden Notwendigkeit für einen modellbasierten und automatisierten Ansatz zur Erzeugung des Diagnosewissens thematisiert. Insbesondere muss der Diagnoseentwickler dabei auf eine Vielzahl von Informationen zurückgreifen die im Laufe der Entwicklung eines Fahrzeugs erstellt werden. Das Diagnosewissen wird aktuell im Produktentstehungsprozess nach und nach erarbeitet.

2.1 Einordnung im Produktentstehungsprozess

Der Produktentstehungsprozess (PEP) eines Fahrzeugs wird allgemein in Entwicklung, Vorserie und Produktion unterteilt. Die Bereiche Fahrzeugsystem, Eigendiagnose und Offboarddiagnose sind jeweils nach dem V-Modells strukturiert. (vgl. Bild 1) Typischerweise treten während der Entwicklung in den Bereichen Überschneidungen auf.

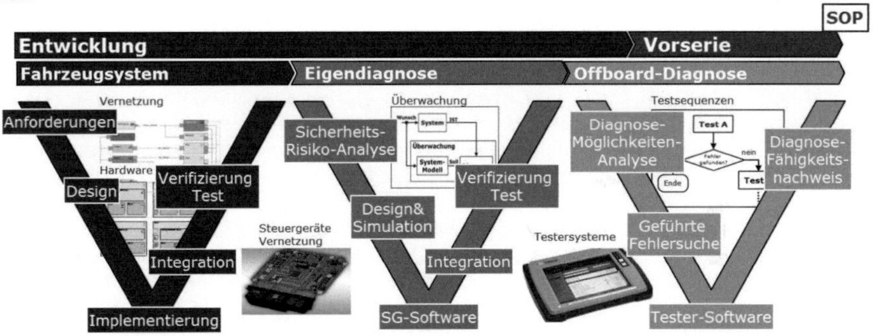

Bild 1: *Einordnung GFS-Erstellung im PEP (vereinfacht), in Anlehnung an [2]*

Anhand des PEP wird deutlich, dass die Entwicklung der Fehlersuchpläne (FSP) auf Grund der Abhängigkeit vom Reifegrad der Gesamtentwicklung eine große Herausforderung für den Diagnoseentwickler ist. Änderungen an der E/E-Architektur oder der Steuergerätesoftware können umfangreiche Auswirkungen auf die Diagnose und somit auf die Diagnoseentwicklung haben. Umgekehrt kann der Diagnoseentwickler Anpassungsbedarf hinsichtlich der Festlegung der tauschbaren Einheiten oder der Eigendiagnose sehen, was wiederum Auswirkungen auf die E/E-Architekturentwicklung und Steuergerätesoftware hat. Jede Änderung muss dabei aufwendig hinsichtlich der Einflüsse auf andere vernetzte Systembereiche sowie Konsistenz und Vollständigkeit geprüft werden. Gleiches gilt für die FSPs. Das bedeutet eine Anpassung der FSPs an Änderungen der Systeme ist mit großem Aufwand verbunden. Das trifft insbesondere bei hochgradig vernetzten Fahrzeugsystemen zu.

Daher muss ein Tool, dass für die modellbasierte Erzeugung von Diagnosewissen in Form von FSPs verwendet werden soll, eine Vielzahl von Anforderungen erfüllen. Es muss neben einer durchgängigen prozessbegleitenden Modellierung der Fahrzeug-EE-Systeme (vgl. Abschnitt 2.2) die Möglichkeit besitzen auftretende Inkonsistenzen auf Grund von Änderungen innerhalb der verschiedenen Ebenen und Entwicklungsbereiche des PEP darzustellen. Dazu gehört gleichermaßen der Informationsaustausch mit allen betroffenen Entwicklern, wenn ein relevanter Parameter einer E/E-Architektur geändert wird. Idealerweise sollten dabei alle FSPs der Diagnose ebenfalls automatisch aktualisiert werden können.

2.2 Anforderung Fahrzeugmodell

Grundlage der modellbasierten (automatischen) Erzeugung von FSPs ist ein durchgängiges Fahrzeugmodell. Für die Erfüllung der genannten Anforderungen muss das Fahrzeugmodell alle diagnoserelevanten Daten enthalten. Das sind EE-Architekturbestandteile wie Funktionen, Komponenten und Systeme und deren Verbauinformationen.

Mit dem Begriff Komponenten werden im folgenden Kabel, Stecker, Pins, Steuergeräte, Aktorik und Sensorik bezeichnet. Weiterhin sind Informationen zu Funktionszusammenhängen und Kommunikationsdaten der Fahrzeugsysteme sowie zu deren unterschiedlichen Varianten erforderlich. Des Weiteren sind zu den E/E-Architekturbestandteilen zugeordnete DTCs, Messwerte, Symptome und Fehlerursachen sowie deren kausale Abhängigkeiten untereinander im Modell notwendig. Die Zuordnung erfolgt auf Basis von FMEA und Diagnosemöglichkeitenanalyse (DMA) und ist zentraler Bestandteil für die Erzeugung von Diagnosewissen in Form von FSPs. Diese Informationen müssen während des PEP durch die Diagnoseentwickler in das Fahrzeugmodell eingepflegt werden (Bild 2).

Dabei ist es erforderlich die entsprechenden Einstiegspunkte in den Fehlersuchbäumen zu identifizieren und mit ergänzenden Informationen, beispielsweise Mess- und Prüfvorgaben sowie Reparaturanweisungen zu verknüpfen. Des Weiteren ist das präferierte Tauschkonzept bzgl. kleinster tauschbarer Einheit (KTE) zu beachten. Die frühzeitige Festlegung der KTE ist essentiell für die Struktur der FSPs, da dies die Granularität der Prüfschritte beeinflusst. Werden diese Voraussetzungen erfüllt, können mit Analysealgorithmen die FSPs automatisch mit geringem Aufwand und in gleichbleibend hoher Qualität aus dem Modell generiert werden.

2.3 Anforderung Algorithmus - Modellbasierte Erzeugung Fehlersuchpläne

Für die Erzeugung der FSPs aus dem Modell müssen die diagnostischen Zusammenhänge entsprechend der generischen Prüfpläne aus dem Fahrzeugmodell extrahiert und verknüpft werden. Dies kann in mehreren Schritten durch Algorithmen erfolgen. Als Einstiegspunkte in die Suchbäume werden DTCs und Symptome verwendet. Diese müssen mit allen zughörigen Abhängigkeiten innerhalb des Modells identifiziert, analysiert und beschrieben werden, bevor einzelne Testschritte und

Prüfabläufe ausgeben werden. Bild 2 verdeutlicht den Ablauf der FSP Erzeugung aus dem Modell.

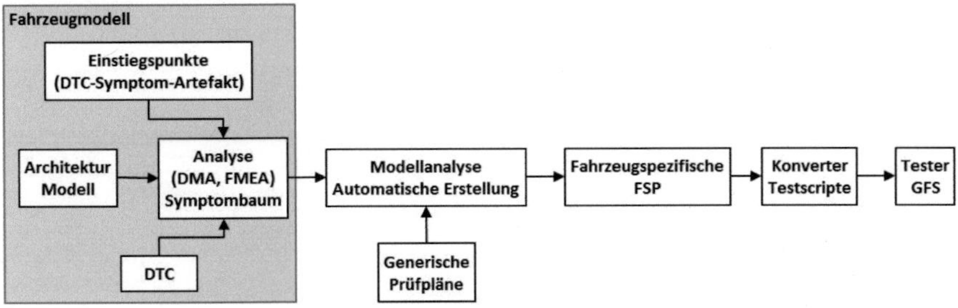

Bild 2: *Ablaufkonzept der modellbasierten FSP Erzeugung*

Die einzelnen Testschritte werden danach mit weiteren Algorithmen zu den FSPs kombiniert und ergeben mit den Verbauinformationen und Messanweisungen die Prüfschritte innerhalb der FSPs. Die aus einem Fahrzeugmodell automatisch erzeugten FSPs sind als geführte Fehlersuchanweisung (GFS) bzw. Reparaturleitfaden nutzbar.

3. Umsetzung

Im Folgenden wird der in Abschnitt 2 erörterte Ansatz zur automatisierten FSP-Erstellung aus einen Fahrzeugmodell anhand ausgewählter Teilsysteme eines am Lehrstuhl Fahrzeugmechatronik erstellten Fahrzeugmodells vorgestellt. Hierzu wurde ein am Lehrstuhl entwickeltes hybrides Modellfahrzeug (1:5) modelliert. Die Struktur des Modells ist einem realen Fahrzeug nachempfunden. Die beispielhafte Umsetzung beschränkt sich auf die Fehlersuche im Stromlaufplan. Erweiterungspotentiale werden in Abschnitt 4 aufgezeigt.

3.1 Modellierungswerkzeug

Als Tool wird das Modellierungswerkzeug PREEvision der Firma Vectorinformatik verwendet. Die Analysealgorithmen zur Erzeugung der FSPs aus dem Modell heraus wurden in Java umgesetzt. PREEvision unterstützt den linken Teil des V-Modells. Es ist eines der wenigen Entwicklerwerkzeuge, das den kompletten Systementwurfsprozess beginnend mit den Anforderungen bis hin zum Feinentwurf begleitet.

Die Grundstruktur des Systems lässt sich in Form eines gekoppelten Ebenenmodells beschreiben. [3] Jede Ebene stellt die zur Beschreibung eines spezifischen Entwicklungs- bzw. Wissensgebietes notwendigen Funktionalitäten bereit. Dafür ist ein festdefiniertes Meta-Modell pro Ebene hinterlegt. Dieses ist durch Meta-Klassen und deren vorgeschriebene Schnittstellen untereinander charakterisiert.

Die systembeschreibenden Modellartefakte werden aus diesen Meta-Klassen instanziiert und können mit zusätzlichen Eigenschaften hinterlegt werden. Durch festgeschriebene Verknüpfungsstellen zwischen den Elementen unterschiedlicher Ebenen, werden die einzelnen Domänen miteinander verbunden. Zu den Ebenen gehören

Anforderungen, Funktionsnetzwerke, Logische Architektur, Softwarearchitektur, Komponenten-, Netzwerktopologie, Elektrische Verschaltung, Verkabelungspläne, geometrische Topologien, Kommunikation und Variantenhandling. Jede Ebene bietet hierfür anwendungsspezifische Editoren.

3.2 Durchgängiges Modell – Beispielfahrzeug

Die Systemstruktur des hybriden Modellfahrzeugs ist aktuellen Fahrzeugen nachempfunden. Daher können die Ergebnisse der modellbasierten FSP Erstellung auf reale Fahrzeugarchitekturen übertragen werden. Das Fahrzeug verfügt über ein Mehrspannungsbordnetz, untereinander per CAN vernetzte ECUs für Steuerungsaufgaben und übergeordnete Betriebsstrategien, zugehörige Sensorik und Aktorik, fahrzeugtypische Funktionen sowie Diagnose- und Fehlererkennungsmechanismen (vgl. Bild 3).

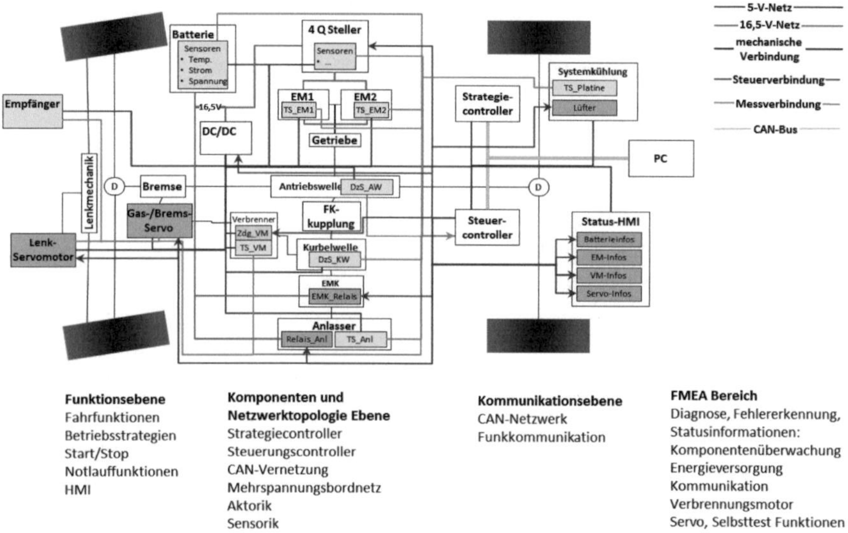

Bild 3: *Systemstruktur Modellhybrid-Fahrzeug*

3.3 Variantenhandling und Tauschkonzept

Von essentieller Bedeutung für die Erstellung der geführten Fehlersuche ist das hinterlegte Tauschkonzept für den Reparaturfall. Physikalisch zusammenhängende Bauteile oder Baugruppen werden hierbei in KTEs zusammengefasst. PREEvision unterstützt diese Art der Separierung. Hierbei werden externe und interne Stromführung unterschieden (vgl. Bild 4 unten rechts). Für die Erstellung der Fehlersuchanleitungen im Stromlaufplan stellt diese Kaskadierung ein probates Mittel dar, um die Automatisierung der Prüfsequenzen nur auf die Tauscheinheiten zu beziehen, ohne dass die internen Strukturen verloren gehen.

Das Tauschkonzept hat dabei wesentlichen Einfluss auf den Diagnoseumfang. Eine detaillierte Auflösung hat zwar eine hohe Diagnosetiefe zu Folge, führt aber zu einer unverhältnismäßig großen Anzahl von Prüfschritten [4]. Bild 4 stellt ein Beispiel zu zwei Auslegungsvarianten einer KTE dar.

Während für den Lenkservo-Stromkreis nach Variante eins Schalter und Lenkservo als getrennte Bauteile in unterschiedlichen Einbauorten realisiert wurden, kommt in Variante zwei ein intelligenter Lenkservo mit integrierter Abschaltung zum Einsatz. Vergleichbar ist dies mit diversen Ausstattungsvarianten von Fahrzeugen (Basis, Comfort oder Premium). Für beide Varianten ergeben sich im Fehlerfall Stromkreisunterbrechung unterschiedliche Fehlerkandidaten (Vgl. KTEs Bild 4 links) und somit unterschiedliche Prüfsequenzen (VAR1 max. 7 Prüfschritte rechts - und VAR2 max. 5 Prüfschritte).

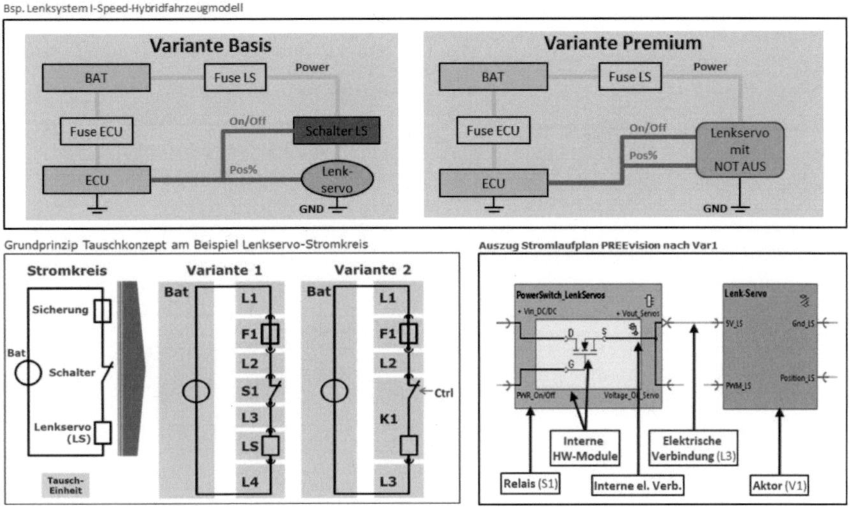

Bild 4: *Tauschkonzept - interne und externe Beschaltung*

Das einfache Beispiel zeigt die Bedeutung der variantenspezifischen Separierung hinsichtlich der Granularität der Fehlersuchbäume und somit der GFS. Durch die Unterstützung von flexibler Separierung der KTEs durch PREEvision können auch die Granularitäten der automatisch aus dem Modell erzeugten Fehlersuchpläne an die marktspezifischen Besonderheiten der Werkstätten hinsichtlich Tausch und Reparaturfähigkeit flexibel und automatisch angepasst werden.

Die bisherigen aufwendigen Prozesse für die Länder- und variantenspezifischen Anpassungen der FSPs würden mit dem Ansatz durch Automatisierung stark vereinfacht werden. Im folgenden Abschnitt wird die Modellierungsumsetzung kurz dargelegt.

3.4 Modellbildung

Die in Bild 3 dargestellte Fahrzeugsystemstruktur wurde in PREEvision nach den in Abschnitt 2 dargelegten Anforderungen modelliert. Hierzu wurden u.a. die Komponenten- und Netzwerktopologie, die elektrische Verschaltung mit Verkabelungsplänen, die geometrischen Topologien sowie die Ebenen übergreifenden Verknüpfungen aller im Modell enthaltenen Architekturartefakte umgesetzt. Weiterhin umfasst das erstellte PREEvision-Modell die Funktionszusammenhänge in der logischen Ebene sowie die Software- und Kommunikationsbestandteile.

Somit ist das beschriebene Fahrzeug von den Funktionen über die Softwarestruktur, die Hardwarekomponenten bis auf PIN–Ebene mit den zugehörigen Verkabelungs- und Schaltplänen sowie den geometrischen Verbauinformationen als Modell mit allen systemrelevanten Abhängigkeiten und Verknüpfungen abgebildet. Die folgende Abbildung gibt einen Auszug der verschiedenen Systemmodelle der unterschiedlichen Ebenen wieder.

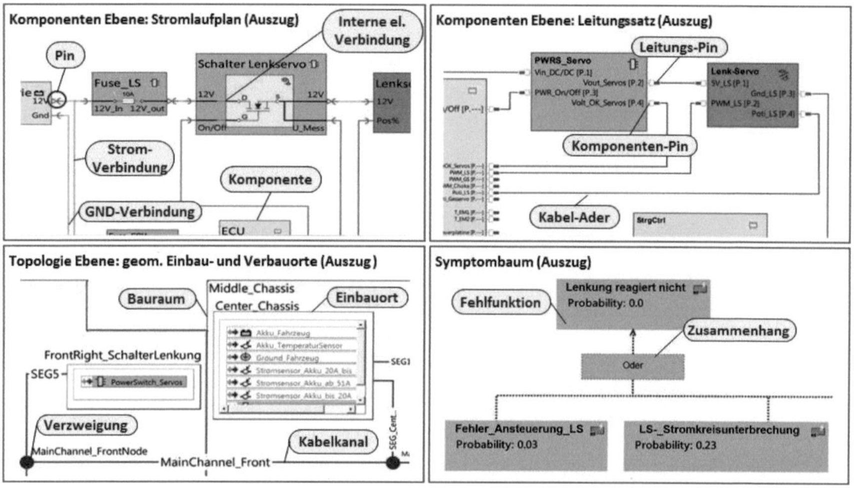

Bild 5: *Auszug Systemmodelle des modellierten Fahrzeugs*

Für den neuen Ansatz wurden die diagnoserelevanten Informationen in der Analyse-Ebene von PREEvision modelliert sowie die EE-Artefakte um weitere Eigenschaften ergänzt. Weiterhin wurden die DTC-Informationen, Symptome sowie zusätzliche Prüfinformationen wie Mess- und Toleranzwerte elektrischer Größen für die jeweiligen E/E-Architekturartefakte in das Modell eingepflegt und mit den entsprechenden Modellartefakten verknüpft. Zur Anwendung kamen hier u.a. wiederum die FMEA Funktionalitäten von PREEvision. Bild 6 verdeutlicht auszugsweise die Herangehensweise bei der Modellierung und Informationsverknüpfung für den neuen Ansatz zur Generierung der FSPs.

Das Ergebnis ist ein durchgängiges Modell des Fahrzeugs mit den erforderlichen diagnoserelevanten Informationen. Dieses bildet die Basis für das Konzept der modellbasierten, automatisierten FSP Erzeugung.

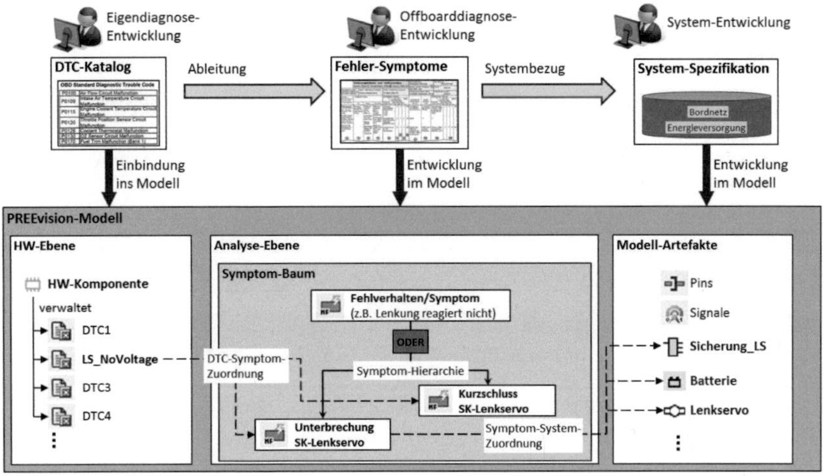

Bild 6: *Prozess der FMEA und DMA bei der Modellierung (Auszug)*

Für die Erzeugung der FSPs sind weiterhin Variantenpropagations-, Modellabfrage- und Konsistenzregeln sowie spezielle FSP-Metriken erforderlich. Diese Javabasierten Metriken greifen auf das Modell zu und erzeugen anwendungsspezifische Informationen daraus, in diesem Fall die FSPs.

3.5 Struktur und Funktion – Algorithmus FSP Erzeugung

Die automatisierte FSP-Erstellung aus einem PREEvision-Modell setzt sich aus den Teilmodulen *Varianten-Auswahl*, *Symptom-Suche*, *Symptom-Analyse*, *Fehlerkandidaten-Bestimmung* und *Prüfsequenz-Generierung* zusammen (Bild 7). Diese Module wurden in Java umgesetzt und stellen die Kernelemente des gesamten Modellanalysealgorithmus dar. Im Folgenden werden die einzelnen Module erläutert.

Das Modul *Varianten-Auswahl* sorgt dafür, dass die Prüfsequenzen für jede enthaltene Variante gesondert erstellt werden. Anschließend verarbeitet das *Modul Symptom-Suche* iterativ alle Fehlercodes aus dem Modell und bestimmt deren zugeordnete Symptome. Die Aufgabe der *Symptom-Analyse*, besteht darin die enthaltene Fehlerart auszulesen und den hinterlegten Systembezug auf das entsprechende Teilsystem zu bestimmen. Mit dem Systembezug und der Fehlerart beginnt die *Fehlerkandidaten-Bestimmung* nun alle in Frage kommenden Tausch-Einheiten aus dem Modell zu ermitteln. Zum Abschluss generiert der *Prüfsequenzgenerator* in Abhängigkeit der Fehlerart für die übergebenen Fehlerkandidaten eine gerichtete Sequenz aus Prüfschritten und Fehlerursachen-Ausgabe. Jeder Prüfschritt ist hierbei durch eine Anweisung mit hinterlegter Auswertung charakterisiert.

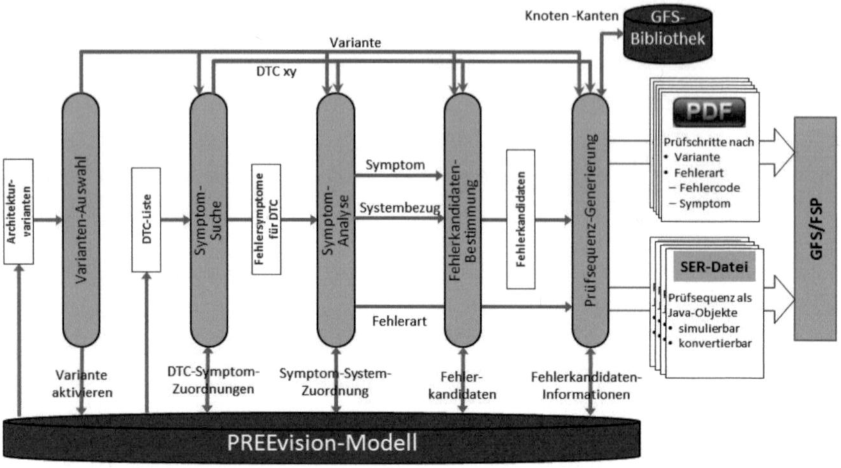

Bild 7: *Struktur automatisierte GFS Erzeugung aus dem PREEvision-Modell*

In Abhängigkeit der Auswertung wird auf einen Folgeschritt verwiesen. Die benötigten Informationen der Fehlerkandidaten zu Einbauort, elektrischen Eigenschaften, Steckerbelegungen und weiteren Elementen lädt der Prüfsequenzgenerator direkt aus dem PREEvision-Modell und hinterlegt diese im jeweiligen Prüfschritt.

Als Rahmen der Prüfschritte dient das in den generischen Prüfplänen hinterlegte Knoten-Kanten-Prinzip. In Anlehnung an das OTX-Datenmodell nach ISO 13209-2 [5] repräsentieren Knoten jeweils einen Aktivitätsknoten und Kanten Ein- bzw Ausgabe-Parameter der Aktivität. Wurde die Prüfsequenz erzeugt, übernimmt eine erstellte Exportfunktion das Extrahieren. Die automatisierte FSP-Erstellung wiederholt sich solange bis alle Prüfsequenzen gesondert von der Fahrzeugvariante für jeden Fehlerspeichercode erzeugt wurden.

Als Speicherformate sind derzeit PDF-Dateien und SER-Dateien (serialisierbare Java-Dateien) realisiert. Die PDF-Dokumente können als ausdruckbare Anweisungsliste den Werkstatttechniker bei der Fehlersuche unterstützen. SER-Dateien enthalten die Prüfstruktur als Java-Objekte und können jederzeit durch eine Java-Oberfläche aufgerufen werden (vgl. Abschnitt 4.1).

Die Prüfsequenzen werden aktuell über eine Nutzeroberfläche visualisiert (Bild 9). Damit ist eine Simulations- und Testumgebung mit Benutzereingaben außerhalb des PREEvision-Programms verfügbar. Des Weiteren ermöglicht das Dateiformat eine Rekonstruktion der Prüfstruktur und kann somit als Austauschformat oder als Basis für eine Konvertierung in standardisierte Austauschformate dienen. Der Aufbau eines Testschritts der erzeugten FSPs wird im folgenden Abschnitt an einem Beispiel veranschaulicht.

4 Ergebnis und Potentiale

4.1 Beispiel Prüfschritt des modellbasiert erzeugten FSPs

Aufbauend auf der beschriebenen Funktionsweise der automatisierten FSP Erzeugung, wird im Folgenden der Aufbau eines generierten Prüfschrittes „Spannungsprüfung" für den Fehlerfall „Stromkreisunterbrechung im Lenkservostromkreis" beschrieben. Als Beschreibungsgrundlage dient zur besseren Verdeutlichung ein Ausschnitt des Stromlauplanes unter Berücksichtigung des Tauschkonzeptes und die Darstellung des zugehörigen Fehlersuchbaumes (Bild 8) sowie das Konzept der bereits erwähnten grafischen Visualisierung (Bild 9), welche auf den hinterlegten Fehlersuchplänen aufbaut.

In Bild 8 ist auf der linken Seite der Ausschnitt der Systemstruktur (Komponentenebene PREEvision) in Form eines Stromlaufplans sowie auf der rechten Seite der zugehörige generische Fehlersuchbaum für ein ausgewähltes Symptom dargestellt. Die Prüfschritte sind den entsprechenden Teilkomponenten, an denen die Messungen zur Beurteilung vorgenommen werden müssen, zugeordnet.

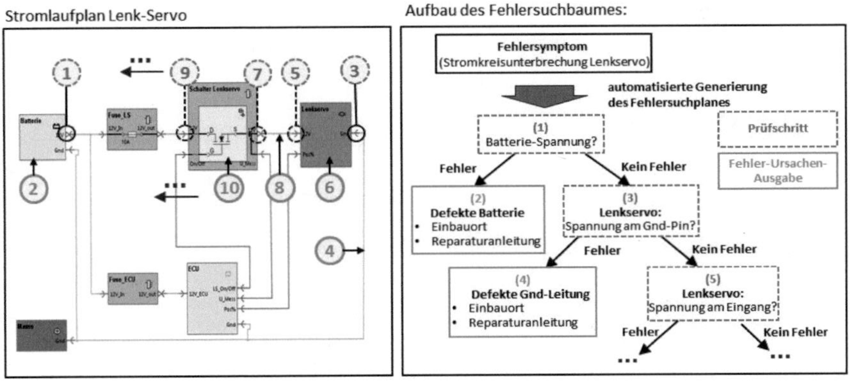

Bild 8: *Auszug Stromlaufplan und Fehlersuchbaum für Fehlersymptom „Stromkreisunterbrechung Lenkservostromkreis*

Mittels der nach diesem Prinzip hinterlegten Fehlersuchbäume wird der Anwender durch die Prüfschritte einer grafischen GUI (Bild 9) geführt. Die Kopfzeile enthält Informationen zum bearbeiteten Fehlercode, die Knoten-ID im Fehlersuchbaum (vgl. auch Bild 8, rechts), die Prüfart (Spannungsprüfung) und eine konkrete Anweisung für den Diagnoseanwender bzw. Werkstattechniker. Im unteren Bereich stehen zur Bewältigung der Mess- und Prüfaufgaben ein Stromlaufplan (unten links) sowie ein Topologie-Plan (unten rechts) als Grafiken - generiert aus PREEvision - bereit. Oberhalb der Diagramme werden dem Diagnoseanwender die entsprechenden Prüfinformationen textuell bereitgestellt. Die Informationen teilen sich in vier Bereiche auf.

Im linken Teil werden Messpunkte vorgegeben. Dazu gehören die zu prüfende Komponente, der Komponenten-Stecker sowie der Pin mit entsprechender Nummerierung. Der zweite Bereich enthält die zulässigen Betriebsspannungen für den Messpunkt. Des Weiteren ist dort die Messwert-Eingabe realisiert. In den ausführbaren SER-Dateien kann hier der gemessene Spannungswert eingegeben werden. Für die Eingabe des Messwertes wird die hinterlegte physikalische Einheit der Betriebsspannungen vorausgesetzt. Ergänzend werden dem Anwender Auszüge des Stromlaufplans mit den entsprechenden Messstellen gezeigt.

Der Bauraum und der Einbauort der zu prüfenden Komponente sind im Block Geometrieplan-Topologie Ebene dargestellt. Dieser wurde hierbei als das geeignete Mittel zur Visualisierung angesehen. Erweiterungen mit Fotos oder CAD Darstellungen sind hier denkbar und als Zusatzinformation im Modell integrierbar.

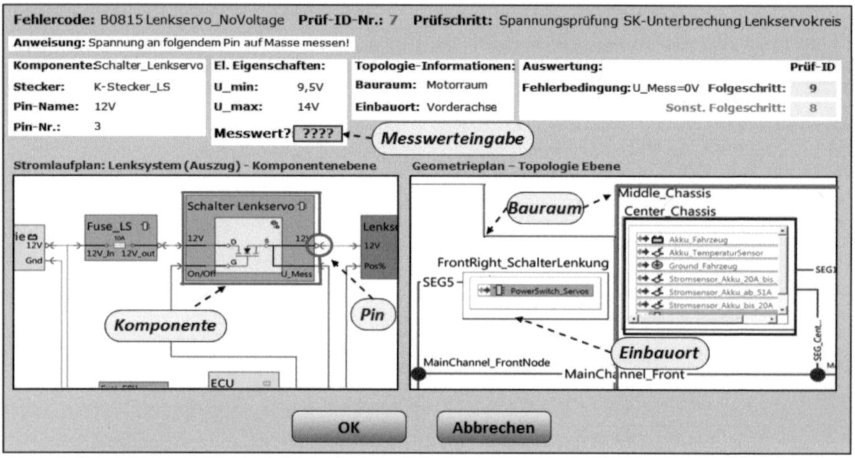

***Bild 9:** Aufbau eines Prüfschrittes für den Fall Spannungsprüfung*

Die Auswertung des Prüfschritts enthält die Auswertelogik, nach welcher der darauf folgende Prüfschritt, abhängig vom eingegebenen Messergebnis eingeleitet wird.
Für das illustrierte Beispiel bedeutet dies, misst der Service-Techniker an dem vorgegebenen Messpunkt 7 keine Spannung, liegt die Stromkreisunterbrechung in den vorgelagerten Tauscheinheiten (Leitungen oder Komponenten). In dem Fall würde ein weiterer Prüfschritt erfolgen. (vergleiche rot dargestellten Folgeschritt 9 im Bild 8 & Bild 9 – Nummerierung der Knoten des Fehlersuchbaums). Ist der gemessene Spannungswert innerhalb des zulässigen Toleranzbereiches, muss sich der Fehler in der nachgelagerten Tausch-Einheit des Stromkreises befinden. Es folgt der grün markierte Prüfschritt 8. In diesem Fall würde ein Auswerteschritt mit einer entsprechenden Reparaturanleitung folgen.

Durch die iterative Prüfung beginnend am GND PIN bis zur Sicherung, können nacheinander die Tausch-Einheiten hinter den Messpunkten als Fehlerkandidaten ausgeschlossen werden. Im Fall einer Fehlererkennung am Messpunkt kann somit nur die nachgelagerte Tauscheinheit für die Stromkreisunterbrechung verantwortlich sein. Anhand dieser Darstellung wird deutlich dass ein Fehlersuchbaum zur systematischen Fehlereingrenzung hinterlegt ist.

4.2 Nutzung standardisierter Austauschformate

Bei der beispielhaften Umsetzung des beschriebenen Algorithmus zur modellbasierten Erzeugung von Fehlersuchplänen werden PDF-Dokumente erstellt. Darüber hinaus werden die Informationen als serialisierte Javaobjekte gespeichert (SER Dateien). Diese ermöglichen eine Demonstration der Funktionsweise. In der aktuellen Ausbaustufe wurde die Erzeugung von OTX Dateien nicht implementiert. Der Aufbau der FSP orientiert sich aber an den Vorgaben der OTX Spezifikation, so dass eine entsprechende Erweiterung möglich ist.

4.3 Optimierung der Fehlersuchpläne

Durch die modellbasierte Generierung der Fehlersuchpläne auf Basis generischer Prüfpläne bietet sich die Möglichkeit zur Optimierung der Fehlersuchpläne, die Gegenstand weiterführender Forschungen sein wird. Die Optimierung kann hierbei grundsätzlich an zwei Punkten ansetzen.

4.3.1 Reihenfolge der Prüfschritte

Die Reihenfolge der Prüfschritte wird durch den Algorithmus zur Generierung des Fehlersuchplans festgelegt. Hierbei werden die Informationen des Modells und des generischen Prüfplans verknüpft. Ein einfacher Algorithmus kann z.B. für eine Leitungsprüfung an einem Ende der Leitung anfangen und nacheinander Steckverbindungen, Schalter, Sicherungen, etc. prüfen bis er am anderen Ende angekommen ist. Dieses Vorgehen lässt sich unter Einbeziehung zusätzlicher Informationen optimieren.

Ein mögliches Ziel der Optimierung wäre die Minimierung der mittleren Fehlersuchzeit. Hierzu könnten die Komponenten mit der höchsten Ausfallwahrscheinlichkeit, bzw. Ausfallhäufigkeit, zuerst geprüft werden. Ein weiteres Ziel wäre die Minimierung von Kostenrisiken bei der Fehlersuche, z.B. indem schwer zugängliche Komponenten hinter hochwertigen Verkleidungsteilen im Innenraum zuletzt geprüft werden. Außerdem wäre auch eine Minimierung der Kosten möglich. Die Kosten können, je nach gewünschter Granularität, auf Basis der für einen Prüfschritt notwendigen Arbeitszeit, der Lohnkosten sowie der notwendigen Werkzeuge geschätzt werden.

Die Prüfschritte im Fehlersuchplan können dann entsprechend der geschätzten Kosten angeordnet werden. Bei entsprechender Datenlage können so auch regionale Unterschiede in der Kostenstruktur in Form von regionalen, marktspezifischen Fehlersuchplänen berücksichtig werden.

4.3.2 Aufbau der Prüfschritte

Der Aufbau der Prüfschritte ist in den generischen Prüfplänen definiert. Hierbei können mehrere Varianten für einen Prüfschritt hinterlegt werden und bei der Generierung des Fehlersuchplans wird eine davon verwendet. Die Varianten können sich z.B. hinsichtlich der genutzten (Spezial-)Werkzeuge unterscheiden. Oder hinsichtlich der Nutzung von Testerfunktionen. Sofern die Ablaufumgebung der Fehlersuchpläne dies unterstützt können auch mehrere Varianten eines Prüfschritts in den Fehlersuchplan übernommen werden. Die Auswahl des konkreten Prüfschritts erfolgt dann zur Laufzeit, z.B. anhand der mit dem Tester verbundenen Messtechnik.

4.4 Verwaltung von erfahrungsbasiertem Diagnosewissen

Geht man davon aus, dass das verwendete Modell des Fahrzeugs alle für die Diagnose relevanten Informationen enthält und das alle generierten Fehlersuchpläne eindeutig identifizierbar sind, lassen sich alle durchgeführten Fehlersuchen am Fahrzeug einem konkreten Modell des Fahrzeugs zuordnen. Dies ermöglicht im Hinblick auf eine modulare Struktur der Fahrzeuge eine Zuordnung bis auf Modulebene unter Berücksichtigung der Schnittstellen zwischen den Modulen. So können Felderfahrungen mit Komponenten oder Modulen baureihenübergreifend verwendet werden. Dieses Konzept bietet neue Möglichkeiten für zukünftige Fahrzeuggenerationen und sollte weiter untersucht werden.

5. Zusammenfassung und Ausblick

In diesem Beitrag wurde ein Verfahren vorgestellt mit dem der Aufwand für die Erstellung von Fehlersuchplänen reduziert werden kann. Hierbei wurde die Diagnosewissenserstellung im Rahmen des Entwicklungsprozesses betrachtet. Voraussetzung für die automatisierte Erstellung von Fehlersuchplänen ist ein durchgängiges E/E-Architektur-Modell welches die verschiedenen Entwicklungsbreiche der E/E-Architektur umfasst. Als Modellierungswerkzeug kam daher PREEvision zum Einsatz.

Aus dem Modell werden mittels javabasierter Metriken generische Prüfpläne erzeugt welche die Basis für die anschließende automatisierte Erstellung der fahrzeugspezifischen Fehlersuchpläne bilden. In Verbindung mit den Modellanalysealgorithmen und den Algorithmen zur Erzeugung der Fehlersuchpläne verspricht der Ansatz ein hohes Potential um zukünftig bei Änderungen und Anpassungen des Diagnosewissens, beispielsweise durch neue Fahrzeugvarianten oder bei Änderungen an Komponenten mit vertretbarem Aufwand in kurzer Zeit angepasste Fehlersuchpläne automatisch zu erzeugen.

Durch die Einbindung aller Entwicklungsbereiche im Ebenenmodell von PREEvision kann sichergestellt werden, dass die übergreifenden Informationen für die Diagnose konsistent bleiben.

Die automatische Optimierung und Anpassung der Prüfschrittreihenfolge sowie die Konsistenz der Fehlerbäume für markt- und variantenspezifische Anforderungen soll zukünfitg durch diesen Ansatz ebenfalls mit geringem Aufwand umgesetzt werden.
Ein weiterer Vorteil ist die mögliche Konvertierbarkeit in Prüf- und Testsequenzen auf Basis von OTX.

Durch die Einbindung weiterer Systeminformationen, wie Schaltpläne, grafische Abbildungen, Verbauinformationen und Reparaturhinweise können die Fehlersuchpläne weiter verfeinert und den Anforderungen schnell und flexibel angepasst werden.

Literatur

[1] H. Zscharnack; G. Menzel, A. Unger; B. Bäker: Betrachtung der Anwendbarkeit ausgewählter Diagnosemethoden - Herausforderungen und Potenziale. In: *Diagnose in mechatronischen Fahrzeugsystemen III*. Renningen: expert verlag, 2010

[2] M. Fritz, u. a.: „Diagnoseentwicklungsmethodik am Beispiel Dieselsysteme", In: *Diagnose in mechatronischen Fahrzeugsystemen*, Renningen: expert verlag, 2008

[3] PREEvision manual (Vers.6.5.3)", Vector Informatik GmbH, 2014

[4] A. Unger, B. Bäker: „Neue Diagnosestrategien für verteilte Funktionen im vernetzten Automobil", In: *Diagnose in mechatronischen Fahrzeugsystemen*, Renningen: expert verlag, 2008

[5] ISO 13209-2: *Open Test sequence eXchange format (OTX) - Part 2: Core data model specification and requirements*, International Organization for Standardization

13 Herausforderungen in OBD und Servicediagnose im Antriebsstrang von Fahrzeugen

Verfahren und Lösungen aus Sicht eines Zulieferers

Dipl.-Ing. **Wolfgang Tiebel**, Dr. rer. nat. **Walter Lehle**, Dipl.-Ing.(FH), MBA **Jens Leideck**, Dr.-Ing. **Markus Willimowski**, Robert Bosch GmbH, Stuttgart

Abstract

The OBD requirements for the monitoring of emission-related components and systems particularly in Europe and the U.S. have been increased over the past years. The OBD requires, in addition to the monitoring of the components and systems, also the identification of the faulty component.
The target-oriented identification of the faulty component is „onboard“ not possible in many cases. Therefore the service diagnosis combines the guided trouble shooting with the available OBD information and specific diagnosis and service routines.
It is shown, that a joined OBD and the service diagnosis development process is among others a success factor. Main features of this process are an overall management, joint analysis of the OBD diagnostic and service requirements, a coordinated, parallel development of the OBD and service diagnostics and the robust validation of the diagnosis solutions.

Kurzfassung

Die OBD-Anforderungen zur Überwachung emissionsrelevanter Komponenten und Systeme wurden in den letzten Jahren vor allem in den USA und in Europa deutlich verschärft. Die OBD-Gesetzgebung fordert hierbei nicht nur eine Überwachung aller emissionsrelevanten Systeme und Komponenten, sondern auch eine möglichst genaue Identifikation der fehlerhaften Komponente.
Die gezielte Identifikation der fehlerhaften Komponente ist jedoch nicht in allen Fällen „onboard“ im Fahrbetrieb möglich. Die Servicediagnose bietet hierbei ergänzend die Möglichkeit, zur gezielten Fehleranalyse verfügbare OBD-Informationen mit spezifischen Diagnosen und Serviceroutinen zu kombinieren.
Es wird gezeigt, dass zur Erreichung des Zieles ein gemeinsamer Diagnoseprozess essentiell ist, dessen Hauptschwerpunkte ein übergreifendes Management, die gemeinsame Analyse von OBD- und Servicediagnoseanforderungen, die gemeinschaftlich koordinierte Entwicklung von OBD- und Servicediagnosen sowie eine umfangreiche Absicherung der entwickelten Diagnosefunktion sind.

1. Einleitung

Die Vielfältigkeit und die Komplexität von Kraftfahrzeugen sind in den letzten Jahren stark angestiegen. Treiber für die Entwicklung waren einerseits eine fortlaufende Verschärfung der Emissionsgesetzgebung verbunden mit strengeren Regelungen zum Kraftstoffverbrauch, andererseits auch die gestiegenen Kundenanforderungen an die Leistung und Zuverlässigkeit des Powertrains (siehe Bild 1).

Parallel dazu wurden in der OBD-Gesetzgebung in den USA und Europa in den vergangenen Jahren die Anforderungen an die Überwachung emissionsrelevanter Komponenten und Systeme fortlaufend verschärft.

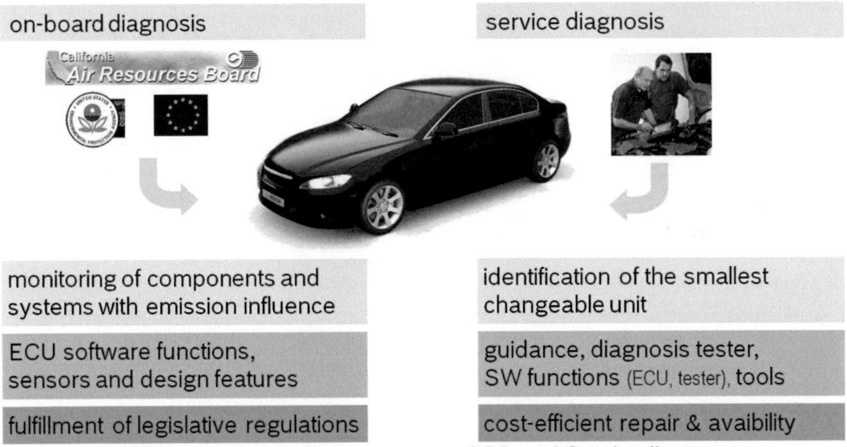

Bild 1: *Heutige Anforderungen an OBD und Servicediagnose*

Aus Sicht der Endkunden ist die Zufriedenheit im höchsten Maße davon abhängig, wie schnell und zu welchen Kosten die Reparatur eines fehlerhaftes Fahrzeug erfolgt. Dies stellt bei den heutigen, komplexen Powertrain-Systemen eine große Herausforderung dar. Dabei werden die Kosten einer Reparatur hauptsächlich dadurch beeinflusst, wie schnell und zuverlässig die kleinste auszutauschende Einheit identifiziert werden kann. Die Servicediagnose hat hierbei die Aufgabe, dies über Lebenszeit des Fahrzeugs sicherzustellen.

1.1 Haupttreiber für die OBD-Entwicklung

Haupttreiber für die OBD-Entwicklung waren neben den gesetzlichen Anforderungen neue Technologien, strengere Emissionsanforderungen und Regelungen zum Kraftstoffverbrauch (siehe Bild 2), die in Summe eine enorme Steigerung der Komplexität bei der Entwicklung von OBD-Funktionen zur Folge hatten.

Eine Schlüsselposition bei den gesetzlichen Anforderungen nimmt die OBD-Gesetzgebung von Kalifornien (CARB) ein, deren Focus in den letzten Jahren zunächst auf der Harmonisierung bzw. Vereinheitlichung der Anforderungen für Benzin- und Dieselfahrzeugen lag. Im Weiteren folgte dann die Vereinheitlichung der OBD-Gesetzgebungen für Personenkraftwagen und Nutzkraftwagen. In der europäischen Gesetzgebung, die einen weiteren Schwerpunkt bei der OBD-Entwicklung darstellt, war ein Anstieg der gesetzlichen OBD-Anforderungen zu beobachten, die aus der Annäherung der europäischen Gesetzgebung an die der CARB resultierte.

Bei den technologische Entwicklungen waren neue Powertrain-Konzepte (wie z.B. der Hybrid), neue Abgas-Systeme (wie z.B. die SCR Abgasnachbehandlung) und funktionale Erweiterung (wie z.B. Start/Stop-Systeme) in den vergangenen Jahren wesentliche Trends, die erweiterte OBD-Lösungen notwendig machten.

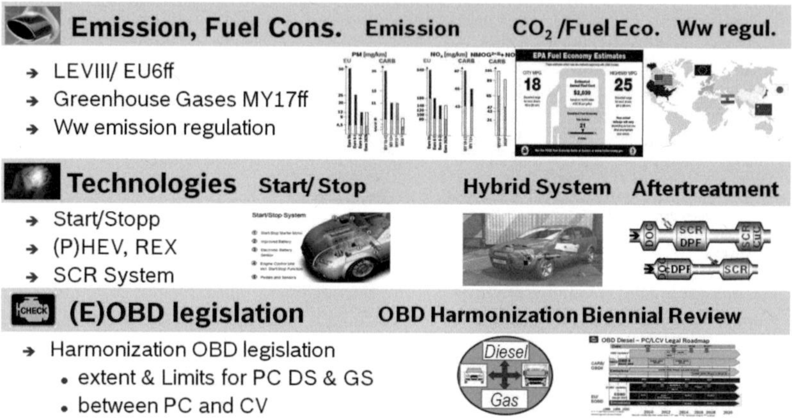

Bild 2: *Haupttreiber bei der OBD-Entwicklung*

Ein weiterer Treiber für OBD-Entwicklungen war in den vergangenen Jahren immer strengeren Emissions- und Kraftstoffverbrauchsanforderungen. Da die OBD-Grenzwerte eng mit den Abgasgrenzwerten verknüpft sind, führte die Reduzierung der Abgasschwellen in der Vergangenheit meist auch zu strengeren Anforderungen an die Genauigkeit der OBD-Funktionen.

1.2 Haupttreiber für die Entwicklung bei der Service-Diagnose

In den letzten Jahren hat die Bedeutung der Servicediagnose deutlich zugenommen. Wesentliche Treiber für diese Entwicklung war die Begrenzung der Reparaturkosten verbunden mit einer möglichst kurzen Verweildauer in der Werkstatt, die Beherrschbarkeit des immer komplexer werdenden Powertrain-Systems und – vermutlich der wichtigste Treiber – die Endkundenzufriedenheit (siehe Bild 3).

Hierbei bildet ein ausgereiftes Servicediagnosekonzept mit einem entsprechenden Prozess die Basis für eine sichere Erkennung der kleinsten, fehlerhaften Einheit. Dies hierfür notwendigen zusätzlichen Arbeitsschritte sollten möglichst mit niedrigen Zusatzkosten eine schnelle Identifikation der fehlerhaften Einheit und deren Austausch ermöglichen.

Eine große Herausforderung für die Servicediagnose stellt die Beherrschung der neuen Powertrain-Varianten dar. Bei der Servicediagnose bietet sich hier die Möglichkeit, vorhandene OBD-Fehlercodes mit einer geführten Fehlersuche (gTS = „guided Trouble Shooting"), speziellen Diagnosen und Serviceroutinen zu kombinieren.
Die Servicediagnose leistet damit einen wesentlichen Beitrag zur Kundenzufriedenheit, indem die fehlerhafte Komponente bei einem kurzen Werkstattaufenthalt korrekt identifiziert und getauscht werden kann.

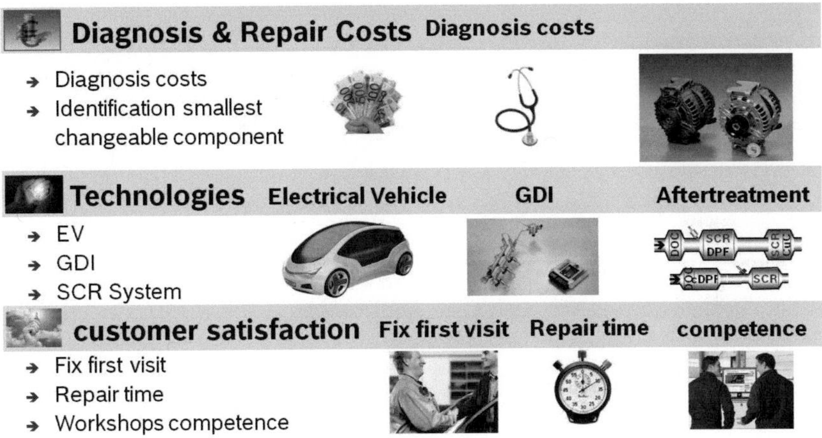

Bild 3: *Haupttreiber bei der Service-Diagnose*

2. Entwicklungsprozess zur Diagnose

Im Folgenden wird nun gezeigt, dass das enge Zusammenspiel zwischen „On Board" und „Off Board"-Diagnosen eine wichtige und zentrale Rolle im Entwicklungsprozess von Diagnosefunktionen spielt. Hierzu werden zunächst die zentralen Elemente im Entwicklungsprozess zur „On Board"- und zur Service-Diagnose vorgestellt, anschließend wird anhand eines praktischen Beispiels die Notwendigkeit eines effektiven Zusammenspiels gezeigt.

2.1 Entwicklungsprozesse zur „On Board" - Diagnose

Den Ausgangspunkt für den Entwicklungsprozess zur „On Board"-Diagnose bilden die gesetzlichen Anforderungen. Nur durch die frühzeitige Einbeziehung der vorhandenen OBD-Anforderungen in den vollständigen Entwicklungsprozess kann eine hohe Qualität der OBD-Lösungen erreicht werden.
Das Grundgerüst für den OBD-Entwicklungsprozess wird durch die Festlegung der Rollen, Aufgaben und Arbeitsprodukte im Bereich der Systementwicklung festgelegt. In Bild 4 sind alle Elemente eines solchen Prozess-Portfolios exemplarisch dargestellt.

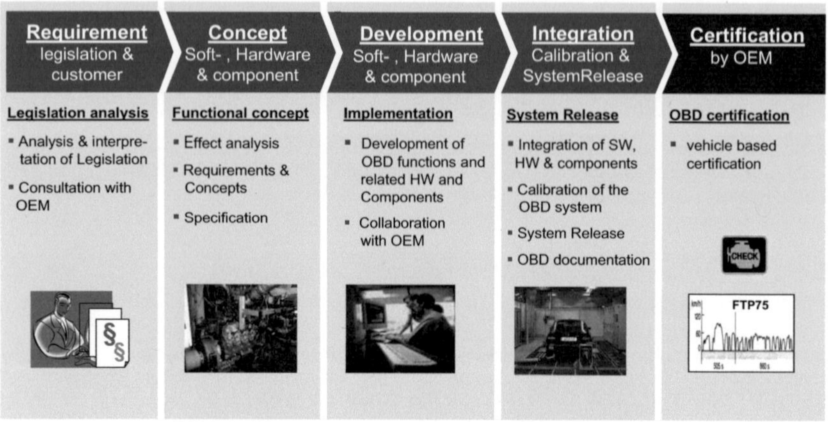

Bild 4: *Elemente des OBD-Entwicklungsprozesses*

Im Unterprozess „Requirement and Concept" liegt der Hauptfokus auf dem Anforderungsmanagement für verschiedene Unterbereiche und Teilsysteme. Die OBD-Anforderungen, festgelegt von Behörden und Kunden, werden hier zunächst gesammelt, analysiert und interpretiert. Die Anforderungen werden dann zentral in einem Dokument für die Systementwicklung abgelegt. Der feature-basierte Aufbau des Dokuments bietet dabei den Vorteil, dass verschiedener Elemente auf der unterlagerten Ebene (Umsetzungsebene) wiederverwendet werden können (z.B. Spezifikationselemente, Prüfkriterien usw.), was wiederum zu einer Reduzierung der Kosten und der Zeit bis zur Markteinführung führt sowie eine Erhöhung der Testtiefe verbunden mit einer Erhöhung der Qualität ermöglicht. Der Merkmalsbaum („feature tree") stellt dabei eine Referenz dar, an der sich die Vollständigkeit der Anforderungen bzw. der Anforderungsspezifikation prüfen lässt.

Im nächsten Schritt werden nun Konzepte entwickelt, um die neuen Anforderungen zu erfüllen. Hierzu werden die Anforderungsspezifikationen für die jeweiligen Teilsysteme abgeleitet und übertragen (Softwareanforderungen für die Softwareentwicklung, Hardware, Komponentenentwicklung). Die Anforderungsdokumente enthalten bereits Elemente wie Prüfkriterien, die später als Basis für eine nachfolgende Systemfreigabe benötigt werden. Ergänzende Prozesselemente, wie z.B. DRBFM (= **D**esign **R**eview **b**ased on **F**ailure **M**ode) oder Simulationen werden zur Unterstützung bei der Konzeptentwicklung durchgeführt. Während die DRBFM vorwiegend als eine strukturierte Methode zur Überprüfung des technischen Konzepts und zur Aufdeckung von konzeptionellen Schwächen angesehen werden kann, wird durch die Simulation das Systemverhalten zu einem frühen Zeitpunkt untersucht, zu dem noch keine Fahrzeugtests möglich sind.

In der Prozessphase „Integration, Calibration and Systemrelease" werden dann Aktivitäten durchgeführt, die den Nachweis der Eignung und die Validierung im Zielsystem bei einem Pilotprojekt zum Ziel haben. Hierzu werden zunächst die aus verschiedenen Teilbereichen zugelieferten Produkte (Hardware, Software, Komponenten) in das Zielsystem integriert und in Betrieb genommen. Daran anschließend wird eine Testprozedur mit verschiedenen Testfällen auf Basis der Prüfkriterien aus dem zentralen Anforderungsdokument und der DRBFM erstellt und durchgeführt.

Im letzten Prozessschritt „Certification“ erfolgt schließlich die finale Zertifizierung der OBD-Entwicklungen durch einen OEM. Die bereits durchgeführte Systemfreigabe bietet hier bereits eine gute Basis, um eine erfolgreiche Zertifizierung mit einem hohen qualitativen Standard zu ermöglichen. Der Zertifizierungsprozess kann ferner durch Vorbereitung entsprechender Teilzertifizierungsunterlagen, wie die Bereitstellung von „Summery Tables“ oder Flussdiagrammen, unterstützt werden.

2.2 Entwicklungsprozesse zur Servicediagnose

Die Hauptaufgabe der Servicediagnose besteht darin, eine zielgerichtete Fehlersuche in komplexen Systemen zu ermöglichen und die fehlerhafte Komponente eindeutig zu diagnostizieren. Die Anforderungen an den Servicediagnoseprozess lassen sich in technologiebasierte (z.B. anpassungsfähig nach dem SOP), kostenbasierte (z.B. Reduzierung der „no trouble found“ (NTF) –Rate) und imagebasierte (z.B. „Erster Eindruck“ des Kunden, schnelle Rückgabe des Fahrzeugs) Anforderungen unterscheiden [4].
Im Zusammenspiel mit der OBD-Entwicklung schließt die Servicediagnose die Bereiche, in denen die OBD-Gesetzgebung keine vollständige Überwachung fordert oder in denen kein eindeutiges Pinpointing der fehlerhaften Komponente möglich ist. Zur Vermeidung von Diagnoselücken und andererseits um Doppelarbeit zu vermeiden (d.h. OBD- und Diagnosefunktionen überwachen gleichzeitig die gleiche Komponente) ist eine enge Zusammenarbeit zwischen OBD-Entwicklung und Servicediagnose erforderlich und muss im Rahmen des Systementwicklungsprozess entsprechend sichergestellt werden.
Bild 5 zeigt die exemplarisch die Prozesselemente und den Ablauf des Servicediagnose-Entwicklungsprozesses. Einzelne Elemente sind dabei vergleichbar mit denen, die bereits in Abschnitt 2.1 für den OBD-Entwicklungsprozess vorgestellt wurden.

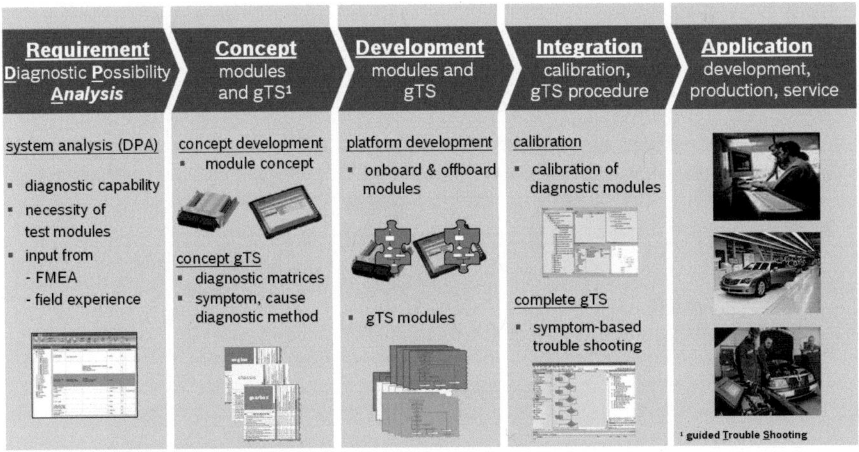

Bild 5: *Elemente des Servicediagnose-Entwicklungsprozesses*

Hauptschwerpunkt des Prozessschritts „Requirement“ ist die Suche nach Diagnoselücken in den verschiedenen Teilbereichen und Untersystemen, die Bewertung der Notwendigkeit diese Lücken zu schließen und schließlich die finale Entscheidung über den Start der weiteren Entwicklung.
Die Anforderungsanalyse für die Servicediagnose wird einheitlich für alle neu entwickelten Komponenten und Teilsysteme bei allen Projekten gleichsam angewendet. Zur methodischen Unterstützung wird in diesem Prozessschritt das Tool „**D**iagnosis **P**ossibility **A**nalysis“ (DPA) angewendet. Mit Hilfe dieses Tools sammeln Experten aus allen Bereichen, wie System- und Funktionsentwickler, Service- und OBD-Spezialisten, Applikationsingenieure, Komponentenexperten und Subsystem-Verantwortliche gleichsam Informationen zur Identifikation und Aufdeckung von Diagnoselücken. Die enge Verknüpfung mit der OBD-Entwicklung zeigt sich hier bereits im ersten Prozessschritt, da alle verfügbaren OBD-Informationen mit in die DPA einbezogen und berücksichtigt werden. Bild 6 zeigt eine Darstellung des DPA-Tools, auf dem bereits einige wichtige Informationen bzw. Entscheidungskriterien zu erkennen sind. Darüber hinaus sind insbesondere Informationen über aktuell vorhandene Diagnosen, über die Zeitdauer der Servicediagnose in der Werkstatt und Informationen über die Kosten der Diagnose zu berücksichtigen.
Nach Abschluss der DPA-Analyse können dann verschiedene Informationen aus dem Tool extrahiert werden. Diese sind beispielsweise die Verfügbarkeit von Diagnosefunktionen für das Gesamtsystem, Informationen über Diagnoselücken, Fehler-Ursache-Matrizen oder Fehler-Diagnosemöglichkeiten-Matrizen. Dabei können insbesondere die Matrizen zu einem späteren Zeitpunkt zur gezielten Fehlersuche eingesetzt werden (gTS = guided Trouble Shooting), was im Unterkapitel 3.3.1 noch detaillierter beschrieben wird. Über diese Analyse hinaus werden noch weitere Informationen in die Beurteilung der Notwendigkeit neuer Servicediagnosefunktionen einbezogen. Diese sind z.B. Komponentenfehlerraten, Kundenrückmeldungen und Markttrends, Rückmeldungen aus der Werkstatt und externe Berichte.
Die finale Entscheidung für eine Neuentwicklung wird schließlich von den Systemprojekten mit den Experten aus der Diagnosen-Entwicklung getroffen.

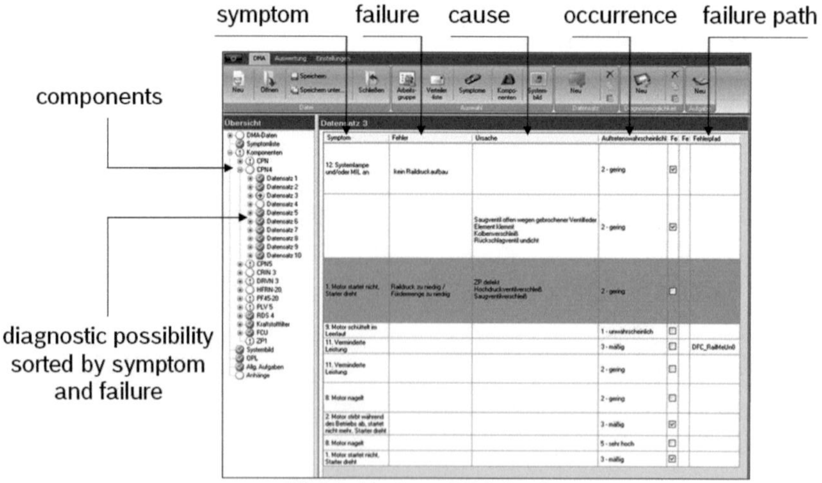

Bild 6: *Tool zur DPA-Analyse*

Die weiteren Prozessschritte beim Diagnoseentwicklungsprozess wie beispielsweise „Concept" und „Development" orientieren sich am gemeinsamen Entwicklungsprozess für Fahrbarkeits-, Emissions- und Komfortfunktionen.

Die Erstapplikation der Servicediagnosefunktionen ist im Prozessschritt „Integration" angesiedelt. Weit verbreitet ist eine sogenannte „fehlerbasierte Diagnoseschwellen-Applikationsstrategie", bei der - ausgehend von einer Grundapplikation zur Sicherstellung der Lauffähigkeit der Funktion - durch iteratives Anpassen eine Fehlerschwelle bestimmt wird. Diese sollte so gelegt werden, dass im späteren Serienbetrieb eine defekte Komponente von einer fehlerfreien sicher unterschieden werden kann. Es empfiehlt sich außerdem, sich bei der Applikation der Fehlerschwellen an den Applikationsschwellen zur Ansteuerung der MIL-Lampe (Malfunction Indication Light) zu orientieren. Alternativ kann die Fehlerschwelle auch so gelegt werden, dass eine Komponente als fehlerhaft erkannt wird, sobald der Fahrer das Fehlverhalten der Komponente im Fahrverhalten zu spüren bekommt. Um diese Fehlerschwelle robust zu bestimmen, sollte der Verschleiß der Komponente bei der Applikation durch Analyse unterschiedlicher Komponenten oder eine entsprechende Simulation berücksichtigt werden. Hierdurch soll vermieden werden, dass die Werkstatt eine Komponente austauscht, die vom Fahrer nicht als fehlerhaft wahrgenommen wird. Ein vorzeitiger Tausch von Komponenten ist direkt mit Kosten für den Endkunden verbunden, die letztlich zu seiner Unzufriedenheit führen können und damit langfristig auch dem Image des Autoherstellers schaden.

3. Diagnosen im Kraftstoffsystem

Die Hauptaufgabe der gesetzlich geforderten On-Board-Diagnose ist die Überwachung aller emissionsrelevanten Bauteile und Systeme und die Information des Fahrers über eine Fehlfunktion durch Ansteuerung der MIL-Lampe. Neben dieser Aufgabe hat die On-Board-Diagnose das wichtige Ziel, die Fehlerursache zu detektieren („pinpoint the likely cause of malfunction") um eine schnelle und kostengünstige Reparatur zu ermöglichen [2]. Die Erfüllung dieses Ziels hängt im Wesentlichen von den verfügbaren Informationen ab, die teilweise durch hochkomplexe Algorithmen der Werkstatt zur Verfügung gestellt werden. Durch diese Informationen ist es inzwischen bei vielen Fällen möglich, die genaue Fehlerursache zu identifizieren.
Aufgrund der Komplexität moderner Fahrzeugsysteme verbunden mit Informationslücken (z.B. bedingt durch einen fehlenden Sensor) gibt es jedoch Fehlerfälle, die nicht durch On-Board-Diagnosen identifiziert werden können. In diesen Fällen stellt die Kombination der On-Board-Diagnose mit der Off-Board-Diagnose eine gute Möglichkeit dar, zielsicher und kosteneffizient die Fehlerursache zu identifizieren. Das Zusammenspiel dieser beiden Überwachungsmöglichkeiten soll nachfolgend an einem Beispiel aus dem Kraftstoffversorgungssystem des direkteinspritzenden Ottomotors (nachfolgend als GDI bezeichnet) gezeigt werden.

3.1 Übersicht über das Kraftstoffversorgungssystem des GDI

Bild 7 zeigt exemplarisch das Kraftstoffversorgungssystem eines direkteinspritzenden Ottomotors und die zugehörigen Komponenten. Ganz allgemein besteht dieses aus einem Hochdruck- und einem Niederdruckkreislauf.

Der Niederdruckkreislauf hat die Aufgabe, den Kraftstoff aus dem Tank zur Hochdruckpumpe zu fördern. Dies erfolgt im Wesentlichen durch die Niederdruckpumpe („Low Pressure Pump").
Der Hochdruckkreislauf hat die Aufgabe, den gewünschten Kraftstoffdruck zu erzeugen und die für die Einspritzung benötigte Kraftstoffmenge im Rail zur Verfügung zu stellen. Der Hochdruckkreislauf enthält eine Hochdruckpumpe („High Pressure Pump"), die mechanisch von der Nockenwelle angetrieben wird und den Kraftstofffluss durch ein in der Hochdruckpumpe integriertes Mengensteuerventil regelt. Dieses Ventil („Control Valve") wird direkt vom Motorsteuergerät angesteuert und regelt die Kraftstoffmenge, die mit jedem Pumpenhub befördert wird. Durch einen im Kraftstoffrail angebrachten Drucksensor („High Pressure Sensor") kann der Kraftstoffdruck im Rail gemessen und geregelt werden. Aus Gründen der Sicherheit gibt es im Hochdruckkreislauf noch das Überdruckventil („Pressure Relief Valve"), das Kraftstoff in den Niederdruckkreislauf zurückführen kann, sobald der Druck im Rail einen vorgegebenen (kritischen) Wert überschreitet.

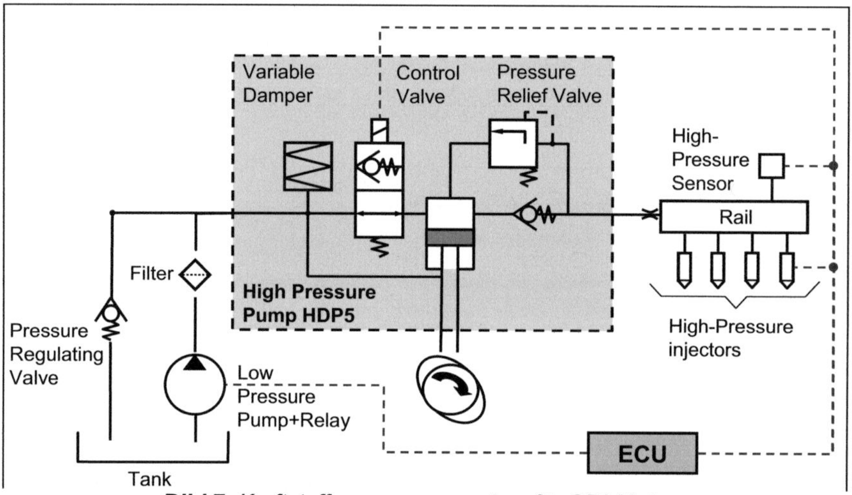

Bild 7: *Kraftstoffversorgungssystem für GDI-Motoren*

3.2 OBD-Überwachung des Kraftstoffsystems

Zur Erfüllung der OBD-Anforderungen für das Kraftstoffversorgungssystem sind verschiedene Funktionen zur Überwachung verfügbar. Diese sind wie folgt:

Elektrische Tests (Kurzschluss nach Batterie / Masse und unterbrochener Stromkreis):

- Drucksensor
- Mengensteuerventil der Hochdruckpumpe
- Relais der Niederdruckpumpe

Checks zum physikalischen Wertebereich:

- Drucksensor

Plausibilitätschecks („Rationality Check") und Prüfung des Ansprechverhaltens („Proper Functional Response"):

- Plausibilisierung des Hochdrucksystem
- Gemischadaption

Pinpointing im Falle eines Fehlers im Kraftstoffversorgungssystem:

- Offsetfehlererkennung für den Raildrucksensor

Die verfügbaren OBD-Überwachungsfunktionen ermöglichen es, alle Fehler im Kraftstoffversorgungssystem sicher zu erkennen während die Möglichkeiten zur Erkennung der defekten Komponente (Pinpointings) eingeschränkt sind. So führen beispielsweise ein mechanischer Defekt bei der Niederdruck- oder der Hochdruckpumpe, eine Flussbegrenzung in der Niederdruckversorgungsleitung oder ein Leck im Hochdrucksystem alle zu den gleichen Fehlersymptomen und damit zu einem Fehlereintrag bei der Gemischadaption und der Plausibilisierung des Hochdrucksystems. Eine eindeutige Zuordnung des Fehlers zu einer Fehlerquelle ist damit nicht möglich.

In einigen wenigen Fällen besteht durchaus die Möglichkeit, durch Kombination von Ergebnissen verschiedener Überwachungsfunktionen auf den eigentlichen Fehler zu schließen. Als Beispiel sei hier die Erkennung von Offsetfehlern des Raildrucksensors genannt, die nachfolgend im Detail beschrieben wird:
Ein Raildrucksensor mit einem Offsetfehler führt im Kraftstoffversorgungssystem zu einer Abweichung:

- in der Hochdruckregelung durch fehlerhaftes Messen des aktuell vorhandenen Kraftstoffdrucks
- bei der Gemischadaption und dem Lambdaregelkreis

Der Offsetfehler kann durch vorhandene Diagnosefunktionen sicher erkannt werden (Plausibilisierung der Hochdruckregelung oder Gemischadaption), eine genaue Zuordnung des detektierten Fehlers zu der betroffenen Komponente ist jedoch nicht möglich. Durch Kombination dieser Information mit einer weiteren Diagnose kann jedoch ein exaktes Pinpointing erreicht werden.
Die dazu nötige Diagnose wird nach einer längeren Abkühlphase des Fahrzeugs vor dem nächsten Motorstart ausgeführt. Dieser Zeitpunkt wird gewählt, da sich der Druck im Rail bei langen Abstellzeiten durch interne Leckage im Kraftstoffsystem und durch die Absenkung der Kraftstofftemperatur auf Umgebungsdruck oder dem Druck des Niederdrucksystems reduziert. Ein positiver Sensoroffset kann nun erkannt werden, wenn der gemessene Druck am Hochdrucksensor den maximal im Niederdrucksystem erreichbaren Druck übersteigt (siehe Bild 8). Ein negativer Sensoroffset hingegen kann erkannt werden, wenn der gemessene Druck des Hochdrucksensors für eine längere Zeit während der Startphase einen Wert von ca. 0 MPa annimmt.

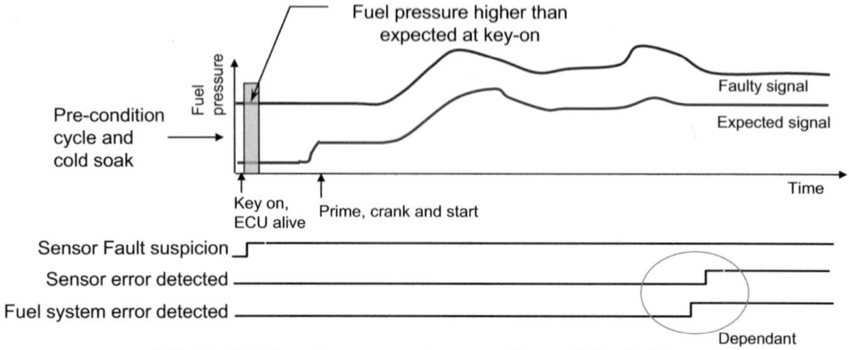

***Bild 8:** Fehlererkennung eines positiven Offsetfehlers*

Bedingt durch Variationen im System und den Einfluss anderer Fehler kann eine Fehlerseparation nach der oben beschriebenen Methode nicht immer sichergestellt werden. In diesen Fällen ist ein erweiterter Offsettest erforderlich, bei dem die Information weiterer Diagnosen (Fehler bei der Gemischadaption) mit bei der Ursachensuche einbezogen wird. Dies soll im Folgenden kurz dargestellt werden:

Plausibilisierung der Hochdruckregelung

Die Plausibilisierung der Hochdruckregelung ist eine Diagnosefunktion des Kraftstoffsystems, mit der folgende Fehlerbilder überwacht werden (siehe Bild 9):

- die Abweichung zwischen dem gewünschten und dem aktuellen vorhandenen Druck im Hochdruckrail (Fehler bei Min und Max Abweichung)
- die Reaktionsgeschwindigkeit der Raildruckregelung (bei fortlaufende, exzessiver Ansteuerung mit Minimal- / Maximalwerten)

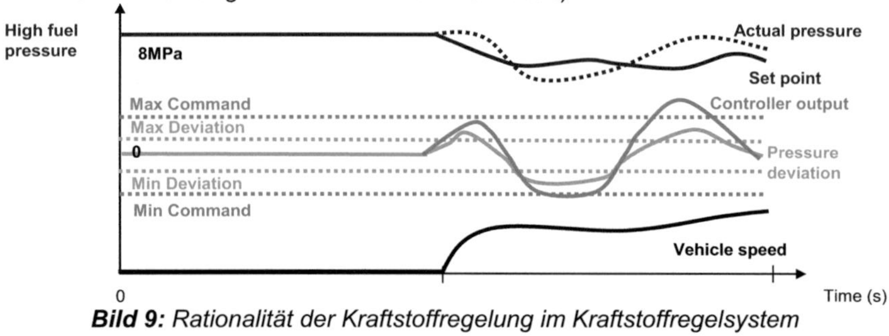

***Bild 9:** Rationalität der Kraftstoffregelung im Kraftstoffregelsystem*

Gemischadaptionsdiagnose:

Die „Gemischadaptionsdiagnose“ basiert auf dem Algorithmus zur Gemischadaption (siehe Bild 10), mit dem Abweichungen in der Vorsteuerung des Kraftstoffgemisches adaptiert und kompensiert werden. Diese können beispielsweise durch gealterte oder fehlerhafte Komponenten hervorgerufen werden. Bei der Adaption wird in einen multiplikativen und einen additiven Fehleranteil unterteilt:

- multiplikative Gemischfehler können beispielsweise aus einer falschen Einspritzmenge resultieren (z.B. bei einem fehlerhaften Injektor oder offsetbehaf-

teten Raildrucksensor) und sind im gesamten Drehzahl- und Lastbereich wirksam
- additive Gemischfehler werden vorwiegend durch Leckagen im Ansaugkrümmer hervorgerufen.

Im normalen Betrieb kann der Lambdaregler derartige Fehler in einem Bereich von ±25% kompensieren. Um jedoch sicherzustellen, dass der Lambdaregler die aktuellen Abweichungen bei Dynamik auch ausreichend schnell kompensieren kann, wird der Reglerausgang des Lambdareglers eingelernt und zur Korrektur des Kraftstoffversorgungssystems angewendet. Hierbei werden ein additiver (ora) und ein multiplikativer (fra) Anteil unterschieden, wobei abhängig vom Betriebsbereich des Motors
- additive Fehler vorwiegend im niedrigen Last und Drehzahlbereich oder Leerlauf eingelernt (ORA Range 1) werden, da hier die Abweichung des Lambdareglers durch Leckageeffekte dominiert wird.
- multiplikative Fehler werden überwiegend in höheren Drehzahl- und Lastbereichen eingelernt (FRA Range 2), die diesen im gesamten Motorbetriebsbereich wirksam sind.

Um die verschiedenen Fehlerfälle eindeutig trennen zu können, sollte das Überlappen der Lernbereiche vermieden werden. Neben der Verwendung zur Vorsteuerung können die Adaptionswerte natürlich auch für eine OBD-Überwachung verwendet werden. Hierzu wird ein Fehlerspeichereintrag erzeugt, sobald einer der beiden Werte eine vorher definierte Schwelle überschreitet.

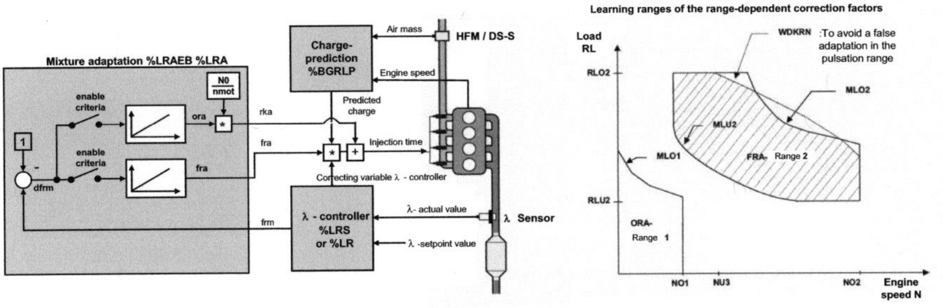

Bild 10: *Gemischadaption und Diagnosen*

3.3 Servicediagnosen des Kraftstoffversorgungssystems

Wie bereits beschrieben wurde, ermöglicht es die OBD-Überwachung des Kraftstoffversorgungssystems jegliche Fehler sicher zu erkennen während die genaue Identifikation (Pinpointing) der fehlerhaften Komponente teilweise sehr schwierig ist (siehe Abschnitt 3.1). So kann beispielsweise ein Defekt der Niederdruck- oder der Hochdruckpumpe oder ein Leck im Hochdrucksystem zum gleichen Fehlereintrag führen. Um diese Lücke zu schließen benötigt die Werkstatt zielgerichtete und kosteneffiziente Diagnosefunktionen, die die tatsächliche Ursache für den Fehler ausfindig machen und eine schnelle und kostengünstige Reparatur der fehlerhaften Komponente zu ermöglichen.

Hier bietet die gTS (= **g**uided **T**rouble **S**hooting d.h. geführte Fehlersuche) eine wichtige Unterstützung bei der Suche nach der Fehlerursache. Gegenstand der gTS sind Servicediagnosefunktionen, die innerhalb des Motorsteuergerätes ablaufen und durch den Servicetester angestoßen werden können. Hierdurch können der Werkstatt in kurzer Zeit wichtige Informationen und Teilergebnissen zur Fehlersuche bereitgestellt werden, ohne das System tatsächlich zu öffnen.
Nachfolgend soll ein einfaches Beispiel für einen gTS gezeigt werden, der bei einer Kundenreklamation wegen Aussetzern oder unrunder Motorlauf angewendet werden kann. Die schematische Sequenz der gTS ist in Bild 11 gezeigt, sie besteht aus 5 einzelnen Servicediagnosetests und ermöglicht eine Unterscheidung der Fehlerursache nach Kompressions-, Zündungs-, Lambdasonden-, Füllungs- und Gemischfehlern. Ein abschließender Systemtest stellt darüber hinaus weitere Informationen für die Werkstatt zur Verfügung, anhand derer die fehlerhafte Komponenten oder das betroffene Teilsystem gezielt identifiziert werden kann.

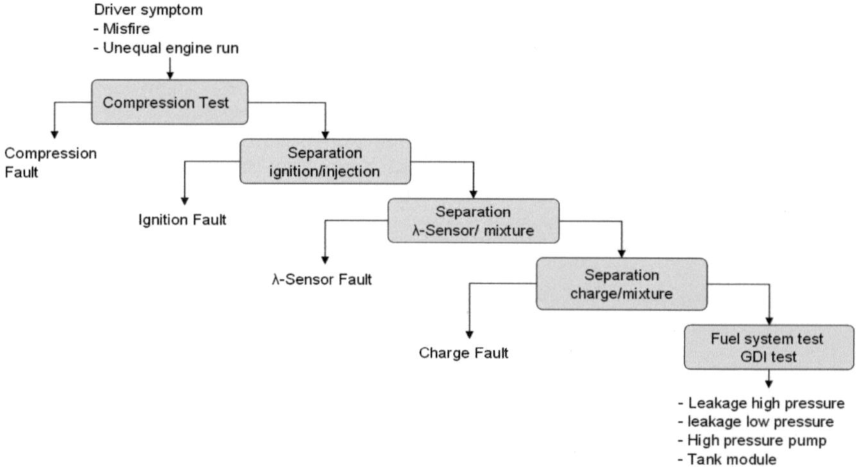

Bild 11: *Vereinfachte Darstellung der „guided Trouble Shooting" mit 5 Servicediagnosefunktionen*

3.3.1 Der GDI-Kraftstoffversorgungs-Systemtest

Im GDI-Kraftstoffversorgungs-Systemtest wird das Kraftstoffversorgungssystem auf Fehler geprüft. Ziel dieses Tests ist die Erkennung von Fehler im Hochdrucksystem wie Kraftstoffleckage, reduzierte Kraftstoffförderung durch die Hochdruckpumpe oder Fehler des Kraftstoffsensors (Hinweis: die Abweichungen bei der Kraftstoffmenge durch fehlerhafte Injektoren wird bereits zu einem früheren Zeitpunkt im Rahmen des „Seperation of Injection and Ignition"-Test untersucht und erkannt). Innerhalb des Niederdrucksystems werden Fehler wie Kraftstoffleckage und Drosselung der Kraftstoffförderung durch niedrigen Kraftstoffdruck der Niederdruckpumpe oder ein verstopftes Kraftstofffilter erkannt.

Der Test muss zunächst mittels Werkstatttester gestartet werden und läuft dann vollständig im Motorsteuergerät ab. Im Rahmen des Tests werden verschiedene Systemeigenschaften untersucht, die zunächst vermessen werden und nach Abschluss des Tests an den Werkstatttester übertragen werden. Im Tester findet dann die finale Interpretation der Messergebnisse statt, was den Vorteil bietet, dass neue Fehlerfälle auch nach Serieneinführung des Fahrzeugs entsprechend berücksichtigt werden können. Der Vorteil dieses Tests liegt in der schnellen Ausführung ohne zusätzliche Messausrüstung, ohne dass das System dabei geöffnet werden muss.

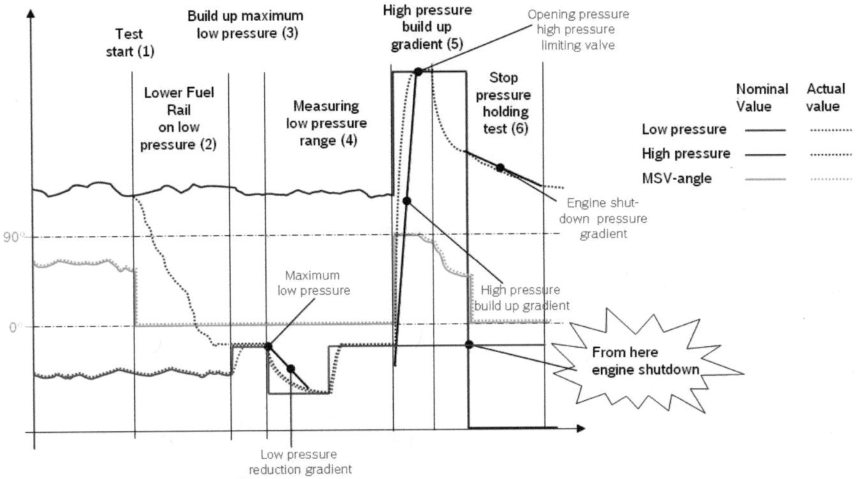

Bild 12: *Übersichtsbild zum Ablauf des GDI-Systemtests*

Für die folgende Beschreibung des GDI-Systemtest wird dieser in sechs Abschnitte unterteilt (siehe Bild 12). Gestartet wird an Position (1) durch einen Trigger durch den Werkstatttester. Danach wird zunächst das Verhalten des Niederdrucksystems untersucht. Da der einzig vorhandene Drucksensor im Kraftstoffversorgungssystem im Hochdruckkreislauf positioniert ist, wird zunächst das Regelventil der Hochdruckpumpe vollständig geöffnet, so dass der Druck im Hochdruckkreislauf auf den Druck des Niederdruckkreislaufs reduziert wird (2). Im Punkt (3) wird das Niederdrucksystem dann auf den höchstmöglichen Druck gebracht. Sobald dieser erreicht ist, wird die Niederdruckregelung auf einen niedrigeren Sollwert reduziert (4) und der vorhandene Druck im Rail durch den Drucksensor gemessen. Daran anschließend wird der Druck erneut auf den höchstmöglichen Wert gebracht, um im Anschluss durch eine erneute Druckabsenkung den Druckgradient für die Druckabbau im Niederdruckkreis zu bestimmen.

Ab Punkt (5) wird dann das Hochdrucksystem analysiert. Hierzu wird zunächst das Regelventil der Hochdruckpumpe geschlossen und der maximal mögliche Druck im Hochdruckkreislauf (Rail) aufgebaut. Für diesen Druckaufbau wird erneut ein Gradient berechnet. Sobald der maximal mögliche Druck erreicht wird, öffnet das Druckbegrenzungsventil und der dazu notwendige Druck wird abgespeichert. Abschließend wird im Punkt (6) der Motor angehalten und der Gradient für den Druckabbau im stehenden System berechnet.

Nach Abschluss des Tests werden dann die gemessenen Daten auf den Werkstatttester übertragen. Dort werden die Werte dann mit zulässigen Min- und Max-Schwellen verglichen, wobei jede Überschreitung der Min- oder Max-Werte in einer Matrix vermerkt wird. Durch den Vergleich der so bestimmten Matrix mit bereits vorhandenen Matrizen typischer Fehlerbilder lässt sich nun die defekte Komponente im GDI-Kraftstoffversorgungssystem bestimmen. Der Vorteil dieses Ansatzes, typische Fehlerbilder im Werkstatttester durch Matrizen abzubilden, liegt in seiner Flexibilität und bietet die Möglichkeit, auch nach Beginn der Serienproduktion neue Fehlerbilder durch entsprechende Matrizen zu ergänzen.

4. Dynamische Testmodule

Oftmals werden nach dem Serienanlauf im Feld neue und bisher unbekannte Fehlermuster entdeckt, die durch die im Steuergerät vorhandenen Diagnose-Funktionen nicht erkannt werden können. In diesem Fall stellt die Entwicklung und Erweiterung der Funktionen keine praktikable Lösung dar, da dies oftmals mit einem relativ hohen Aufwand verbunden ist (z.B. durch Neuflashen der Software und die Bereitstellung der dazu nötigen Infrastruktur). Andererseits fehlt den im Tester vorhandenen Funktionen meist die notwendige Datenrate zum Steuergerät, um einen vollständigen Testfall für das neue Fehlermuster zu ermöglichen.
Einen Ausweg bietet die Nutzung von dynamischen Testmodulen. Diese ermöglichen eine einfache Erweiterung der Steuergerätefunktionen und können durch den Werkstatttester angestoßen werden, ohne dass ein Umflashen der Steuergerätesoftware erforderlich ist. Dynamische Testmodule kombinieren somit die Möglichkeit einer hohen Datenrate innerhalb des Steuergerätes mit der Flexibilität, innerhalb des Servicetesters Funktionssequenzen zu ändern sowie Fehlerschwellen und Fehlerinterpretationen nach dem Produktionsbeginn noch abzuändern.

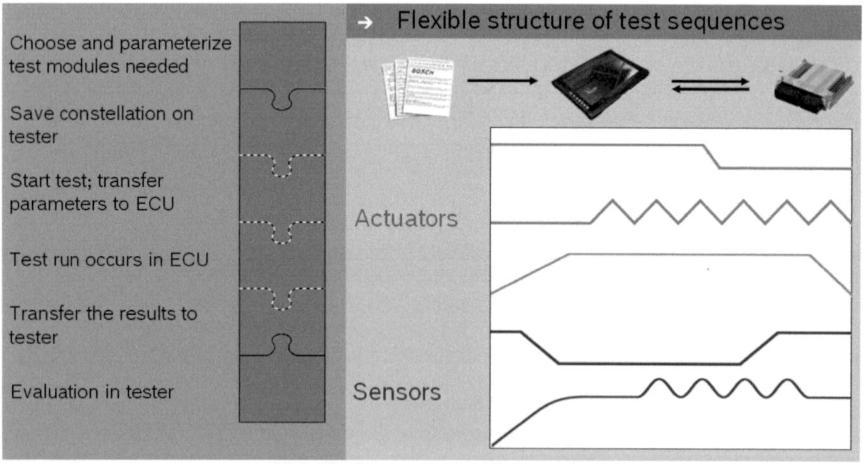

***Bild 13:** Dynamische Testmodule*

Bei den dynamischen Testmodulen werden vorab im Steuergerät vorgefertigte Testmodule abgelegt. Diese Testmodule ermöglichen den schnellen Zugriff auf eine hohe Anzahl der im System vorhandenen Steller. Die Ansteuerung kann dabei entweder durch eine Rampe mit einem vorher genau definierten Start- und Endpunkt innerhalb eines definierten Zeitintervalls erfolgen. Es bietet außerdem die Möglichkeit, spezielle Anregungsmuster wie Sinus- oder Rechteckwellen zu hinterlegen. Die Module im Steuergerät bieten weiter die Möglichkeit, Messsignale mit einer hohen Datenrate zu lesen und zu speichern und verschiedene Korrekturfunktionen im Steuergerät explizit für den Test anzuhalten.
Die Kombination der verschiedenen Testmodule und deren Applikation können dann zu einem späteren Zeitpunkt auf einfache Weise an einem PC erfolgen. Das Resultat dieser Arbeit ist meist ein ausführbarer Code für den zugehörigen Werkstatttester, in dem alle für den Test notwendigen Parameter hinterlegt sind. Im späteren Servicefall wir dieser Code zunächst vom Werkstatttester in das Steuergerät übertragen. Im Steuergerät wird dann der vorprogrammierte Test ausgeführt und alle notwendigen Werte gespeichert. Nach Abschluss des Tests, wenn die Datenrate keine signifikante Rolle mehr spielt, werden die gemessenen Daten vom Steuergerät zum Tester zurück übertragen und ausgewertet. Ein einfaches Beispiel für ein solches dynamisches Testmodul zeigt Bild 13.
Folglich bieten dynamische Testmodule eine Kombination der Vorteile aus:

- der Flexibilität des Werkstatttesters, auch nach SOP des Fahrzeuges den Code für den Diagnosetest auf relativ einfache Weise anzupassen
- die Leistungsfähigkeit des Steuergerätes zur Ansteuerung der stellenden Aktuatoren und der Signalaufzeichnung

Durch diese Testmodule erhalten die Serviceabteilungen und die Werkstätten eine einfache Möglichkeit, auf Feldprobleme mit einfachen Entwicklungen brauchbare Diagnosefunktionalitäten zu erzeugen.

5. OBD für Hybridfahrzeuge

Die OBD Gesetzgebung der CARB fordert schon seit vielen Jahren die Überwachung der emissionsrelevanten Komponenten und Systeme von konventionellen Fahrzeugen. Allgemein wird gefordert, dass Hauptkomponenten oder Systeme (wie beispielsweise der Katalysator als Komponente des Verbrennungsmotors) dahingehend überwacht werden, dass im Fehlerfall bestimmte OBD-Emissionsschwellen nicht überschritten werden. Mit dem wachsenden Markt für Hybridfahrzeuge wurde die OBD-Gesetzgebung erweitert und umfasst nun auch die neuen elektrischen Systeme. Neben der Anforderung, alle Komponenten und Systeme zu überwachen, die Bestandteil einer Diagnosestrategie für andere überwachte Systeme oder Komponenten sind, wird auch die Überwachung aller elektrischen Input-Komponenten des elektrischen Antriebs, die Überwachung der Batterie und die Leistung des Ladesystems sowie die Leistung des Batterie-Rückspeisesystems gefordert. Die Diagnosefunktionen hierzu müssen im Hinblick auf die „Comprehensive Component"-Anforderungen entwickelt werden. Damit sind neben dem klassischen OBD-System mit dem Verbrennungsmotor und dem Getriebe auch die Komponenten des elektrischen Systems OBD relevant geworden (siehe Bild 14).

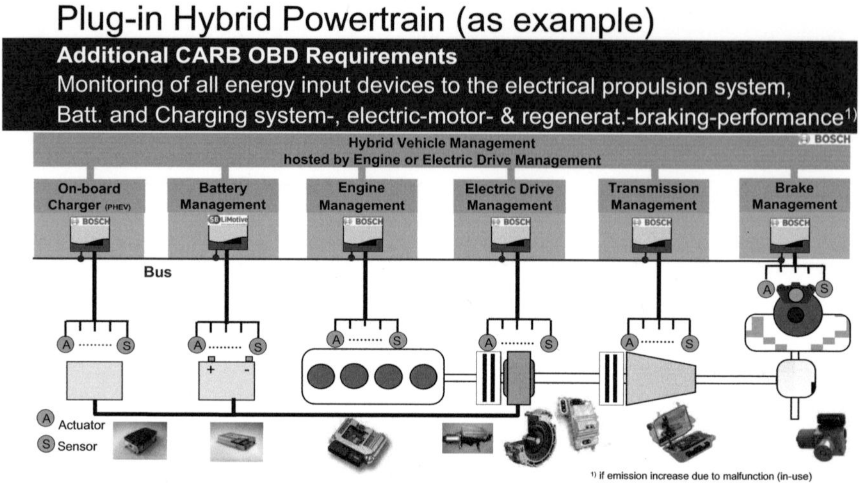

Bild 14: *OBD relevante Systeme und Komponenten*

Neben den neuen Anforderungen muss auch der Einfluss der veränderten Motorbetriebsstrategien auf die Diagnosefunktionen berücksichtigt werden [3]. Der prinzipielle Zusammenhang zwischen Fahrstrategie und deren Einfluss ist in Bild 15 dargestellt. Meist ist die Betriebsstrategie bei Hybridsystemen auf eine Optimierung des Kraftstoffverbrauchs ausgelegt, was einen erhöhten elektrischen Betrieb und eine Verringerung der Betriebszeit des Verbrennungsmotors zur Folge hat. Darüber hinaus führen Strategien zur Reduzierung des Kraftstoffverbrauchs – wie Start/Stop-Systeme oder regenerative Bremssysteme – zum Wegfall oder einer Verschiebung bestimmter Motorbetriebspunkte. Ein typisches Beispiel sind Betriebspunkte wie Leerlauf oder Schub, die in Hybridsystemen nur noch in ganz begrenzten Umfang verfügbar sind. Um mit der Betriebsstrategie dennoch einen maximalen Verbrauchsvorteil zu erzielen, müssen Diagnosefunktionen, die bisher Leerlauf oder Schubbetrieb nutzten, durch neue Funktionsansätze weiterentwickelt und in andere Betriebsbereiche verschoben werden.

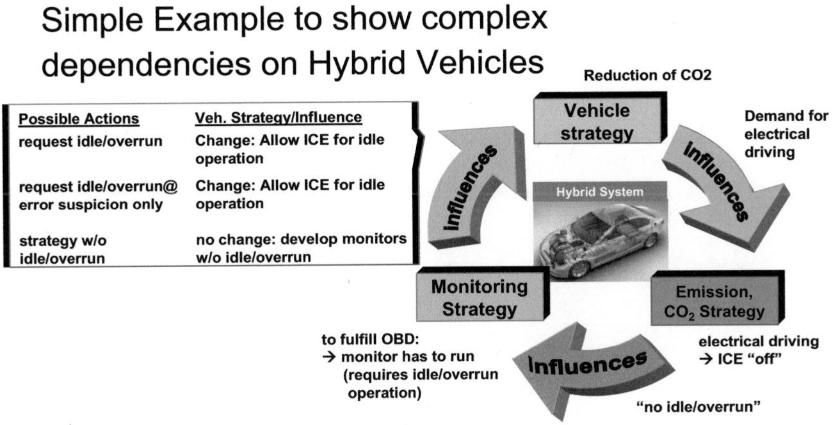

Bild 15: *Einfluss der Betriebsstrategie auf Diagnosefunktionen*

Ein Beispiel für eine solche Weiterentwicklung ist die Gemischadaption (siehe Bild 16), wie sie bereits in Kapitel 2 beschrieben wurde. Die Gemischadaption für den konventionellen Verbrennungsmotor benötigt den Leerlaufpunkt zum Einlernen des additiven Gemischfehlers. Da dieser Betriebspunkt in Hybridsystemen nicht länger verfügbar ist, musste der Algorithmus entsprechend erweitert werden.

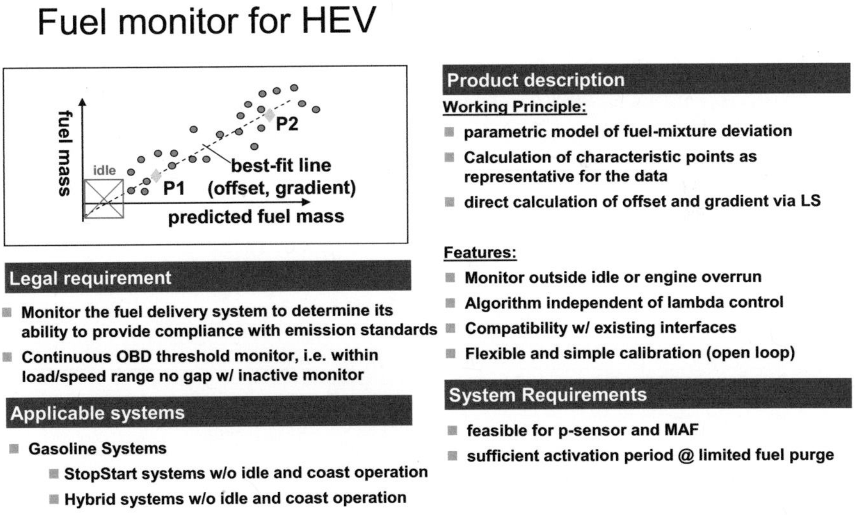

Bild 16: *Gemischadaption für Hybridfahrzeuge*

Hierzu wurde ein parametrisches Modell für den Gemischfehler entwickelt, dass auf den gleichen physikalischen Zusammenhängen wie die klassische Gemischadaption basiert (Bestimmung der Kraftstoffmassenabweichung aus dem Lambdasignal). Die Modellparameter werden durch Anwendung der „Kleinsten-Fehlerquadrate"-Methode aus den gemessenen Kraftstoffmassen bestimmt.
Durch die Annahme eines einfachen linearen Modells kann aus den Parametern dann der additive und der multiplikative Fehler bestimmt werden, ohne den Leerlaufpunkt tatsächlich anfahren zu müssen. Vorteilhaft bei dieser Weiterentwicklung ist, dass durch die erneute Bestimmung eines multiplikativen und additiven Fehlers die gleichen Schnittstellen zur Vorsteuerung des Gemisches wie bei der klassischen Gemischadaption bedient werden können.

Literatur

[1] Dr. M. Fritz, Dr. M. Hackner, Dr. W. Lehle, Dr. M. Willimowski: *Neue Verfahren für Test, Prüfung und Diagnose von E/E Systemen im Kfz: Diagnoseentwicklungsmethodik am Beispiel Dieselsysteme*, 2. Tagung Diagnose in mechatronischen Fahrzeugsystemen, München, 2008,

[2] Willimowski, M.; Klee, P.; Küsell, M.; Knirsch, M.: *Zukünftige Diagnose in Motorsteuerungen.*5. Symposium „Steuerungssysteme für den Antriebsstrang", Berlin, 2005

[3] Bernd Kesch, Holger Jessen, Markus Willimowski: *OBD Challenges and Concepts for Hybrid Powertrain Systems,* SAE's 2011 On-Board Diagnostics Symposium-USA, Indianapolis/IN, USA 2011

[4] Leideck Jens, Sommer Thorsten, OBD and service diagnosis – Requirements and solutions for powertrain systems; CTI Forum Automotive Diagnostic Systems, Stuttgart, 2009

OBD

14 Verfahren zur Bewertung der Robustheit von On-Board-Diagnosefunktionen

Dipl.-Ing. **Alexander Fischer**, Dipl.-Ing. **Nino Häberlen**,
Robert Bosch GmbH, Schwieberdingen
Dipl.-Ing. **Gerald Fauter**, ETAS GmbH, Feuerbach

Abstract

Onboard diagnosis (OBD) functions are tested based on simulations and measurement data during the development phase and based on hardware-in-the-loop (HiL) as well as field tests for application purpose. During those experiments the diagnosis is tested in regions of operation that are assumed to be critical for diagnosis accuracy. Nevertheless, a reliable prediction of robustness and failure probabilities for all modes of operation in the field is a major challenge.
The method of robust diagnosis provides means for quantification of robustness for the development and application of OBD functions and therefore gives the opportunity for systematic improvement. The presented method comprises two elements. A preliminary analysis of robustness quantifies the actual quality of a diagnosis function. A subsequent design procedure provides advice for systematic improvement of robustness by adjustment of design parameters.
The method has been applied to several OBD functions for combustion engines. The data for analysis has been generated using a model-based approach. A physical plant model simulates both fault free operation and the addressed failure mode. The plant model is complemented with additional elements modeling the disturbances. Finally a model of one specific diagnosis function is coupled with the plant model in order to provide the diagnosis results needed for analysis.
The disturbance space, which has been defined by an expert team of diagnosis function and component developers in advance, covers the most significant influences on the diagnosis result. It is defined by upper and lower limits and populated with test points by a space-filling design of experiments (DOE). In a batch run the combined model is simulated with a measured driving cycle and gives several diagnosis values for each point of the DOE, as well as for the different states of deterioration. These diagnosis results represent a distribution depending on disturbances and the failure state.
With a surrogate model trained on the data, different measures of robustness as for example failure probabilities or distance of separation are derived. Their distribution in high dimensional disturbance space is visualized either directly or in an aggregated mode. For robustness improvements during the design phase the method implements three different generic features of diagnosis functions: placement of threshold, region of activation and debouncing. For these three elements either optimal parameter values are proposed directly or a guided iterative process results in optimal application parameters.

Kurzfassung

On-Board–Diagnose (OBD) -Funktionen werden heute im Rahmen der Entwicklung anhand von Mess- oder Simulationsdaten getestet und während der Applikation auf HiL-Systemen oder im Fahrzeug überprüft. Dabei werden die für die Diagnosefunktion kritischen Betriebsbereiche eingestellt. Eine Abschätzung der Robustheit im Feld bezüglich der zu erwartenden Fehlerwahrscheinlichkeiten ist daher nur mit hohem Aufwand möglich [1-3].

Die hier vorgestellte Methode der Robusten Diagnose bietet den Entwicklern und Anwendern von On-Board-Diagnosefunktionen die Möglichkeit, die Robustheit von Diagnosefunktionen zu quantifizieren und damit zielgerichtet zu verbessern. Dementsprechend umfasst die Methode zwei Elemente, die Robustheitsanalyse und den Robusten Entwurf. Im Analyseteil wird die Abhängigkeit des Diagnoseergebnisses von der Fehlerausprägung und von den Störgrößen untersucht. Im Entwurfsteil liefert die Methode Hinweise und Vorschläge zur Verbesserung der Robustheit durch eine geeignete Wahl von generischen Applikationsparametern.

Hierzu wird ein physikalisches Simulationsmodell der Strecke im fehlerfreien und ungestörten Zustand genutzt. Dieses wird ergänzt um ein Modell des fehlerbehafteten Systems, um den Einfluss der Störgrößen und um ein Modell beziehungsweise den Steuergerätecode der Diagnosefunktion. Der durch die einzelnen Störgrößen aufgespannte Störgrößenraum umfasst die wichtigsten Einflussgrößen auf das Diagnoseergebnis und wird von einem Expertenteam von Diagnose- und Komponentenentwicklern vorab definiert. Er ist durch Ober- und Untergrenzen festgelegt und wird über ein experimentelles Design (design of experiments - DOE) mit Testpunkten gefüllt. Das Gesamtmodell der Diagnosestrecke wird in den einzelnen Punkten des Designs über einen Fahrzyklus simuliert. Dabei wird für jede Störgrößenkombination des DOE und jeden Verschleißzustand eine Verteilung von Diagnosewerten erzeugt. Mithilfe eines datenbasierten Ersatzmodells werden unterschiedliche Robustheitskenngrößen wie beispielsweise Fehlerwahrscheinlichkeiten oder die Separation bestimmt. Deren Verteilung im Störgrößenraum kann anschließend direkt oder in aggregierter Form dargestellt werden.

Die Methode wurde sowohl an unterschiedlichen existierenden Diagnosefunktionen für die Komponenten Turbolader, Lambdasonde und Katalysator erprobt, als auch entwicklungsbegleitend bei neuen Diagnosefunktionen eingesetzt. Durch den Nachweis der Robustheitssteigerung konnte die Qualität zielgerichtet verbessert und transparent dokumentiert werden. Die Weiterentwicklung beschäftigt sich mit der Integration der Methode in eine durchgängige Toolkette zur Entwicklung und Absicherung von Diagnosefunktionalität im Rahmen einer Produktumsetzung.

1. Diagnosequalität von On-Board-Diagnosefunktionen

Eine On-Board-Diagnosefunktion berechnet aus einem oder mehreren gemessenen Signalen einen Diagnosewert, auch Residuum genannt. Der Diagnosewert charakterisiert den Verschleißzustand der Komponente. Durch den Vergleich mit einer Diagnoseschwelle bzw. Fehlerschwelle wird der Diagnosewert einem der beiden Komponentenzustände defekt oder in Ordnung zugeordnet [4-7].
Im Idealfall kann einem bestimmten Verschleißzustand der Komponente ein Diagnosewert eindeutig zugeordnet werden. Unter realen Bedingungen hängt der Diagnosewert jedoch nicht nur vom Verschleißzustand, sondern auch von weiteren Einflussgrößen wie beispielsweise Störgrößen [8,9] oder dem Betriebszustand des Systems ab. Das heißt für einen Verschleißzustand können unterschiedliche Diagnosewerte vorliegen, die zusammen eine Verteilung bilden.
Ein weiterer Aspekt von Diagnosequalität ist die Häufigkeit mit der eine Diagnosefunktion ein bestimmtes Ergebnis liefert. Aktivierungsbedingungen können den Betriebsbereich so stark einschränken, dass die Funktion zu selten läuft, um einen Fehler rechtzeitig zu erkennen. Die Anforderung, eine Diagnose möglichst häufig laufen zu lassen, steht im Widerspruch mit der Anforderung nach maximaler Robustheit. Wird die Gesamtrobustheit der Diagnosefunktion erhöht, indem die Aktivierung der Diagnose auf die robusten Betriebsbereiche beschränkt wird, so wird die Diagnosefunktion zwangsläufig seltener ausgeführt.

1.1 Fehlerwahrscheinlichkeit

Bild 1 zeigt exemplarisch zwei Verteilungen von Diagnosewerten, welche zwei unterschiedlichen Komponentenzuständen zugeordnet sind. Aus dem Diagnosewert kann für den Fall überlappender Verteilungen nicht eindeutig auf den tatsächlichen Komponentenzustand zurückgeschlossen werden. Unabhängig von der Wahl der Fehlerschwelle wird es für einen der beiden Komponentenzustände Diagnosewerte sowohl oberhalb als auch unterhalb der Fehlerschwelle geben. Somit kann es zu Fehlklassifikationen kommen, wobei entweder eine Gutkomponente als defekt erkannt wird (α-Fehler) oder eine Defektkomponente als in Ordnung erkannt wird (β-Fehler). Die Verringerung einer der beiden Fehlerwahrscheinlichkeiten führt automatisch zu einer Vergrößerung der anderen.

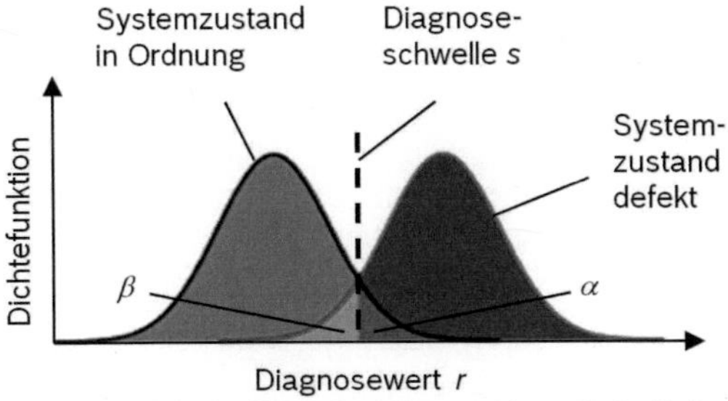

***Bild 1**: Wahrscheinlichkeitsdichtefunktionen einer Gut- (linke Verteilung) und einer Defektkomponente (rechte Verteilung). Die roten Flächen kennzeichnen die Wahrscheinlichkeiten α und β von Fehlklassifikationen.*

1.2 Grenzkomponenten

Bei den voneinander zu unterscheidenden Komponentenzuständen handelt es sich tatsächlich um zwei Mengen von Zuständen. Alle Verschleißzustände zwischen dem Neuzustand der Komponente und der Verschleißgrenze werden als in Ordnung bezeichnet. Alle Zustände oberhalb der Verschleißgrenze fallen in die Klasse der defekten Komponenten. Die Schwierigkeit bei der Diagnose besteht nicht darin, die Neukomponente von der Defektkomponente zu unterscheiden, sondern zwei gealterte Komponenten, deren Verschleißzustände sehr ähnlich sind, korrekt zu klassifizieren. Letztere werden als Grenzkomponenten bezeichnet. Eine der beiden Grenzkomponenten ist die Defektkomponente, deren Zustand der Verschleißgrenze entspricht. Diese wird auch als die beste Defektkomponente (best performing unacceptable - BPU) bezeichnet. Der Zustand der zweiten Grenzkomponente sollte knapp unterhalb der Verschleißgrenze liegen. Diese wird auch als die schlechteste Gutkomponente (worst performing acceptable - WPA) bezeichnet.
Die Aussagen über die Diagnosequalität bzw. die Fehlerwahrscheinlichkeiten α und β beziehen sich auf die Grenzkomponenten und hängen davon ab, wie stark sich die zugehörigen Verschleißzustände unterscheiden. Je weiter die BPU- und die WPA-Komponente auseinander liegen, desto besser sind sie voneinander zu unterscheiden, desto kleiner sind die Fehlerwahrscheinlichkeiten und desto größer ist die Robustheit der Diagnose. Die nachfolgende Robustheitsanalyse geht vom ungünstigsten Fall mit einem minimalen Abstand der Grenzkomponenten aus.

1.3 Störgrößen

Als Störgrößen *d* werden die Größen bezeichnet, die einen ungewollten Einfluss auf das Diagnoseergebnis haben. Demnach müssen sich diese direkt oder indirekt auf die zu betrachtende OBD-Funktion auswirken. Die Ermittlung der Größen erfolgt in der Diskussion mit Experten für eine bestimmte OBD-Diagnosefunktion und die zugehörige zu diagnostizierende Komponente.
Typische Beispiele für Störeinflüsse sind Veränderungen der Systemumgebung (z. B. Temperatur, Fahrzustand), Fertigungs- und Montagetoleranzen, Sensoreigenschaften (z. B. Rauschen, Drift, Dynamik) oder Verschleiß anderer Systemkomponenten. Zur Klassifikation der Störungen kann zwischen Störungen innerhalb und außerhalb des Systems, messbaren und nicht messbaren Störungen, beinflussbaren und nicht beinflussbaren, sowie schnell und langsam veränderlichen (in Bezug auf die Dynamik der Diagnose) Störungen unterschieden werden.
Nach der Erfassung aller Störgrößen werden diese hinsichtlich ihrer Signifikanz eingeteilt. Dabei soll für jede Störgröße die Aussage getroffen werden, ob diese einen starken (signifikanten) oder schwachen (nicht signifikanten) Einfluss auf die OBD-Funktion hat. Diese Einschätzung beruht auf dem Expertenwissen der Teilnehmer. Als Vorbereitung für die Planung der Experimente werden für jede Störgröße der Wertebereich, der nominale Wert und, falls bekannt, die Verteilung erfasst. Der nominale Wert ist der Wert, bei dem der Einfluss der Störgröße auf das Diagnoseergebnis minimal ist. Fehler bei der Bewertung der Signifikanz und damit der Auswahl der Störgrößen können durch die Analyse aufgedeckt werden (siehe Abschnitt 3.1).

2. Robustheit von On-Board-Diagnosefunktionen

Die Form und Lage der Verteilungsfunktionen (Bild 1) und damit die Qualität der Diagnosefunktion können durch unterschiedliche Einflussfaktoren verändert werden. Hierzu zählen der Betriebsbereich des Systems bzw. die Systemanregung u, die in Abschnitt 1.3 beschriebenen Störgrößen [9], die Ungenauigkeit von Modellen als Bestandteil der Diagnosefunktion, die Residuenberechnung und –auswertung (Bild 2). Das Ziel bei der Entwicklung robuster Diagnosefunktionen ist die Sicherstellung einer definierten Qualität unter Berücksichtigung der gegebenen Betriebsbedingungen und Störgrößen. Hierzu muss die Robustheit im ersten Schritt analysiert werden, um sie in einem zweiten Entwurfsschritt gezielt zu verbessern. Die Analyse umfasst die Quantifizierung durch Robustheitskenngrößen und deren Visualisierung zur Veranschaulichung der Abhängigkeiten von Betriebspunkten sowie Störgrößen. Der Entwurf umfasst zum einen die grundsätzliche Gestaltung der Diagnosefunktion im Rahmen der Funktionsentwicklung und zum anderen die Parametrierung der gegebenen Funktionsstruktur im Rahmen der Applikation. Hierbei gilt es, aus den Ergebnissen der Analyse gezielte Verbesserungsvorschläge für die Struktur oder die Parameter der Diagnosefunktion abzuleiten.

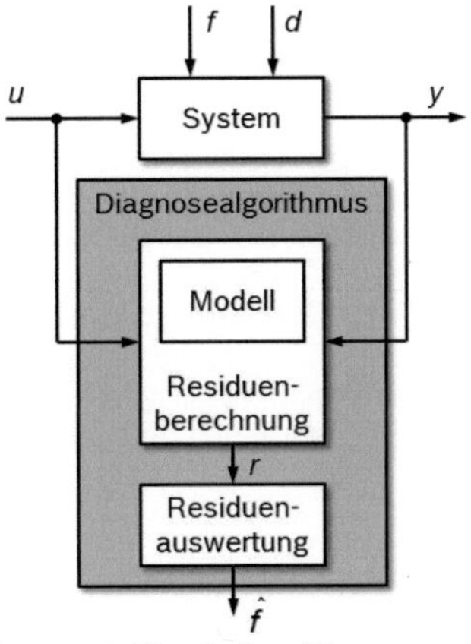

Bild 2: *Funktionsprinzip der modellbasierten Diagnose: Ein Modell erzeugt analytische Redundanz, welche zur Berechnung eines Residuums (Abweichung der Messung zum Gutverhalten) genutzt wird [9].*

2.1 Robustheit

Eine Diagnosefunktion wird dann als robust bezeichnet, wenn es möglich ist, eine definierte Diagnosequalität unter dem Einfluss von Störgrößen zu erreichen. Hierzu werden Obergrenzen α_{max} und β_{max} für die in Abschnitt 1.1 beschriebenen Fehlerwahrscheinlichkeiten eingeführt. Eine Diagnose ist dann robust, wenn sich eine Diagnoseschwelle finden lässt, bei der die tatsächlichen Fehlerwahrscheinlichkeiten gleichzeitig kleiner als die geforderten Fehlerwahrscheinlichkeiten sind, also $\alpha<\alpha_{max}$ und $\beta<\beta_{max}$. Zur Bestimmung der Robustheit werden α_{max} und β_{max} in Quantilsgrenzen umgerechnet und direkt mit einer gewählten Fehlerschwelle s verglichen (Bild 3).

Quantilsgrenzen

Die Festlegung einer Diagnoseschwelle ist nicht zwingend erforderlich, um Aussagen über die Robustheit der Diagnosefunktion zu gewinnen. Mithilfe der sogenannten Quantilsgrenzen kann festgestellt werden, ob es grundsätzlich möglich ist, Robustheit zu erreichen. Die *p*-Quantilsgrenze *Q(p)* teilt eine Wahrscheinlichkeitsverteilung in zwei Bereiche, wobei *p* die Wahrscheinlichkeit für einen Zufallswert unterhalb der Quantilsgrenze ist. Übertragen auf die geforderten Fehlerwahrscheinlichkeiten α_{max} und β_{max} können aus den zugehörigen Verteilungen die Quantilsgrenzen $Q_{WPA}(1-\alpha_{max})$ und $Q_{BPU}(\beta_{max})$ abgeleitet werden. Diese sind als vertikale Linien in Bild 3 dargestellt. Durch die Einführung der Quantilsgrenzen wird der Vergleich zweier Verteilungen von Diagnosewerten auf einen Vergleich von zwei skalaren Größen reduziert, was die Interpretation der Diagnosedaten deutlich vereinfacht.

Separation

Aus der relativen Lage der Quantilsgrenzen lässt sich dann ablesen, ob es möglich ist eine Fehlerschwelle zu finden. Hierfür wird die Differenz zwischen den Quantilsgrenzen gebildet.

$$S = Q_{BPU}(\beta_{max}) - Q_{WPA}(1-\alpha_{max}) \quad (1)$$

Die Größe *S* wird als Separation bezeichnet. Ein positiver Wert *S* bedeutet, dass die Quantilsgrenzen nicht überlappen. Im Bereich zwischen den Grenzen kann eine Fehlerschwelle festgelegt werden, welche die beiden Bedingungen $\alpha<\alpha_{max}$ und $\beta<\beta_{max}$ gleichzeitig erfüllt. Die tatsächlichen Fehlerwahrscheinlichkeiten der Diagnosefunktion überschreiten die geforderten Fehlerwahrscheinlichkeiten nicht. In diesem Fall sind die beiden Verteilungen separierbar. Ist der Wert von *S* hingegen negativ, so ist es nicht möglich, eine robuste Fehlerschwelle zu finden. Separierbarkeit ist somit eine notwendige Bedingung für die Robustheit der Diagnosefunktion.

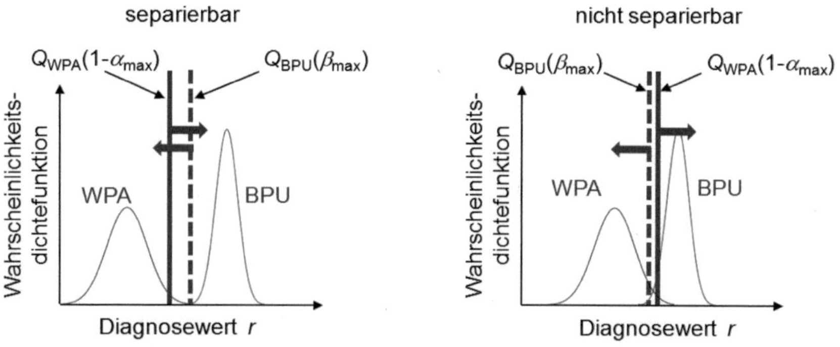

Bild 3: *Verteilungen der Diagnosewerte für WPA- und BPU-Fall sowie die Quantilsgrenzen der geforderten Fehlerwahrscheinlichkeiten (vertikale Linien) am Beispiel separierbarer (links) und nicht separierbarer (rechts) Verteilungen.*

Neben dem Vorzeichen liefert auch der Betrag von *S* eine wichtige Information über die Robustheit, denn je größer der Abstand zwischen den beiden Verteilungen von Diagnosewerten bzw. den Quantilsgrenzen ist, desto robuster können die Verteilungen unterschieden werden.
Wichtiger als die absolute Position der Quantilsgrenzen ist deren relative Lage, welche durch die Robustheitskenngröße Separation abgebildet wird und die Interpretation der Diagnosedaten ein zweites Mal vereinfacht.
Im dargestellten Fall ist der Mittelwert der BPU-Verteilung größer als der Mittelwert der WPA-Verteilung. Alle Beschreibungen in diesem Text beziehen sich auf diesen Fall, können jedoch auch auf den umgekehrten Fall übertragen werden.

2.2 Störgrößenabhängige Robustheitskenngrößen

In Abschnitt 2.1 wird von einer konstanten Verteilung von Diagnosewerten ausgegangen. Das heißt die Wahrscheinlichkeitsdichtefunktion *F* ist ausschließlich eine Funktion des Diagnosewertes *r*. *P* ist die Wahrscheinlichkeit für den Zufallswert *R*.

$$F = F(r) = P(R \leq r) \tag{2}$$

Das Ziel der Robustheitsanalyse besteht jedoch darin, die Abhängigkeit des Diagnosewertes von unterschiedlichen Einflussgrößen, wie beispielsweise dem Störgrößenvektor **d** zu untersuchen. Hierfür muss der Zusammenhang $r(\mathbf{d})$, welcher in den Analysedaten bereits enthalten ist, auch bei der Bestimmung der parametrischen Verteilungsfunktion sowie aller weiteren daraus abgeleiteten Größen berücksichtigt werden. Entsprechend hängt die Wahrscheinlichkeitsdichtefunktion von weiteren Eingangsgrößen ab.

$$F = F(r(\mathbf{d})) = P(R(\mathbf{d}) \leq r(\mathbf{d})) \tag{3}$$

Bild 4 zeigt ein Beispiel mit einer Störgröße, wobei im linken Diagramm der Diagnosewert *r* über der Störgröße *d* aufgetragen ist. In diesem Beispiel hängt die Streubreite der Diagnosewerte von der Störgröße ab und ist in den Randbereichen größer als im mittleren Bereich. Im rechten Teil ist die zugehörige geschätzte Dichtefunktion dargestellt. Beide Diagramme enthalten den geschätzten Mittelwert und die geschätzte 1%-Quantilsgrenze.

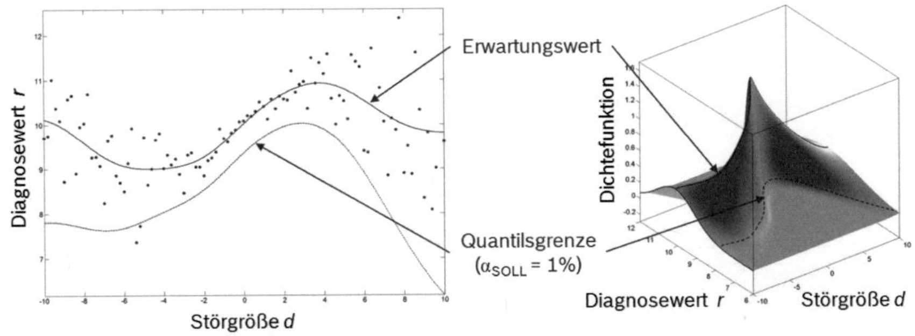

***Bild 4:** Diagnosewerte in Abhängigkeit einer Störgröße (links), geschätzte Wahrscheinlichkeitsdichtefunktion (rechts), geschätzter Mittelwert (durchgezogene Linie) und 1%- Quantilsgrenze (gestrichelte Linie).*

Die Quantilsgrenzen $Q_{WPA}(\mathbf{d}, 1-\alpha_{\max})$ und $Q_{BPU}(\mathbf{d}, \beta_{\max})$ als Funktionen der Störgrößen **d** folgen aus der Dichtefunktion (3). Mit den Quantilsgrenzen erhält man die störgrößenabhängige Separation $S(\mathbf{d}, \alpha_{\max}, \beta_{\max})$.
Wie bereits in Abschnitt 1.1 und 2.1 beschrieben, muss zur Bestimmung der Robustheit sowie der tatsächlichen Fehlerwahrscheinlichkeiten eine Fehlerschwelle *s* festgelegt werden. Die Robustheit $R(s, \mathbf{d}, \alpha_{\max}, \beta_{\max})$ hat dann entweder den Wert 1, wenn beide Bedingungen (4) gleichzeitig erfüllt sind, andernfalls den Wert 0. Im letzteren Fall kann entweder eine der beiden Bedingungen nicht erfüllt sein, dann ist eine Differenzierung hinsichtlich *α*- oder *β*-Fehler sinnvoll. Dieser Fall kann vorliegen, wenn die Verteilungen zwar separierbar sind, die Fehlerschwelle jedoch so gewählt wurde, dass sie entweder unter dem WPA-Quantil $s < Q_{WPA}$ oder über dem BPU-Quantil $s > Q_{BPU}$ liegt.

$$R(s, \mathbf{d}, \alpha_{\max}, \beta_{\max}) = \begin{cases} 1, & Q_{WPA}(\mathbf{d}, 1-\alpha_{\max}) < s < Q_{BPU}(\mathbf{d}, \beta_{\max}) \\ 0, & \text{sonst} \end{cases} \tag{4}$$

Die tatsächlichen Fehlerwahrscheinlichkeiten *α* und *β* werden mit der Fehlerschwelle *s* aus der WPA- bzw. der BPU-Verteilung bestimmt. $\alpha(s, \mathbf{d})$ ist die Wahrscheinlichkeit dafür, dass im fehlerfreien Zustand der Komponente (WPA-Zustand) für einen bestimmten Störgrößenvektor **d** ein Diagnosewert *R* auftritt, der oberhalb der Fehlerschwelle *s* liegt, und $\beta(s, \mathbf{d})$ ist die Wahrscheinlichkeit dafür, dass im fehlerhaften Zustand der Komponente (BPU-Zustand) für einen bestimmten Störgrößenvektor **d** ein Diagnosewert *R* auftritt, der unterhalb der Fehlerschwelle *s* liegt.

$$\begin{aligned} \alpha(s, \mathbf{d}) &= P_{WPA}(R(\mathbf{d}) > s) \\ \beta(s, \mathbf{d}) &= P_{BPU}(R(\mathbf{d}) < s) \end{aligned} \tag{5}$$

Es kann sehr aufschlussreich sein, die Werte der zuvor beschriebenen Robustheitskenngrößen *α*, *β*, *S* und *R* an bestimmten Positionen des Störgrößenraumes zu kennen, um insbesondere kritische Bereiche genauer analysieren zu können. Für eine Visualisierung können die Kenngrößen entweder als Funktion einer Störgröße oder in einem Konturdiagramm in Abhängigkeit von zwei Störgrößen dargestellt werden. Abhängigkeiten von mehr als zwei Störgrößen können nicht ohne weiteres dargestellt werden.

2.3 Integrale Kenngrößen

Für einen Einstieg in die Analyse einer bestimmten Diagnosefunktion ist jedoch eine Gesamtaussage über die Robustheit im gesamten Störgrößenraum von Vorteil, da sie die Interpretation vereinfacht. Auch für die Visualisierung ist es sinnvoll, die nicht dargestellten Störgrößendimensionen zusammenzufassen. Hierzu dienen die sogenannten integralen Robustheitskenngrößen Separationsintegral, Robustheitsintegral und Gesamtfehlerwahrscheinlichkeit.

Separationsintegral

Die erste dieser Kenngrößen ist das Separationsintegral (6). Dieses ist ein Maß für die Größe des Bereichs im Störgrößenraum D, in welchem der Wert der Separation positiv ist und damit Robustheit durch eine geeignete Wahl der Fehlerschwelle erreicht werden kann. S^{+} kann maximal den Wert 1 aufweisen, wenn die WPA- und BPU-Verteilung im gesamten Störgrößenraum separierbar sind. Die Größe des nicht separierbaren Bereichs lautet damit $S^{-} = 1 - S^{+}$.

$$S^{+} = \frac{\int_D \left(S\left(\mathbf{d}, \alpha_{\max}, \beta_{\max}\right) > 0\right) \mathrm{d}^{n} d}{\int_D \mathbf{d}\, \mathrm{d}^{n} d} \tag{6}$$

Robustheitsintegral

In gleicher Weise kann die zweite integrale Kenngröße, das Robustheitsintegral R^{+} bestimmt werden. Dieses ist ein Maß für die Größe des Bereichs im Störgrößenraum D, in welchem die Robustheit (4) bei gewählter Fehlerschwelle s den Wert 1 annimmt. Auch der Wert des Robustheitsintegrals liegt zwischen 0 und 1. Die Größe des nicht robusten Bereichs lautet folglich $R^{-} = 1 - R^{+}$.

$$R^{+} = \frac{\int_D R\left(s, \mathbf{d}, \alpha_{\max}, \beta_{\max}\right) \mathrm{d}^{n} d}{\int_D \mathbf{d}\, \mathrm{d}^{n} d} \tag{7}$$

Die Größen R^{+} und S^{+} können auch nur für eine Teilmenge aller Störgrößendimensionen bestimmt werden. Dies ist insbesondere dann notwendig, wenn mehr als zwei Störgrößen betrachtet werden, die Darstellung aber in Abhängigkeit von einer oder zwei Störgrößen erfolgt.

Gesamtfehlerwahrscheinlichkeit

Die dritte integrale Kenngröße ist die Gesamtfehlerwahrscheinlichkeit, die für die Praxis sicherlich wichtigste Größe. Die Häufigkeit von Fehlalarmen der Diagnosefunktion während des normalen Betriebs, hängt zum einen von der Fehlerwahrscheinlichkeit (5) für einen bestimmten Störgrößenvektor und zum anderen von der Auftretenswahrscheinlichkeit $P(\mathbf{d})$ dieses Störgrößenvektors ab. Die Gesamtfehlerwahrscheinlichkeiten erhält man durch Integration über den Störgrößenraum D.

$$\begin{aligned} \alpha(s) &= \int_D P(\mathbf{d}) \alpha(s, \mathbf{d}) \mathrm{d}^{n} d \\ \beta(s) &= \int_D P(\mathbf{d}) \beta(s, \mathbf{d}) \mathrm{d}^{n} d \end{aligned} \tag{8}$$

In der Praxis kann es sehr aufwendig sein, genaue Informationen über die Verteilung der Störgrößen zu erheben. Eine realistische Abschätzung der Gesamtfehlerwahrscheinlichkeit wird dadurch erschwert, ist jedoch bei Vorliegen repräsentativer Messungen bzw. von Erfahrungswerten möglich.

3. Bereitstellung der Analysedaten

Die Voraussetzung für die Durchführung der Robustheitsanalyse sind Analysedaten, welche unterschiedliche Anforderungen erfüllen müssen. Beispielsweise müssen der Verschleißzustand, die Störgrößen und das Diagnoseergebnis in den Daten enthalten sein. Nachfolgend wird eine genaue Beschreibung der erforderlichen Daten gegeben. Anschließend werden zwei unterschiedliche Wege vorgestellt, auf denen die Daten erzeugt werden können.

3.1 Daten

Degradation

Es muss eine Variable zur Beschreibung des Degradationszustands der Komponente existieren. Diese muss mindestens zwei Ausprägungen enthalten, eine für den WPA-Fall und eine für den BPU-Fall. Falls der WPA- und der BPU-Fall nicht exakt reproduziert werden können, so können die gesuchten Grenzfälle auch aus benachbarten Degradationszuständen interpoliert werden, was allerdings mit einem Genauigkeitsverlust verbunden ist. Oftmals ist der BPU-Fall gegeben, der WPA-Fall jedoch nicht genau bekannt. Auch in dieser Situation müssen unterschiedliche Degradationszustände der noch nicht defekten Komponente für die Analyse vorliegen. Der WPA-Fall kann jedoch als eine zusätzliche Dimension der Analyse betrachtet und so bestimmt werden, dass die Robustheitsanforderungen genau erfüllt sind.

Störgrößen

Desweiteren muss eine Variable für jede Störgröße, die den Diagnosewert signifikant beeinflusst, existieren. Eine Störgröße sollte signifikant sein, damit robustheitssteigernde Maßnahmen auch eine deutliche Verbesserung der Diagnosegüte zur Folge haben. Die Anzahl potentieller Störgrößen kann sehr groß sein. Wollte man alle bei der Analyse berücksichtigen, so würde dies auf Kosten der Geschwindigkeit bei der Auswertung, Genauigkeit der Ergebnisse und der Übersichtlichkeit in der Darstellung der Ergebnisse gehen. Daher wird üblicherweise eine kleine Anzahl von Störgrößen unter Berücksichtigung der Erfahrung des Entwicklers der Diagnosefunktion ausgewählt. Auch hierbei können die falschen Größen ausgewählt werden. Die Analyse lässt jedoch Rückschlüsse darauf zu (z. B. mithilfe einer Sensitivitätsanalyse), ob entweder nicht signifikante Größen in der Auswahl enthalten sind oder signifikante Größen fehlen. Somit ist eine Optimierung der Störgrößenauswahl möglich.

Diagnosewert

Die dritte zwingend erforderliche Größe ist der Diagnosewert. Üblicherweise liegen für jede Kombination von Störgrößenwerten und jeden Degradationszustand mehrere voneinander verschiedene Diagnosewerte vor. Diese Streuung resultiert zum einen aus den unterschiedlichen Betriebszuständen, beispielsweise während eines Fahrzyklus, sowie zum anderen aus den nicht signifikanten Störungen, welche nicht explizit bei der Analyse berücksichtigt werden. Diese Streuung der Diagnosewerte ist auch der Grund dafür, dass, wie in Abschnitt 2 beschrieben, mit Verteilungen und Quantilsgrenzen gearbeitet wird. Die Auswahl der Störgrößen hat einen wichtigen

Einfluss auf die Streubreite an einem bestimmten Punkt im Störgrößenraum. Enthält die Auswahl überwiegend nicht signifikante Störgrößen, so ist die Streubreite im Mittel relativ groß. Das heißt, dass die signifikanten Größen, welche die Streubreite erklären könnten, nicht in der Auswahl enthalten sind.

Zeit

Der Zeitbezug ist nicht zwingend erforderlich für die Analyse, wenn die Dynamik der Störgrößen gegenüber der Systemdynamik vernachlässigt werden kann. Es ist jedoch möglich, entweder die Zeit als weitere Eingangsgröße zu berücksichtigen oder Zeitintervalle zu betrachten, falls ausreichend viele Diagnosewerte in einem Zeitintervall vorliegen, um daraus eine Verteilung abzuleiten. Hierüber können robuste und weniger robuste Betriebszustände unterschieden werden.

Applikationsparameter

Eine weitere Eingangsgröße für die Analyse können auch die Applikationsparameter der Diagnosefunktion sein, insofern die endgültigen Parameterwerte noch nicht bekannt sind. Besonders hilfreich ist diese Art der Applikation bei Parametern, welche in Bezug auf den Diagnosewert stark wechselwirken und nicht unabhängig voneinander eingestellt werden können. Im Gegensatz zu den Störgrößen, welche nur zum Teil beeinflusst werden können, werden die Werte der Applikationsparameter im Rahmen des Robusten Designs so festgelegt, dass maximale Robustheit erreicht wird.

3.2 Simulationsbasierte Robustheitsanalyse

Die erste Möglichkeit, die Analysedaten zu erzeugen, ist ein modelbasierter Ansatz. Hierbei kommt ein physikalisches Modell der Diagnosestrecke zum Einsatz. Dieses teilt sich auf in das Streckenmodell und ein Modell der Diagnosefunktion.
Das Streckenmodell muss das Verhalten der zu diagnostizierenden Komponente im Gutzustand und Defektzustand abbilden können. Die Simulation weiterer Verschleißzustände ermöglicht die optimale Auswahl der Grenzkomponenten. Desweiteren muss das Streckenmodell die am Eingang der Diagnosefunktion benötigten Signale simulieren können, insofern diese nicht direkt als Messung vorliegen. Es sollte weiterhin detailliert genug sein, um die signifikanten Störgrößen abbilden zu können.
Bei der Analyse einer bereits existierenden bzw. im Steuergerät implementierten Diagnosefunktion sollte das Model dieser Funktion möglichst exakt das Verhalten des Steuergerätecodes nachbilden. Da die einzelne Diagnosefunktion jedoch häufig von weiteren Funktionen des Steuergeräts abhängt, jedoch nicht die Anregungssignale für alle Funktionen vom Streckenmodell zur Verfügung gestellt werden können, ist ein Freischnitt der zu analysierenden Diagnosefunktion notwendig. Im Gegensatz dazu wird beim Entwurf einer neuen Diagnosefunktion in der Regel zu Beginn das Funktionsprinzip anhand eines Simulationsmodells der Diagnosefunktion untersucht. Dieses hat in der Regel eine minimale Anzahl von Eingangsgrößen und kann direkt zur Erzeugung der Analysedaten verwendet werden.
Die Vorteile des simulationsbasierten Ansatzes liegen in der Möglichkeit die genauen Störgrößenwerte exakt einstellen zu können, dem geringen Aufwand für die Durchführung eines Experiments, der Wiederverwendbarkeit eines bereits vorhandenen Streckenmodells für eine leicht veränderte Strecke und der Anwendbarkeit für aktive

Diagnosefunktionen. Dem stehen als Nachteile die hohen Aufwendungen für die Erstellung des Streckenmodells, der erhöhte Validierungsaufwand für das störgrößenbehaftete Verhalten, die möglichen Modellierungsungenauigkeiten, die Vernachlässigung möglicherweise wichtiger Störgrößen, und damit die eingeschränkte Übertragbarkeit des Analyseergebnisses auf das reale System gegenüber.

3.3 Messdatenbasierte Robustheitsanalyse

Ein alternativer Ansatz ist die Auswertung von Messdaten, wobei diese sowohl vom Fahrzeug- oder Komponentenprüfstand als auch aus dem Feldversuch stammen können. Hierbei werden, wie in Abschnitt 3.1 beschrieben, vorab Störgrößen definiert, ein Versuchsplan bzw. DOE für den Störgrößenraum erstellt und die Punkte des Versuchsplans anschließend vermessen.
Die Messung am realen System hat den Vorteil, dass auch Störungen, die nicht explizit im Versuchsplan enthalten sind, dennoch in den Messdaten auftauchen und damit das Analyseergebnis belastbarer wird. Allerdings ist es im realen Versuch auch deutlich aufwendiger, bestimmte Störgrößen, wie beispielsweise Fertigungstoleranzen, Umgebungsbedingungen oder Alterungszustände, einzustellen.
Sind allerdings die Messungen so umfangreich, dass das Verhalten einer gesamten Fahrzeugflotte unter den unterschiedlichsten Betriebsbedingungen abgedeckt wird, so kann davon ausgegangen werden, dass auch die signifikanten Störgrößen in den Messdaten enthalten sind. Eine explizite Analyse der Robustheit bezüglich dieser Störgrößen ist aber nur dann möglich, wenn diese auch gemessen wurden.

3.4 Metamodell

Die Grundlage für die Berechnung der Robustheitskenngrößen bildet ein Metamodell. Dies ist ein Ersatzmodell, welches den Zusammenhang zwischen Verschleißzustand, Störgrößen und Diagnosewert beschreibt und mithilfe der Analysedaten trainiert wird. Die Auswertung des Metamodells ist um ein Vielfaches schneller als die Simulation des physikalischen Modells der Diagnosestrecke oder das Experiment am realen System. Weiterhin ermöglicht es die Interpolation an den Stellen des Versuchsraumes, an denen keine Messungen vorliegen.
Bei der Umsetzung der Methode wurde die störgrößenabhängige Verteilung der Diagnosewerte als normalverteilt angenommen und mittels heteroskedastischer Gauß-scher-Prozess-Regression [10] modelliert. Die Gaußschen Prozessmodelle haben zum einen den Vorteil, dass sie neben dem eigentlichen Schätzergebnis auch die Schätzunsicherheit als zusätzliche Information zur Verfügung stellen. Für die Modellierung heteroskedastischer Daten (Bild 4) werden zwei Gaußprozessmodelle kombiniert, von denen eines den Mittelwert der Verteilung und das andere die Streubreite der Diagnosewerte beziehungsweise die Varianz schätzt. Durch die Annahme einer Normalverteilung kann aus Mittelwert und Varianz die gesuchte Quantilsgrenze (siehe Abschnitt 2.1) bestimmt werden. Gegenüber anderen Verfahren der Quantilsregression können hiermit auch sehr kleine Quantile geschätzt werden.

4. Robustheitssteigernde Maßnahmen

Die Robustheitsanalyse bildet die Grundlage zur zielgerichteten Verbesserung der Diagnosequalität. Die Methode kann während unterschiedlicher Entwurfsphasen eingesetzt werden. Beispielsweise können zu Beginn der Entwicklung einer Diagnosefunktion unterschiedliche Diagnoseansätze miteinander verglichen werden. Zusätzlich kann die Robustheit über generische Applikationsparameter wie die Fehlerschwelle, einen Aktivierungsbereich und eine Entprellung vergrößert werden. Für diese Elemente können basierend auf dem Analyseergebnis optimale Parameter zur Applikation der Diagnosefunktion bestimmt werden.

4.1 Diagnoseschwelle

Die Festlegung einer Fehlerschwelle ist die erste und wichtigste generische Designmaßnahme, welche die Diagnosequalität beeinflusst. Erst mit der Festlegung der Fehlerschwelle ergeben sich die tatsächlichen Fehlerwahrscheinlichkeiten. Dabei ist die Wahl der Fehlerschwelle ein Kompromiss zwischen der α- und der β-Fehlerwahrscheinlichkeit. Im einfachsten Fall wird eine globale, das heißt störgrößenunabhängige, Fehlerschwelle festgelegt. Hierbei liefert die Methode einen Vorschlag für eine optimale globale Fehlerschwelle. Es ist auch möglich, die Fehlerschwelle in Abhängigkeit von mehreren zur Laufzeit oder am Ende des Produktionsprozesses quantifizierbaren Störgrößen festzulegen. Die Methode liefert zum einen Hinweise, welche der messbaren Störgrößen sinnvolle Indikatoren für die Festlegung der Fehlerschwelle sein können. Zum Anderen werden konkrete Wertebereiche vorgeschlagen, in denen die Fehlerschwelle liegen sollte, damit die Diagnose robust ist.

4.2 Aktivierungsbereich

Die Festlegung eines Aktivierungsbereichs ist ebenfalls eine generische Designmaßnahme zur Erhöhung der Diagnosequalität. Da es möglich ist, dass die Diagnosequalität in einzelnen Bereichen des Störgrößenraums nicht der geforderten Qualität entspricht, können diese Bereiche durch Einschränkung des Wertebereichs einzelner messbarer Störgrößen ausgeschlossen werden. Der Bereich des messbaren Störgrößenraums, in dem die Diagnosefunktion aktiv ist, wird als Aktivierungsbereich bezeichnet. Der Einfluss dieser Designmaßnahme wird bei der Robustheitsanalyse berücksichtigt. Darüber hinaus werden im Rahmen eines robusten Designs Vorschläge für sinnvolle Aktivierungsbereiche basierend auf den Ergebnissen der Robustheitsanalyse gemacht.

4.3 Entprellung

Die Entprellung ist eine generische Designmaßnahme zur Erhöhung der Diagnosequalität. Hierbei werden mehrere aufeinanderfolgende Diagnoseergebnisse zu einer zuverlässigeren Aussage zusammengefasst. Die Entprellung wird daher im Rahmen der Robustheitsanalyse mit berücksichtigt. Hierzu werden die wichtigsten Methoden der Entprellung im Analysetool abgebildet, so dass die oben aufgeführten Kenngrößen auch unter Berücksichtigung der Entprellung bestimmt werden können.

5. Robustheitsanalyse am Beispiel einer DC-Motor-Diagnose

Zur Erzeugung der Daten für dieses Beispiel wurde ein DC-Motor (Bild 5) mit kaskadierter Geschwindigkeits-Strom-Regelung modelliert und der Bürstenverschleiß als Fehler angenommen. Im Modell wird der Fehler über den Kommutatorwiderstand abgebildet, welcher die Werte R=9.5Ω (WPA-Fall) und R=10Ω (BPU-Fall) annimmt. Als Störgrößen wurden die Motortemperatur T und das Trägheitsmoment J ausgewählt.

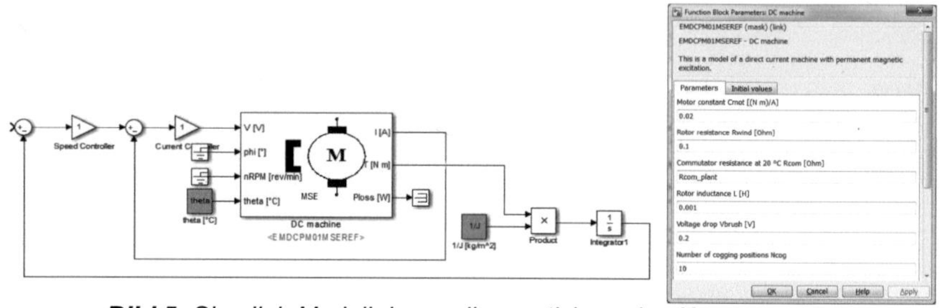

Bild 5: *Simulink-Modell der zu diagnostizierenden Komponente.*

Die Erzeugung des Residuums erfolgt durch einen Vergleich mit einem zweiten identischen Modell der Strecke, dessen Parameter T=25°C und J=0,01kgm^2 auf ihren nominellen Wert eingestellt sind. In Bild 6 sind als Simulationsergebnis der Diagnosewert in Abhängigkeit der beiden Störgrößen und des Degradationszustands dargestellt. Für die Störgrößen T und J wurde eine Sobol-Sequenz als Versuchsplan erzeugt, in welchem T zwischen 20°C und 40°C variiert und J zwischen 0,001kgm^2 und 0,1kgm^2. Die Nominalwerte liegen bei 25°C und 0,0505kgm^2. Bereits in der Darstellung der Rohdaten kann man bei diesem Beispiel relativ leicht erkennen, dass die Temperatur keinen Einfluss auf den Diagnosewert hat. Es ist also keine signifikante Störgröße und sollte aus dem Versuchsplan entfernt werden. Die Last J hat jedoch einen deutlichen Einfluss auf den Diagnosewert.

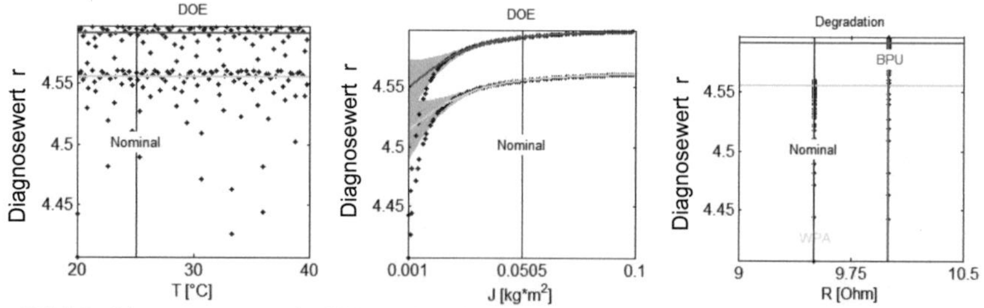

Bild 6: *Diagnosewerte in Abhängigkeit der beiden Störgrößen T und J sowie des Verschleißparameters R.*

Bild 7 zeigt die Häufigkeitsverteilung der Diagnosewerte und die geschätzten Wahrscheinlichkeitsdichtefunktionen für den WPA- und den BPU-Fall. An diesem Diagramm lässt sich am Schnittpunkt der beiden Verteilungen der Wert einer konstanten Fehlerschwelle gut ablesen. Dieser sollte bei s = 0,566 liegen.

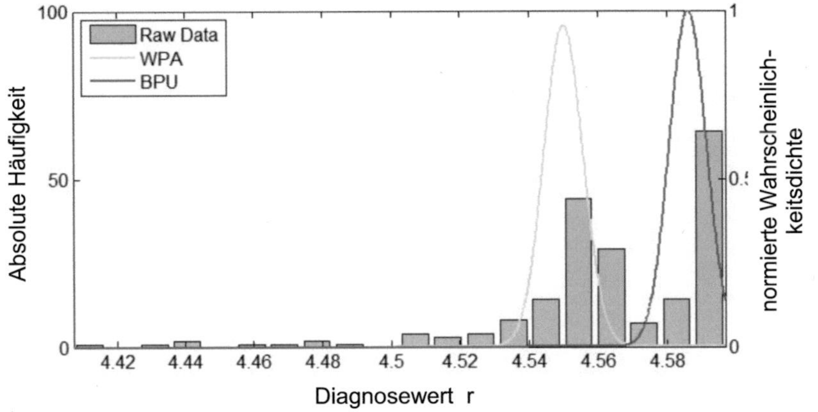

***Bild 7:** Verteilung und geschätzte Wahrscheinlichkeitsdichtefunktionen der Diagnosewerte.*

Das linke Diagramm in Bild 8 zeigt die Gesamtfehlerwahrscheinlichkeit der Diagnose ohne Festlegung von Aktivierungsbedingungen oder Entprellung. Die geforderten Fehlerwahrscheinlichkeiten von α_{max}=0,01% und β_{max}=1%, im Bild als breite Balken eingetragen, werden von den tatsächlichen Fehlerwahrscheinlichkeiten (schmale Balken), welche bei α=0,049% und β=8,964% liegen, überschritten.

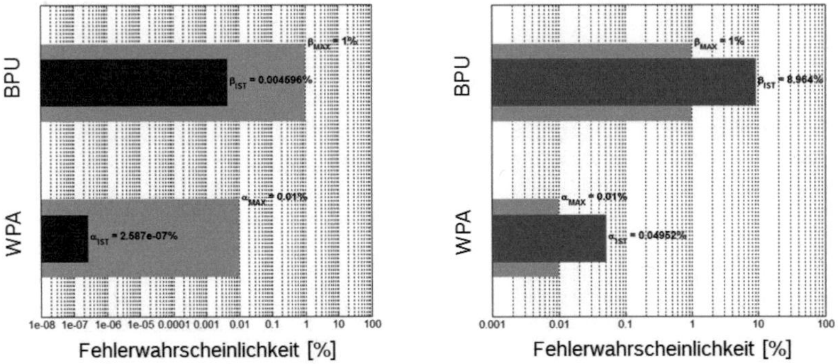

***Bild 8:** Gesamtfehlerwahrscheinlichkeiten ohne (links) und mit (rechts) Festlegung einer Aktivierungsbedingung.*

Eine Möglichkeit, die Gesamtfehlerwahrscheinlichkeit zu reduzieren, besteht darin, den Aktivierungsbereich der Diagnose auf die robusten Bereiche einzuschränken. Hierzu wird eine weitere Darstellung (Bild 9) herangezogen, in welcher das Robustheitsintegral (7) als Konturdiagramm über jeweils einer Störgröße und der Fehlerschwelle aufgetragen ist. Die ausgewählte Fehlerschwelle ist als gestrichelte horizontale Linie eingezeichnet.

Ausschlaggebend ist nur die Robustheit entlang der Fehlerschwelle. Für die Störgröße *J* gibt es einen Bereich zwischen 0,001kgm² und 0,02kgm², in dem die Robustheit kleiner als 100% ist. Über eine Aktivierungsbedingung, deren untere Begrenzung als vertikale gestrichelte Linie bei *J*=0,02kgm² eingezeichnet ist, kann der nicht robuste Bereich ausgeschlossen werden.

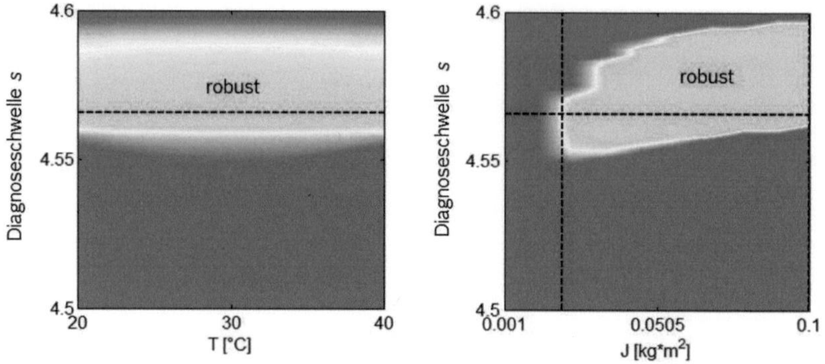

***Bild 9**: Robustheitsintegral über jeweils einer Störgröße und Fehlerschwelle (grün: R^+=100%, rot: R^+=0%), die gewählte Fehlerschwelle ist als horizontale und der Aktivierungsbereich als vertikale gestrichelte Linie eingezeichnet.*

Die ausgewählte Aktivierungsbedingung führt zu einer deutlichen Reduzierung der Gesamtfehlerwahrscheinlichkeiten (Bild 8 rechts), so dass die geforderten Grenzen eingehalten werden können.

6. Ausblick

Die im Rahmen eines Forschungsprojektes entwickelte Methode [11] wurde bisher im Rahmen der Funktionsentwicklung abgasrelevanter Diagnosefunktionen validiert. Die weiteren Aktivitäten fokussieren sich auf die Übertragung der Vorgehensweise auf weitere Anwendungen, mit dem Ziel, ein möglichst umfangreiches Bild der Anforderungen an eine solche Methode zu bekommen.

Literatur

[1] Mohammadpour, Franchek and Grigoriadis: A survey on diagnostic methods for automotive engines, International Journal of Engine Research, 2012.

[2] Barone, Ambrosio and Erto: A Statistical Monitoring Approach for Automotive On-board Diagnostic Systems, Quality and Reliability Engineering International, 2007.

[3] You, Krage and Jalics: Overview of Remote Diagnosis and Maintenance for Automotive Systems, 2005 SAE World Congress, Detroit, Michigan, April 11-14, 2005.

[4] M. Blanke, M. Kinnaert, J. Lunze, M. Staroswiecki: Diagnosis and Fault-Tolerant Control, Springer, Heidelberg 2006.

[5] S. X. Ding: Model-based Fault Diagnosis Techniques, Springer, Heidelberg 2008.

[6] R. Isermann: Fault-Diagnosis Applications, Springer, Heidelberg, 2011.

[7] R. Isermann: Fault-Diagnosis Systems. Springer-Verlag, Berlin 2006.

[8] Bäker, Unger: Diagnose in mechatronischen Fahrzeugsystemen II.

[9] J. Lunze: Automatisierungstechnik, 3. Aufl., Oldenbourg-Verlag, München 2012.

[10] Lazaro-Gredilla, Titsias: Variational Heteroscedastic Gaussian Process Regression, International Conference on Machine Learning, 28 Jun - 02 Jul 2012.

[11] Fischer, Petridis, Häberlen, Jarmolowitz, Lasarczyk: Patent R. 352479 Verfahren zur Bestimmung einer Güte einer Diagnosefunktion, 17.3.2014.

15 Validierung von Diagnosewerkzeugen in Bezug auf die gesetzliche Abgasuntersuchung nach dem Standard ISO 27145 (WWH-OBD)

Dipl.-Ing. **Andreas Heinz**, Dipl.-Ing. **Marc Stephan Krützfeldt**,
Prof. Dr.-Ing. **Hans-Christian Reuss**, Dr.-Ing. **Michael Grimm**,
Forschungsinstitut für Kraftfahrzeuge und Fahrzeugmotoren Stuttgart, Stuttgart
Dipl.-Ing. (FH) **Hans-Jürgen Mäurer**, Dipl.-Ing. (FH) **Thomas Ost**,
DEKRA Automobil GmbH, Stuttgart

Abstract

This paper describes the implementation and integration of diagnosis according to standard ISO 27145 into a test environment for validation of diagnostic tools and diagnostic functions of vehicles. The implementation, methods and challenges of selected diagnostic services for simulation of a group of control devices are presented as examples. The content and the results of this paper are needed for the successful validation of WWH-OBD compatible diagnostic tools which will be used for monitoring of the exhaust gas systems of commercial vehicles in future.

Kurzfassung

Der Beitrag beschreibt die Umsetzung der Diagnose nach ISO 27145 in einer Testumgebung zur Validierung von Diagnosewerkzeugen und Fahrzeugfunktionen. Dabei werden exemplarisch die Implementierung und Methoden sowie Herausforderungen von ausgewählten Diagnosediensten zur Simulation eines Steuergeräteverbundes vorgestellt. Diese Inhalte und Ergebnisse werden bei der zukünftigen Überwachung des Abgassystems von Nutzfahrzeugen für die erfolgreiche Validierung von WWH-OBD-kompatiblen Diagnosewerkzeugen benötigt.

1. Motivation

Für die Einhaltung der Abgasgrenzwerte in neueren Fahrzeugen muss seit Einführung der OBD-Gesetzgebung jedes Kraftfahrzeug mit Ottomotor (EZ > 2001) und jedes Kraftfahrzeug mit dieselmotorischer Verbrennung (EZ > 2004) über ein sogenanntes On-Board-Diagnose-System verfügen. Dieses hat unter anderem die Aufgabe, dem Fahrer im Fehlerfall das Vorhandensein einer Fehlfunktion im abgasbeeinflussenden System zu signalisieren. Die Überwachung der Einhaltung der Abgasgrenzwerte und die Möglichkeit zur Diagnose des Systems sind gesetzlich festgelegt sowie in entsprechenden Standards wie der ISO 15031 [1] oder der SAE J1939 [2] festgehalten.

Bei der DEKRA Automobil GmbH werden jährlich über 2,5 Mio. Fahrzeuge im Rahmen der Hauptuntersuchung (HU) mit integrierter Abgasuntersuchung (AU) geprüft. Ein reibungsloser Ablauf ist bei der gesetzlich festgelegten Diagnose abgasrelevanter Systeme mit Hilfe sogenannter Scantools unerlässlich. Fehler bei der Diagnose führen zu einem hohen Zeitverlust, verbunden mit hohen Kosten und einer damit einhergehenden Kundenunzufriedenheit. Für Fahrzeuge mit einer EZ ab 2006 wird die gesetzlich vorgeschriebene, periodische Abgasuntersuchung (AU) im Rahmen der HU vorrangig rein elektronisch durchgeführt. Das kann bei heutigen, hochgradig vernetzten Fahrzeugen und deren damit einhergehenden komplexen Systemen zu Fehldiagnosen führen, zumal es eine Vielzahl von Einflussfaktoren gibt. Häufig ist ohne die Hilfe von weiteren Werkzeugen oder Anwendungen von zeitaufwendigen methodischen Untersuchungen nur schwer festzustellen, worin die Ursache für eine fehlerhafte Diagnose mittels Scantool besteht. Um dieser Problematik entgegenzuwirken, führt die DEKRA Automobil GmbH mit externen Prüftools Validierungstests zur Freigabe durch, um weitestgehend Fehler im Tool und bei dessen Anwendung auszuschließen und das Risiko eines Defektes der Fahrzeugelektronik aufgrund eines fehlerhaften Scantools zu verringern.

Diese Validierungstests beinhalten diverse Analysen sowie darauf aufbauende Tests mit Simulation und Stimulation, die durch den am FKFS in Form eines gemeinsamen Forschungsvorhabens in Zusammenarbeit mit der Dekra Automobil GmbH entwickelten universellen Schnittstellentester (univ. SST) [3] realisiert und umgesetzt werden können. Bei dem univ. SST handelt es sich um eine automatisierte Testumgebung, die mittels Hard- und Software die Möglichkeit bietet, bei einem zu untersuchenden Diagnosesystem – bestehend aus Fahrzeug und externem Testtool – umfangreiche Tests durchführen zu können. Diese Tests reichen von Systemanalysen bis hin zum Compliancetest. Dabei wurden eine editierbare und normkonforme Steuergerätekommunikation datenbankgestützt ebenso wie frei konfigurierbare und reproduzierbare Testsequenzen oder Referenzprüfungen umgesetzt. Bild 1 zeigt den Aufbau mit entsprechenden Schnittstellen.

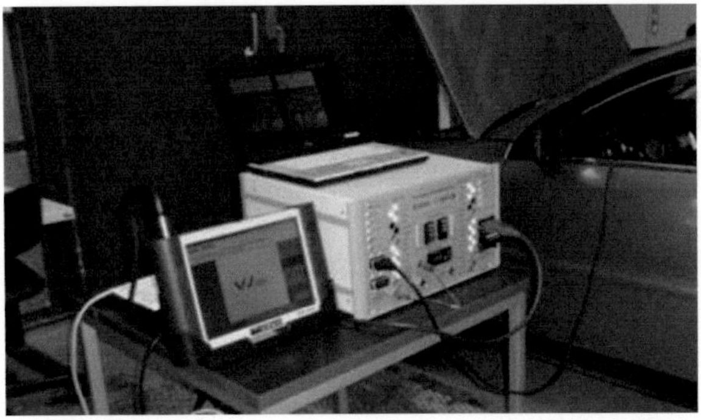

Bild 1: *Testsystem universeller Schnittstellentester*

Die Standards (z. B. ISO 15031) zur Realisierung einer gesetzlichen Diagnose nach den Anforderungen für die EOBD beinhalten Freiheitsgrade und Optionen bezüglich der Umsetzung. Diese Freiheitsgrade und Optionen bestehen von Seiten der

Automobil- und Toolhersteller, so dass z. B. in Bezug auf das zu verwendende Bussystem und Transportprotokoll mehrere Varianten zugelassen sind. Das kann zu Diskrepanzen zwischen dem externen Diagnosetool und der umgesetzten Diagnosekommunikation im Fahrzeug führen. Fehldiagosen bei der periodischen Überwachung der Fahrzeuge sind im Hinblick auf die Einhaltung der Abgasgrenzwerte dadurch nicht ausgeschlossen. Auch vor diesem Hintergrund zielen die neuesten gesetzlichen Regelungen darauf ab, einen weltweit harmonisierten Diagnosestandard in Bezug auf die gesetzliche Diagnose zu realisieren. Das soll mittels der ISO 27145 [4] umgesetzt werden.

Im weiteren Verlauf dieses Beitrages werden Methoden und Funktionen vorgestellt, die die Umsetzung der Diagnose nach ISO 27145 in die bestehende Testumgebung zur Validierung von Tools und Fahrzeugfunktionen anhand von praktischen Beispielen veranschaulichen.

2. Grundlagen

2.1 Relevante Inhalte der ISO 27145 (WWH-OBD)

Die Initiative für die Harmonisierung der gesetzlichen Fahrzeugdiagnose zur Überwachung des Emissionsausstoßes kam von der UN. Die UN entwickelte hierfür die im Jahr 2007 veröffentlichte GTR No. 5 [5]. Vorerst handelte es sich um die Festlegung von technischen Anforderungen für OBD-Systeme in schweren Nutzfahrzeugen ab 3,5 t. Die Ausdehnung auf andere Fahrzeugbereiche folgte. Die ISO 27145 wurde 2012 als offizieller Standard, basierend auf den Anforderungen der GTR No. 5, veröffentlicht.

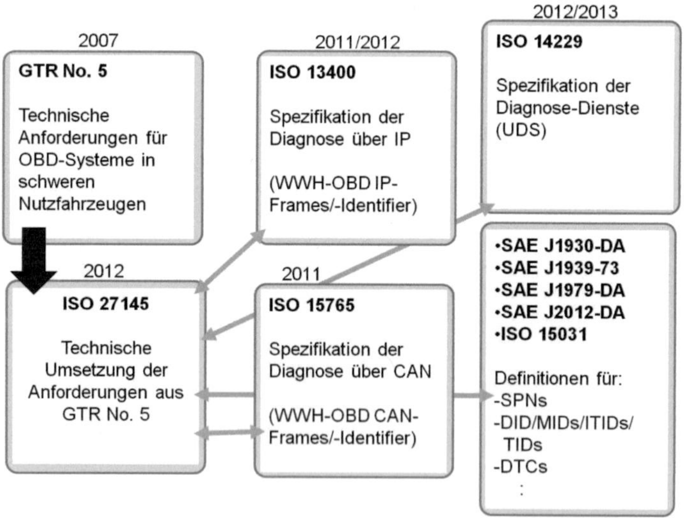

Bild 2: *ISO 27145 und entsprechende Referenzen*

2.1.1 Anforderungen und Anwendungsfälle

Das sogenannte „Vehicle On-Board Diagnostics“ (VOBD)-System besteht aus einem oder mehreren Fahrzeugsteuergeräten. Es werden unterschiedliche Arten von Datensätzen und deren Anforderungen in Bezug auf die Zugriffsmethoden (Caching und Direkt), dem Umfang und der Verfügbarkeit definiert. Darüber hinaus werden drei verschiedene Anwendungsfälle definiert, die festlegen, welche Daten wie und unter welchen Anforderungen vom VOBD-System zur Verfügung gestellt werden müssen. Die verschiedenen Anwendungsfälle sollen nach ISO 27145-2 durch das Testgerät vorgegeben werden, welche dann die zum jeweiligen Anwendungsfall passenden Daten erhalten. Eine genaue Definition der einzelnen Testgeräte und Anwendungsfälle und alle weiteren Anforderungen an diese können zukünftig aus der ISO 27145-6 entnommen werden. Die nach GTR No. 5 geforderten Anwendungsfälle (use case cluster) werden nach ISO 27145-1 wie folgt beschrieben:

- Die Kontrolle am Straßenrand: Informationen zum Status des OBD-Systems sollen kompakt, ohne Details und somit schnell bereitgestellt werden. Der Zustand des Fahrzeugs kann somit bei einer Kontrolle durch die Vollzugsbehörde (Polizei) ohne großen Aufwand überprüft werden. Dadurch sind in Zukunft auch Kontrollen am Straßenrand möglich, bei denen ein Beamter mit einem externen Testgerät mittels einer drahtlosen Verbindung den Status des Fahrzeuges abfragen kann.
- Die gesetzliche Abgasuntersuchung durch eine Prüforganisation: Der zweite Fall soll die Abgasuntersuchung abdecken. Dafür werden detaillierte Informationen zum Status des OBD-Systems, zu den gespeicherten Fehlern und den Fehlerzählern durch ein Testgerät ausgelesen.
- Die Diagnose bei der Reparatur: Dem Kfz-Mechaniker bzw. Techniker in der Werkstatt sollen alle Diagnosedaten für die Reparatur zur Verfügung stehen. Dazu werden sehr umfangreiche Informationen benötigt. Außerdem sind ausschließlich in diesem Anwendungsfall das Löschen von Fehlereinträgen und das Zurücksetzen von Fehlerzählern möglich.

Die bereitzustellenden Fahrzeugdaten werden in „Burst Access“-Daten und „Normal Access“-Daten eingeteilt. Bei dem Burst-Access-Datensatz handelt es sich um eine begrenzte Menge an Daten, die nur gelesen werden können. Die Daten sollen möglichst schnell übertragen werden, um den verschiedenen Anwendungsfällen gerecht zu werden. Den Umfang dieses Datensatzes und deren Inhalte legen die einzelnen speziellen Module der GTR fest. Der Zugriff auf die Daten kann mittels Caching oder direkt erfolgen. Bei dem Normal-Access-Datensatz handelt es sich um eine größere Menge an Daten, für deren Übertragung eine längere Zeit sowie eine bidirektionale Verbindung benötigt werden. Diese Daten sollen nur über den direkten Zugriff zur Verfügung stehen.

Bei den Zugriffsmethoden auf die Daten wird in der Norm zwischen Direktzugriff und Caching unterschieden, wobei die Caching-Methode optional und der Direktzugriff verpflichtend ist. Bei der Caching-Methode werden die Daten regelmäßig in einem Steuergerät, das zum emissionsrelevanten OBD-System gehört oder als Gateway ausgelegt ist, gesammelt und gespeichert. Somit stehen die Daten bei einer Abfrage durch ein externes Testgerät sofort zur Verfügung. Diese Methode ermöglicht eine schnelle Datenübertragung und entlastet die OBD-interne Kommunikation im laufenden Betrieb. Beim Direktzugriff erhält das externe Testgerät die Daten durch die Abfrage bei den einzelnen Steuergeräten.

2.1.2 Dienste, Parameter und Fehlercodes

Die ISO 27145 definiert keine eigenen Diagnosedienste und legt auch kein spezifisches Nachrichtenformat fest. Vielmehr verweist sie weitestgehend auf bereits vorhandene Standards und Normen und fasst diese zusammen. So werden für die gesetzliche Diagnose zur Überwachung von abgasrelevanten Systemen bestimmte Dienste aus der ISO 14229 (UDS) [6] herangezogen, um Funktionen wie das Auslesen des Fehlerspeichers, die Anzeige von Istwerten und das Ausführen von Testroutinen mit Hilfe eines Diagnosetesters zu realisieren. Siehe hierzu Tabelle 1.

Für die Kommunikation zwischen Diagnosetester und Fahrzeug wird zunächst eine Umsetzung mittels CAN nach ISO 15765 [7] empfohlen. In Zukunft soll die Kommunikation drahtgebunden und drahtlos über Ethernet nach ISO 13400 [8] umgesetzt werden.

Die Parameterbereiche wurden für zukünftige Erweiterungen und Ergänzungen vergrößert. Die Identifier aus der Standardisierung der OBD II nach SAE J1979/ISO 15031 wurden übernommen und integriert. Die Parameterbereiche umfassen das Auslesen von Fahrzeugmesswerten (Parameter-Identifier, PID), Fahrzeuginformationen (Infotype-Identifier, ITID) und Testergebnissen von kontinuierlich/nicht-kontinuierlich überwachten Systemen (Monitor-Identifier, MID).

Tabelle 1: UDS-Dienste für WWH-OBD

UDS Service Name (ISO14229-1)	SID Wert	SFID Wert	Unterfunktion Name
Read DataByIdentifier	0x22	N/A	N/A
ReadDTCInformation	0x19	0x04	reportDTCSnapshotRecord ByDTCNumber
		0x06	reportDTCExtendedData-Record ByDTCNumber
		0x42	reportWWHOBDDTCByMask-Record
ClearDiagnosticInformation	0x14	N/A	N/A
RoutineControl	0x31	0x01	startRoutine

Die Parameterbereiche beinhalten darüber hinaus Inhalte zum Ausführen von Testroutinen und zum Auslesen derer Ergebnisse (Test-Identifier, TID). Dabei wurde ein 2-Byte Data-Identifier entsprechend dem 2-Byte Identifier nach ISO 14229 definiert. Das erste Byte (Low Byte) entspricht dem Byte aus der SAE J1979-DA, das zweite Byte (High-Byte) wurde von der ISO 14229-1 übernommen (Bild 3).

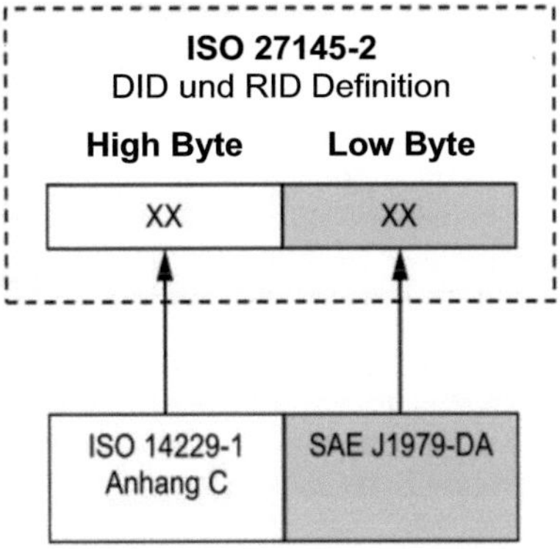

Bild 3: *DID Definition nach ISO 27145*

Die Zusammenführung der Fehlercodes aus allen aktuell gültigen Standards bietet den Fahrzeugherstellern die Möglichkeit, Fehler in unterschiedlicher Weise darzustellen. Der Diagnosetoolhersteller wird jedoch vor die große Herausforderung gestellt, alle erlaubten Darstellungsformate und die entsprechenden Fehlercodedefinitionen in die Diagnosetools zu integrieren. Die Identifikation des Darstellungsformates erfolgt mittels DTC-Format-Identifier.

Für die Darstellung der Fehlercodes wird in der ISO 27145-2 ein drei Byte langer DTC definiert. Der DTC besteht entweder aus einer Base-DTC-Nummer und einem Failure-Type-Byte (spezifiziert in der SAE J2012-DA), oder aus einer „Suspect Parameter Number“ (SPN) sowie einem Failure-Mode-Identifier (FMI), wie in der SAE J1939-73 definiert (Bild 4).

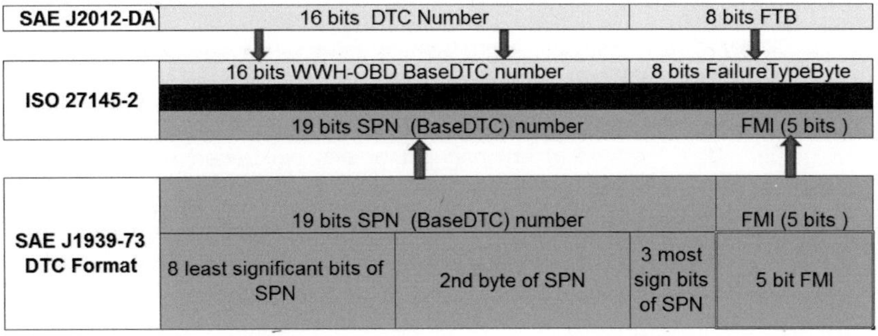

Bild 4: *DTC Definition nach ISO 27145*

2.2 Die Testumgebung „universeller Schnittstellentester“

2.2.1 Zugang zur Diagnosekommunikation

Die Kommunikation zwischen Fahrzeug und Tester erfolgt angesichts der gesetzlichen Überwachung zur Einhaltung der Abgasgrenzwerte nach regional gültigen Standards, wie z. B. der ISO 15031 oder der SAE J1939. Hierbei ist der Zugang zum Fahrzeug über genormte Schnittstellen festgelegt. Bei der Schnittstelle zum Fahrzeug sind beispielsweise 9 von 16 Pins bei der OBD-/CARB-Buchse nach Norm fest zugeordnet. CAN HS High ist PIN 6 zugeordnet, CAN HS Low ist PIN 14 zugeordnet. Der Einsatz des univ. SST ermöglicht einen direkten Zugriff auf die Verbindungen, die zur Diagnosekommunikation zwischen Fahrzeug und Tester benutzt werden. So kann z. B. aufgrund einer fehlerhaften Protokollimplementierung im Fahrzeug und/oder Tester die Kommunikation direkt aufgezeichnet und analysiert, aber auch manipuliert werden. Um ein Fahrzeug oder einen Tester zu Validierungszwecken gegen normkonforme Referenzen testen zu können, ist es notwendig, die Verbindung zwischen Fahrzeug und Tester komfortabel trennen zu können. Ebenso sind Validierungsanwendungen erforderlich, die in Form von Simulatoren oder Stimulatoren eingebunden werden. Bei Gatewayfunktionalitäten müssen die jeweiligen Bussysteme mit zugehörigem Protokoll an definierten Eingängen des Kommunikations- und Diagnoseinterfaces variabel zur Verfügung stehen. Um diese beliebig konfigurierbaren Schaltungen zwischen Fahrzeug und Tester sowie den erweiterten Testanwendungen herstellen zu können, steht eine µC-gesteuerte Break-out-Box – zusammen mit einer Steuerungsapplikation – zur Verfügung. Diese erlaubt die Dokumentation und Archivierung der angewandten Schaltungskonfigurationen. Somit können reproduzierbare Testsequenzen generiert werden. Die vielfältigen Anwendungen des univ. SST können grundlegend in die folgenden 4 Modi unterteilt werden:

1. Lauschbetrieb: Hier erfolgt die Diagnosekommunikation zwischen Fahrzeug und Tester. Das Testsystem „hört“ mit und zeichnet die Diagnosekommunikation auf, um diese analysieren zu können.
2. Gateway: Das Testsystem übernimmt die Rolle eines Gateways und leitet die Nachrichten zwischen Fahrzeug und Tester entsprechend weiter. Die Kommunikation zwischen Fahrzeug und Tester erfolgt mit aufgetrennter Verbindung. Die Leitungen werden über das integrierte Diagnoseinterface geführt. Das Testsystem übermittelt/übersetzt bei Bedarf die Nachricht von einen Transportprotokoll in das andere oder manipuliert die Kommunikation.
3. Modus Tester: Das Testsystem übernimmt hierbei die Rolle des Testers (z. B. Werkstatttester oder Prüftool).
4. Modus Fahrzeug: Das Testsystem übernimmt hierbei die Rolle des Fahrzeuges in Form von partiellen Steuergerätesimulationen.

Der Aufbau mit zugehörigen Hard- und Softwarekomponenten wird in [3] mit dem umgesetzten Systemaufbau beschrieben.

2.2.2 Diagnoseanwendungen für den univ. SST

Der Eingriff in das bestehende Diagnosesystem ist über eine µC gesteuerte Break-out-Box umgesetzt. Eine auf einem Host-PC ausführbare, frei konfigurierbare Applikation ermöglicht ein beliebiges Verschalten der Kommunikationspins der OBD-Buchse des Fahrzeugs und des OBD-Steckers des Testers. Die Kommunikation zur Steuerung dieser Schaltungen erfolgt mittels Ethernet. Zu den wesentlichen Anforderungen an die Software gehören unter anderem die Realisierung und Gewährleistung der Kommunikation zwischen dem Leitrechner und dem univ. SST mittels TCP/IP sowie dem Diagnoseinterface. Bei der Entwicklung stand eine plattformunabhängige Schnittstellenanwendung zur Kommunikation mit dem integrierten µC im Vordergrund.

Die angewandten Schaltungskonfigurationen können in einer strukturierten Datenbank zusammen mit Diagnoseanwendungen wie Gateway, Simulator oder Stimulator abgespeichert werden. Testanwendungen wie Filter, Protokoll- und Gatewayanwendungen zur Analyse und Manipulation können ebenso wie Simulatoren und Stimulatoren zur Validierung von Diagnosefunktionen in Testtools und Fahrzeugsteuergeräten [9] benutzt werden. Es besteht die Möglichkeit, die Anwendungen beliebig zu erweitern. Die erstellten und archivierbaren Testsequenzen erlauben eine Dokumentation und Analyse der aufgezeichneten Diagnosekommunikation. Neben einer kompletten Toolkette zur erweiterten Untersuchung der Diagnosekommunikation zwischen Fahrzeug und Tester sind weitere Funktionen, wie beispielsweise ein integriertes Oszilloskop zur qualitativen Signalanalyse, enthalten. Die für den univ. SST. implementierte Software kann dabei in folgende drei Kategorien unterteilt werden.

1. µC-Software, µC-Applikation in der Programmiersprache C
2. Konfigurationssoftware, Java-Applikation
3. Diagnoseanwendungen, HSX-Interface der Firma samtec in Verbindung mit der Software samDia (C-Code, VB-Skripte)

3. Validierung von WWH-OBD-Diagnosewerkzeugen

Die Zuverlässigkeit von Diagnosewerkzeugen ist – bezogen auf die Funktionssicherheit und normkonforme Implementierung und Umsetzung – vor allem im Hinblick auf die Überprüfung der Einhaltung der Emissionsgrenzwerte und bei der Prüfung im Fehlerfall von hoher Bedeutung. Der diagnostische Zugriff auf Fahrzeuge ist durch regionale Standards wie beispielsweise ISO 15031 für Fahrzeuge im europäischen Raum oder SAE J1939 für Nutzfahrzeuge im amerikanischen Raum über eine festgelegte Schnittstelle genormt und gewährleistet.

Damit ist der Zugang zu Systemen, Steuergeräten und Funktionen mittels eines externen Tools für OEMs, Werkstätten und Prüforganisationen durch den Einsatz unterschiedlicher Diagnosewerkzeuge möglich. Die aufgrund dessen bestehende Komplexität der Diagnose wird durch das Zusammenspiel der exponentiell ansteigenden Vernetzung moderner Fahrzeugsysteme um ein Vielfaches gesteigert. Die Überwachungsorganisationen müssen bei der Überprüfung zur Einhaltung der gesetzlich festgelegten Emissionsgrenzwerte in der Lage sein, alle im Feld befindlichen Systeme diagnostizieren zu können.

Um den Problemen aus den zuvor beschriebenen Themen entgegenzuwirken, wurden von den Vereinten Nationen in der GTR No. 5 Anforderungen an einen weltweit vereinheitlichten, gesetzlichen Umfang der Diagnose gestellt. Diese Inhalte wurden mit dem Titel „World Wide Harmonized On-Board-Diagnostics“ (WWH-OBD) in der ISO 27145 in einen internationalen Standard überführt. Durch die Einführung der WWH-OBD stehen die Überwachungsorganisationen zunächst vor der Herausforderung, auch diese nach neuen Vorgaben zugelassenen Fahrzeuge prüfen zu können. Die WWH-OBD-konforme Umsetzung der Diagnose ist Zulassungsvoraussetzung für neu entwickelte, schwere NFZ-Typen. Seit Anfang 2014 müssen alle in der EU neu zugelassenen schweren NFZ die Euro-VI-Standards einhalten und somit auch über WWH-OBD diagnosefähig sein. Neu entwickelte Fahrzeugtypen müssen das Protokoll bereits seit dem 01.01.2013 bereitstellen. Zuvor müssen die Organisationen jedoch in der Lage sein, die Abnahme und Freigabe der zur Prüfung eingesetzten WWH-OBD-konformen Tools durchführen zu können.

Voraussetzung zur Abnahme dieser Tools für den flächendeckenden Einsatz ist das Vorgehen zur strukturierten Prüfung mit anschließender Freigabe. Die Basis hierfür bildet das bestehende Testsystem univ. SST, das an die neuesten Anforderungen und Standards angepasst werden muss.

3.1 Vorgehensweise beim Anpassen der Testumgebung an die WWH-OBD

Für die Integration der WWH-OBD in den univ. SST wird in Kooperation mit der DEKRA Automobil GmbH im Rahmen eines Forschungsprojektes das Themenfeld Diagnose nach ISO 27145 aufgearbeitet und durchleuchtet. Dabei werden alle in der Norm enthaltenen Referenzen auf bisher bestehende Standards berücksichtigt und näher analysiert. Auf der Analyse basiert ein Lastenheft bezüglich den Anforderungen sowie der Handhabung aus Sicht der Fahrzeug- und Toolhersteller sowie der Prüforganisationen im Vergleich zu bestehenden Abläufen, Vorgaben, Richtlinien und Normen. Mit Hilfe dieser erarbeiteten Grundlagen wird ein Konzept entwickelt, um die WWH-OBD wissenschaftlich zu beleuchten und grundlegende Test-/Simulationsanwendungen zur Validierung von WWH-OBD-konformen Diagnosewerkzeugen zu erstellen. Der Prüforganisation werden außerdem aufgearbeitete Informationen bereitgestellt, um beispielsweise den Geräteleitfaden zur Durchführung der Untersuchung der Abgase von Kraftfahrzeugen im Rahmen der Hauptuntersuchung an die Anforderungen der WWH-OBD anzupassen. Derzeit wird eine an die WWH-OBD angepasste und aktualisierte Version vom Bundesministerium für Verkehr, Bau und Stadtentwicklung (BMVI) erarbeitet, die die Basis für die gesetzliche Überwachung der Emissionsgrenzwerte darstellen wird.

Im weiteren Verlauf muss das bestehende Testsystem in Bezug auf die physikalische Schnittstelle und der umgesetzten Protokolle bezüglich der Kommunikation und der notwendigen Anpassungen der Hard- und Software analysiert und angepasst werden. Die momentan nach ISO 15031 EOBD-konforme Testumgebung – bestehend aus Hard- und Software – bietet somit für das Black-Box-System

„Fahrzeug und Diagnosewerkzeug" auch bei der Diagnose nach WWH-OBD (ISO 27145) die Möglichkeit, umfänglich zu analysieren, Fehler aufzudecken und Referenzszenarien durch Simulation und Stimulation nachzubilden. Ziel der Anpassung des univ. SST an die Anforderungen der Harmonisierung der Diagnose im Rahmen der gesetzlichen Emissionsüberwachung ist, ein erweiterungsfähiges System mit maximaler Flexibilität für zukünftige Änderungen, Ergänzungen und Anforderungen zu entwickeln.

3.2 Methodik zur Freigabeprüfung von Diagnosewerkzeugen

Für die Freigabeprüfung von Diagnosewerkzeugen müssen diese gegen eine normkonforme, von OEM und Toolhersteller unabhängige Referenz getestet werden können, um den Abdeckungs- und Umsetzungsgrad des in der Norm geforderten Funktionsumfangs zu ermitteln. Bei der Verwendung des univ. SST stehen diverse Analyse- und Testabläufe in Form von Modulen zur Verfügung. Diese können anforderungsgerecht kombiniert werden und auf den Entwicklungs- und Freigabeprozess oder die Validierung des Produkts im Feld angewandt werden. Jegliche Anwendung kann auf das interne Diagnosetool des univ. SST (HSX-Interface) als „stand-alone" Applikation geflasht werden, wobei auch Tracefunktionalitäten mit eingeschlossen sind. Szenarien wie das Beaufschlagen des Systems „Fahrzeug und Diagnosewerkzeug" mit Fehlern werden abgedeckt. Vorgaben der ISO 27145 sowie des AU-Geräteleitfadens des BMVI (ehemals BMVBS) werden ebenfalls berücksichtigt. Mit der angepassten Test- und Simulationsumgebung können Positiv- und Negativtests durchgeführt werden. Die Simulation des Steuergeräteverbundes eines Fahrzeuges mit zugehöriger Sensorik des Motors und Restbussimulation für den Diagnosetester, wie in Bild 7 schematisch dargestellt, dient als Positivtest. Ein Negativtest kann in Form einer Analyse und Manipulation der Diagnose eines bestehenden Fahrzeuges mit entsprechendem OEM-Tester durch den Einsatz des univ. SST als Gateway mittels eines Analyzers oder Manipulators (Bild 5) durchgeführt werden.

Für die Freigabe von AU-Geräten nach dem AU-Geräteleitfaden sind zwei Voraussetzungen notwendig:

- Das Prüfen und Testen mit ausgewählten statischen Fahrzeugsimulationen (partieller Steuergeräteverbund), die generisch aus realen Diagnosetraces erstellt werden.
- Das Prüfen und Testen mit volleditierbaren SG-Verbundsimulationen.

Die Steuergerätesimulationen beinhalten einen normkonformen Kommunikationsablauf, der für Freigabeprüfungen notwendig ist. Zur Absicherung kann das System mit Fehlern und unplausiblen Werten beaufschlagt werden.

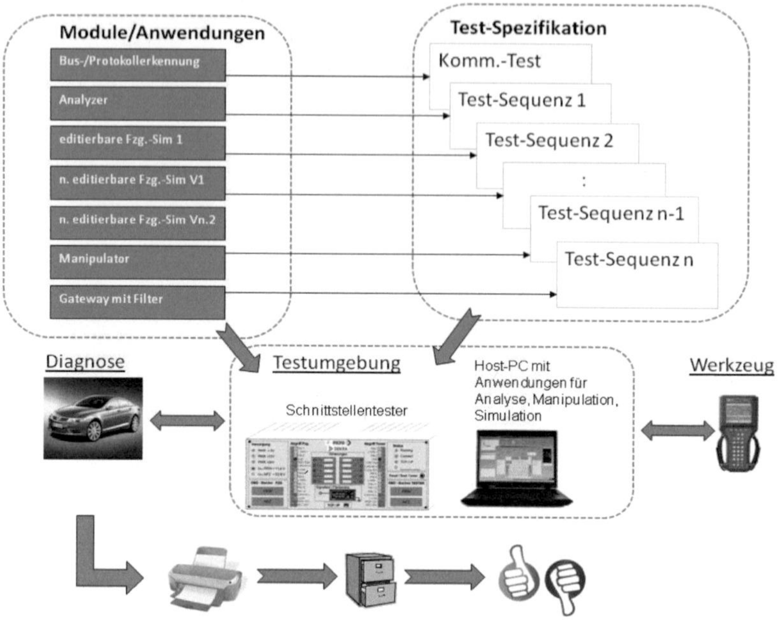

Bild 5: *Möglicher Testaufbau zum Funktionsnachweis von Diagnosefunktionalitäten eines Diagnosetools*

Das Prüfen und Testen mit ausgewählten statischen Fahrzeugsimulationen beruht auf der statistischen Auswertung von Zulassungszahlen für Kraftfahrzeuge in Deutschland. Diese Zahlen stammen vom Kraftfahrt-Bundesamt (KBA). Von der DEKRA Automobil GmbH wird jährlich auf Basis der KBA-Auswertung eine Auflistung der zur HU mit Abgasmessung vorgestellten Fahrzeuge erstellt. Diese soll eine möglichst hohe Abdeckungsrate der Fahrzeuge im Feld gewährleisten. Weiterhin lässt sich in Verbindung mit den nach Norm verifizierten Bussystemen und Protokollen eine Prüfauswahl treffen, mit der die Diagnosewerkzeuge getestet werden müssen. Kann der AU-Prüfablauf bei Prüf-/Abnahmegeräten mit dieser Auswahl positiv abgeschlossen werden, sind ein ausreichend hoher Abdeckungsgrad und eine ausreichend hohe Protokollkonformität erreicht.

Diese Vorgehensweise stellt den besten Kompromiss aus Testaufwand und Funktionssicherheit dar, nicht nur im Hinblick auf die bisher vorhandenen Freiheitsgrade bei der Umsetzung der gesetzlichen Diagnose. Auch in Zukunft ist trotz Harmonisierung ein Prüfablauf erforderlich, da nicht davon ausgegangen werden kann, dass jeder Fahrzeug- und Toolhersteller alle nach WWH-OBD möglichen Optionen umsetzt. Darüber hinaus sind auch hier gewisse Freiheitsgrade zuzulassen, wie beispielsweise bei der Darstellung des Diagnostic Trouble Codes (DTC). Mit dem Einsatz einer nach ISO 27145 konformen volleditierbaren Steuergeräteverbundsimulation kann der Umsetzungsgrad der Diagnosefunktionen überprüft werden. Dabei werden von der Simulation alle vorgeschriebenen UDS-Dienste unterstützt, die zur gesetzlichen Diagnose herangezogen werden. Das ist beispielsweise der Service 22 „Read Data By Identifier“ mit allen in der Norm festgelegten Parametern oder der Service 19 „Read DTC Information“ mit allen geforderten Unterfunktionen.

Durch die fahrzeugseitigen, nach ISO 27145 zulässigen Varianten erweist sich diese Aufgabenstellung bzw. die daraus folgende Simulation in Anbetracht der übersichtlichen Anwenderoberfläche als sehr vielschichtig. Themenkomplexe wie die zulässigen CAN-Identifier oder die möglichen Freiheitsgrade bei der Darstellung der Fehlercodes kommen hinzu. Das folgende Bild 6 zeigt exemplarisch einige Anwenderoberflächen.

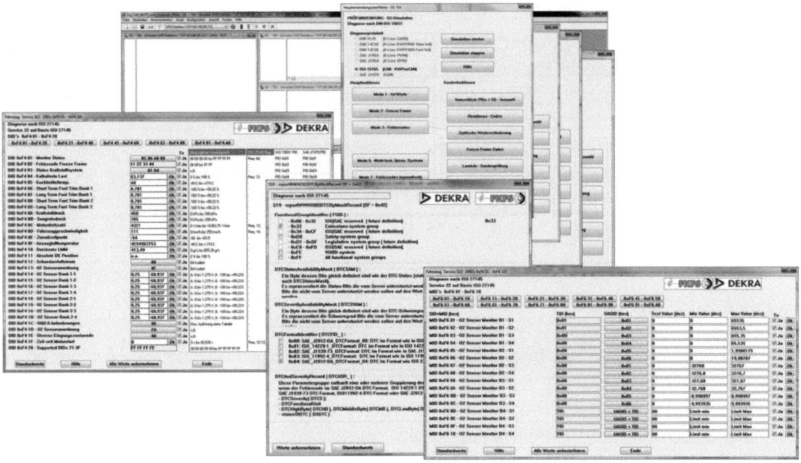

Bild 6: *Editierbare Fahrzeugsimulation – Anwenderoberfläche*

Zum Funktionsumfang der Simulationen gehören unter anderem:

- Eine interaktive GUI, die volleditierbar die Benutzung der Steuergerätesimulation ermöglicht.
- Die Abdeckung aller gesetzlich vorgeschriebenen UDS-Dienste.
- Eingabehinweise für den Anwender mit den nach Norm zulässigen Wertebereichen.
- Die Integration aller festgelegten Parameter zum Auslesen von Fahrzeugistwerten durch Verwendung von PIDs, von Messwerten des Prüfbereitschaftstests sowie von Snapshot Daten und Testroutineergebnissen durch die Verwendung von MIDs und TIDs.
- Fahrzeuginformationen durch Verwendung von ITIDs.
- Die Antworten (Response) auf Single- und Broadcastrequests vom Diagnosetester bzw. Scantool.
- Einstellbares Responsetiming.
- Ablauf- und Prüfsequenzen (dynamische Signalsimulation), z. B. Motordrehzahl, Lambdawerte, Temperaturen.

Da im Rahmen der Geräteabnahme auch die Bedienerführung am Anzeigegerät für den Anwender geprüft wird, ist ein vollautomatischer Funktionstest des Diagnosewerkzeugs trotz der umfangreichen technischen Optionen nicht möglich. Der Prüfer benötigt hierfür einen systematischen Test- und Prüfplan, der auf Basis der Beschreibung des Funktionsumfangs gemäß AU-Geräteleitfaden generiert, erweitert und durchgeführt werden kann.

Für die Durchführung des Negativtests wird der univ. SST als Gateway in Form eines Analyzers oder Manipulators eingesetzt. Auf diese Weise können die Verbindungen zwischen den Kommunikationspartnern (z. B. Fahrzeug und Prüfgerät) physikalisch getrennt und zeitlich beliebig verzögert werden. Botschaften können verfälscht werden, um Untersuchungen durchzuführen, wie sich das Diagnosewerkzeug verhält. Durch die Verwendung von zusätzlichen Filterfunktionen können Busmitschnitte analysiert, die Datenrichtung der Kommunikation bestimmt und in einer Auswertung protokolliert werden. Eine transparente Darstellung der Botschaften mit Zuordnung der IDs zu den verbauten Steuergeräten, Routing und Übersetzung von Nachrichten auf andere physikalische oder logische Kommunikationsschichten zur Aufschlüsselung der Zusammenhänge sind weitere wichtige Möglichkeiten, die durch den Einsatz von Gatewayfunktionen ermöglicht werden.

3.3 Herausforderungen

Die Herausforderungen bei der Anpassung der Testumgebung an die Anforderungen der Harmonisierung der gesetzlichen Diagnose nach Standard ISO 27145 sind aufgrund der Zusammenführung vieler verschiedener Standards und Einführung neuer Optionen zur Realisierung der Diagnosekommunikation vielfältig. Hierzu zählt unter anderem die Anpassung des univ. SST an die zukünftig vorgesehene Kommunikation über Ethernet nach DoIP-Standard (ISO 13400). Die Testumgebung muss für die Verwendung von DoIP hard- und softwareseitig erweitert werden. Weiterhin müssen die Simulatoren und Stimulatoren an die zu verwendenden Service-Identifier mit den zugehörigen Parametern angepasst werden. Die Anzahl der Dienste für die gesetzliche Diagnose nach ISO 27145 im Vergleich zur ISO 15031 verringert sich von bisher neun Modi auf vier Dienste. Die vorreservierten Parameterbereiche wurden gleichzeitig verdoppelt und um die Parameter aus der OBD II erweitert. Für das Auslesen von Fahrzeugmesswerten (Mode \$01) und Freeze-Frame Daten (Mode \$02) sind beispielsweise nicht mehr wie bisher ca. 100 gesetzlich festgelegte Parameter verfügbar. Durch die Zusammenführung von EOBD und OBD II sind ca. 150 Parameter vorhanden. Deren Werte sind über entsprechende Konfigurationsfenster der Simulatoren für den Anwender komfortabel editierbar.

Weiterhin wird der Funktionsumfang für das Auslesen der Fehlerinformationen durch die Verwendung von UDS und von festgelegten Zusatzinformationen (z. B. Fehlerklasse, Fehlerschweregrad, Fehlerformat) derart erweitert, dass ein Eingabefenster – wie bei Mode \$03 oder Mode \$07 bisher vorhanden – nicht mehr ausreicht. Aufgrund der Vielzahl an Zusatzinformationen werden, wie in Bild 7 auszugsweise dargestellt, eine Vielzahl an Konfigurationsfenstern für DTCs erweitert.

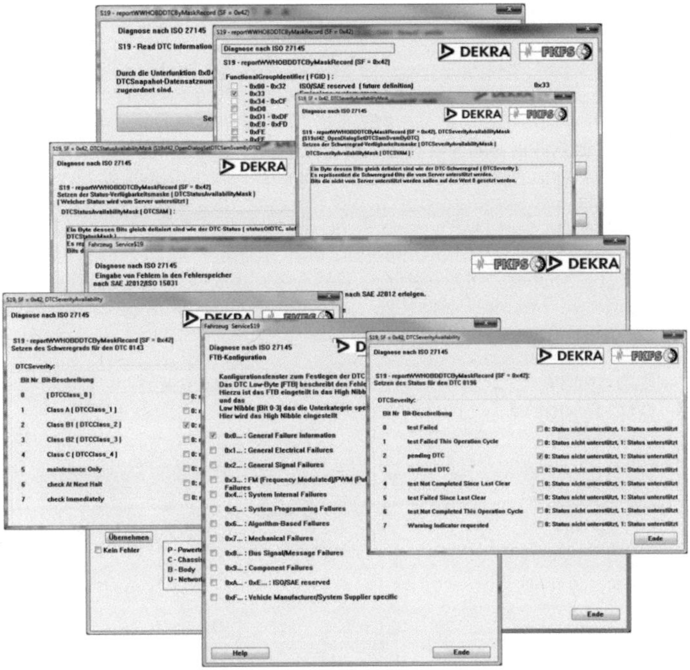

***Bild 7:** Fenster für DTC-Konfiguration im Simulator für DTCs im OBD II Format*

Die Option, Fehlercodes in unterschiedlichen Formaten darstellen zu können, erhöht die Komplexität der Konfiguration dieser im Simulator deutlich. Hierfür wird zur Darstellung der DTC-Formatidentifier benötigt.

4. Umsetzung und erzielte Ergebnisse

Wie in den vorherigen Kapiteln dargestellt, liegt der Schwerpunkt auf den Anpassungen der Softwareanwendungen an die neuen Anforderungen der gesetzlichen Diagnose im Rahmen der Emissionsüberwachung von Nutzfahrzeugen nach ISO 27145. Das Ziel ist, die Diagnosesimulation und auch -stimulation mit Hilfe von ausgewählten UDS-Diensten sowohl via CAN als auch via Ethernet umzusetzen. Darüber hinaus müssen Gatewayfunktionalitäten wie Analyzer und Manipulator an die neuen Kommunikationsanforderungen angepasst werden. Diese Anforderungen beinhalten unter anderem die Möglichkeit zur Verwendung von 11- und 29-Bit Identifiern mittels CAN oder die Möglichkeit zur Auswahl zwischen Diagnose via CAN (DoCAN) oder mittels Ethernet (DoIP). Um einen Einblick in die Umsetzung der erzielten Ergebnisse zu geben, wird im nachfolgenden Kapitel exemplarisch die Umsetzung des UDS-Dienstes „Service 19 – Read DTC Information" anhand der Unterfunktion „SF 42 – report WWH OBD DTC By Mask Record" für DTCs im Format nach SAE J2012 veranschaulicht. [10]

4.1 Umsetzung

Um nach ISO 27145 Fehlercodes auslesen zu können, sendet ein externes Diagnosewerkzeug einen Request, wie in Bild 8 dargestellt. Im Vergleich zur ISO 15031 – bei der im Request zur Abfrage der gespeicherten aktiven Fehlercodes durch Mode $03 lediglich die Service-IDs enthalten sind – enthält die Spezifikation des UDS-Dienstes zum Auslesen der DTCs weitere Informationen zur Spezifikation. Hierbei wird bereits im Request durch die Angabe des Identifiers zur Identifikation spezifiziert, welche Art von DCTs vom Fahrzeug an das Diagnosewerkzeug gesandt werden sollen. Das umfasst Informationen von welcher funktionalen Systemgruppe (functional group identifier, FID) Fehlercodes berichtet werden. Darüber hinaus sind Masken zur Angabe, welche Fehler mit welchem Status und welchem Schweregrad vom Fahrzeug gesandt werden sollen, mit inbegriffen.

ISO 15031 DTC-Request (Mode 03)

ISO 27145 DTC-Request (Service 19, Subfunction 42)

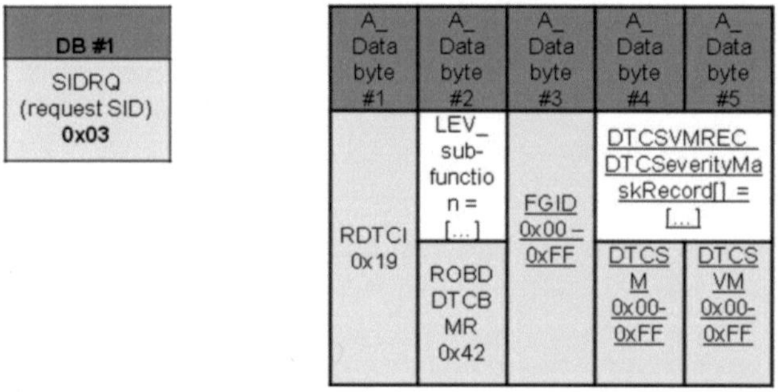

Bild 8: *Request zum Auslesen der Fehlercodes nach EOBD und UDS-Standard*

Die Antwort des Steuergeräts vom Fahrzeug, welche unter anderem die neu definierten 3-Byte DTCs nach ISO 27145 enthält, ist in Bild 9 dargestellt. Auch hier besteht die Antwort nicht mehr nur aus einem Echo der Service-ID und den gespeicherten Fehlercodes. In der Diagnosebotschaft vom Fahrzeug müssen deutlich mehr Informationen enthalten sein:

- Der Identifier der Unterfunktion; hierbei handelt es sich um ein Echo des sogenannten Subfunction-Identifier, der im Request vom Tester an das Fahrzeug enthalten ist.
- Der Identifier zur Identifizierung der Funktionsgruppe (functional group identifier: FGID); beispielsweise in Form der Antwort der abgasrelevanten Systemgruppe, zu der das Steuergerät gehört.
- Die Status-Verfügbarkeits-Maske (DTC status availability mask: DTCSAM); gibt an, welche Statusbits vom Server unterstützt werden.
- Die Schweregrad-Verfügbarkeits-Maske (DTC severity availability mask: DTCSVAM); gibt an, welche Schweregrad-Bits vom Server unterstützt werden.

- Der Fehlercode-Format-Identifier (DTC format identifier: DTCFID); über diesen muss dem Diagnosewerkzeug mitgeteilt werden, in welchem Fehlercodeformat die DTCs vom Fahrzeug gesandt werden.

Ergänzend müssen zu jedem Fehlercode zusätzliche Fehlercodeinformationen, wie der zugehörige Schweregrad und der Status des Fehlers in der Responsenachricht vom Steuergerät enthalten sein. Bild 9 zeigt das Format der Antwort von den Fahrzeugsteuergeräten im Vergleich zur Antwort nach ISO 15031.

ISO 15031 DTC-Response (Mode 03)

DB #1	DB #2	DB #3	DB #4	DB #5	DB #6	DB #7
SIDPR (resp. SID) 0x43	DTC#1 (High Byte)	DTC#1 (Low Byte)	DTC#2 (High Byte)	DTC#2 (Low Byte)	DTC#3 (High Byte)	DTC#3 (Low Byte)

ISO 27145 DTC-Response (Service 19, Subfunction 42)

A_ Data byte #1	A_ Data byte #2	A_ Data byte #3	A_ Data byte #4	A_ Data byte #5	A_ Data byte #6	A_ Data byte #7	A_ Data byte #8	A_ Data byte #9	A_ Data byte #10	A_ Data byte #11						A_ Da ta by te #n
0x59 SID	LEV_ repor tType =[...] RW WHO BDD TCB SMR 0x42	FGID 0x00 - 0xFF	DTC SAM 0x00 - 0xFF	DTC SVA M 0x00 - 0xFF	DTC FID_ 0x04, 0x02	DTCASR_ DTCAndSeverityRecord() =[										
						DTC S #1	DTC HB #1	DTC MB #1	DTC LB #1	SO DTC	...	DTCS #m	DTC HB #m	DTC MB e #m	DTC LB #m	SO DT C #m

Bild 9: *Response zum Auslesen der Fehlercodes nach UDS-Standard*

Um das Arbeiten mit der Testumgebung für den Anwender so komfortabel und übersichtlich wie möglich zu gestalten, müssen in der Simulation eines editierbaren Steuergeräteverbundes die in der Antwort enthaltenen Informationen über sogenannte Konfigurationsfenster graphisch editierbar zur Verfügung gestellt werden. Diese können mit Hilfe von Visual-Basic-Skripten erzeugt werden. Damit die als Fahrzeugersatz eingesetzte Testumgebung die gewünschte Antwort an das Diagnosewerkzeug sendet, müssen die in Bild 10 dargestellten Schritte durchlaufen werden.

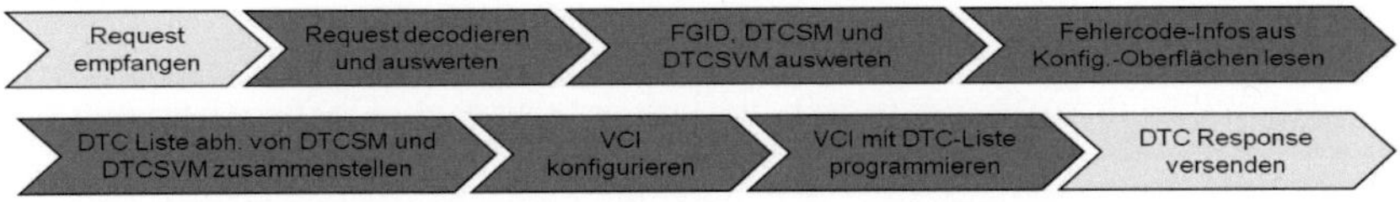

Bild 10: *Schritte beim Versenden von DTCs durch die Simulation*

Das Empfangen, Decodieren und Auswerten der binären Anfrage vom Tester erfolgt hierbei durch das eingesetzte VCI in Abhängigkeit von den gewählten Kommunikationsparametern und dem in der Programmiersprache C erstellten

Auswertealgorithmus, mit dem das Fahrzeugkommunikationsinterface programmiert wurde. Die in den Datenbytes des CAN-Frames enthaltenen Daten werden der Simulationsanwendung in hexadezimaler Form zur Verfügung gestellt und können von dieser weiterverarbeitet werden, so dass aus den übermittelten Daten der Testeranfrage die entsprechende Service-ID und eventuell zugehörige Parameter oder Subfunction-IDs entschlüsselt werden können. Abhängig von diesen Informationen stellt der Simulationsalgorithmus die angefragten Informationen aus den Konfigurationsfenstern zusammen und sendet die normkonforme Antwort an das Diagnosewerkzeug. Am Beispiel der Fehlercodes stehen dem Anwender zur Konfiguration dieser Antwort mehrere Oberflächen zur Verfügung, die im nachfolgenden Bild 11 dargestellt werden.

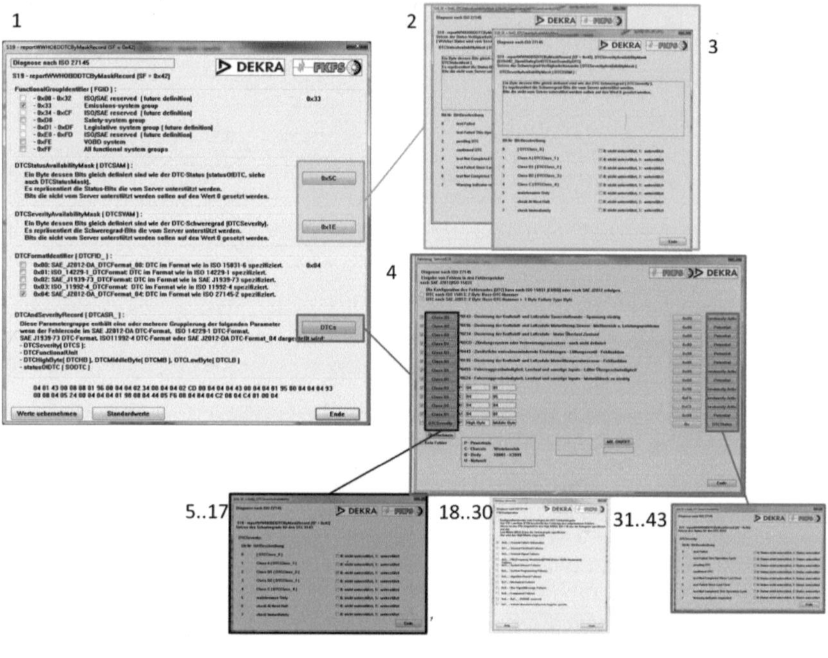

***Bild 11:** DTC-Konfig.-Oberflächen der editierbaren Steuergeräteverbundsimulation für WWH-OBD nach ISO 27145*

Die Gliederung der Konfigurationsoberflächen der einzelnen Informationen entspricht der Aufteilung der Inhalte in der Responsebotschaft, um die Übersichtlichkeit und Transparenz zu gewährleisten. Hierfür stehen folgende Konfigurationsoberflächen zur Verfügung:

- Fenster 1 dient zur Konfiguration des Functional-Group-Identifier und des DTC-Formatidentifiers. Dieses Fenster ist zugleich das Haupt-DTC-Konfigurationsfenster, in dem die gesamte Diagnosebotschaft dargestellt wird.

Zusätzliche Fenster zum Einstellen der weiteren Informationen können über Buttons geöffnet werden.

- Fenster 2 und 3 dienen zur Konfiguration der DTC-Status-Availability-Mask und der DTC-Severity-Availability-Mask. Über diese beiden Konfigurationsfenster können die Masken eingestellt werden, um auszuwählen, welcher Status und welche Fehlerklasse vom simulierten Fahrzeug unterstützt werden sollen.
- Fenster 4 dient zur Konfiguration der eigentlichen Fehlercodes. Dieses Fenster enthält acht vordefinierte sowie fünf manuell editierbare Fehlercodes, zu denen jeweils die Fehlerklasse, das Failure-Type-Byte (bei Verwendung des SAE J2012 DTC-Formates) und der Fehlerstatus eingestellt werden können. Dies erfolgt über das Öffnen der entsprechenden Fenster fünf bis 43 mit Hilfe der entsprechenden Buttons.

Bei der bisherigen Verwendung des univ. SST für Validierungstests von Diagnosewerkzeugen erfolgt das Einstellen der von der Steuergeräteverbundsimulation an den Diagnosetester gesandten Fehlercodebotschaft im Mode $03 oder $07 nach EOBD durch das im Bild 12 dargestellt Konfigurationsfenster.

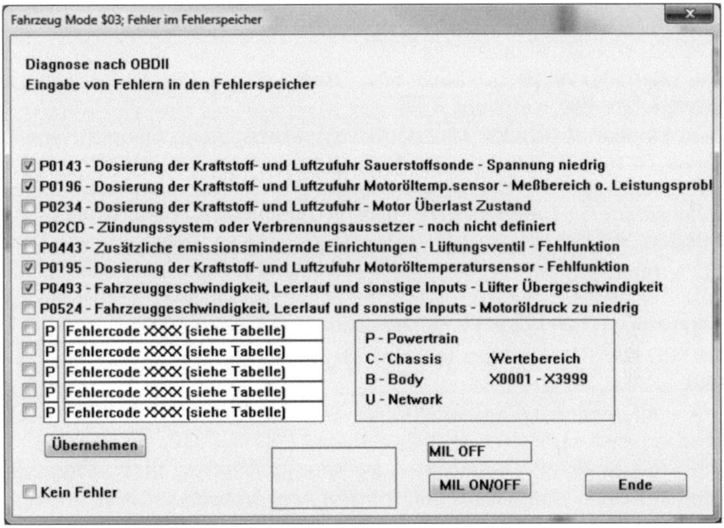

Bild 12: *DTC-Konfig.-Oberflächen der editierbaren Steuergeräteverbundsimulation für EOBD nach ISO 15031*

5. Zusammenfassung

Die in diesem Beitrag exemplarisch dargestellten Implementierungen und Methoden von ausgewählten Diagnosediensten zur Simulation eines Steuergeräteverbunds beschreiben die Umsetzung der Diagnose nach ISO 27145 in einer bestehenden Testumgebung zur Validierung von Diagnosewerkzeugen und Fahrzeugfunktionen. Mit Hilfe der automatisierten Analyse- und Testumgebung können Diagnosewerkzeuge vor allem im Hinblick auf Einhaltung der Vorgaben des AU-Geräteleitfadens getestet werden. Dies umfasst die Überprüfung der Einhaltung von Emissionsgrenzwerten und im Fehlerfall die Prüfung der Funktionssicherheit und der normkonformen Implementierung und Umsetzung für die Freigabe sowie für Compliancetests.

Durch die Verknüpfung von Hard- und Software zu einer universellen Testumgebung, die in die Diagnosekommunikation zwischen Fahrzeug und Tester eingebunden werden kann, besteht die Möglichkeit, die Kommunikation normkonform, systematisch und methodisch zu analysieren und mit spezifischen Testsequenzen zu beaufschlagen. Auch der Tester und das Fahrzeug können unabhängig voneinander gegen eine normkonforme Referenz getestet und untersucht werden.

Literatur

[1] ISO - International Organization for Standardization, ISO 15031 (all Parts), Road vehicles - Communication between vehicle and external equipment for emissions-related diagnostics, 2001.

[2] SAE International, SAE J1939 - SAE Truck and Bus Control & Communications Network Standards Manual, 2007.

[3] Marc Stephan Krützfeldt; Michael Grimm; Hans-Jürgen Mäurer; Hans-Christian Reuss; Sascha Dohmke, Methodische Analyse und Test der Fahrzeugdiagnose mittels universellem Schnittstellentester am Beispiel der Validation von AU-Prüfgeräten, 5. Tagung - Diagnose in mechatronischen Fahrzeugsystemen, Dresden, 2011.

[4] ISO - International Organization for Standardization, ISO 27145 (all parts), Road vehicles - Implementation of World-Wide-Harmonized On-Board Diagnostics (WWH-OBD) communication requirements, 2012.

[5] UNITED NATIONS, Global technical regulation No. 5 (ECE/TRANS/180/Add.5), 2007.

[6] ISO - International Organization for Standardization, ISO 14229 (all parts), Road vehicles - Unified diagnosticServices (UDS), 2013.

[7] ISO - International Organization for Standardization, ISO 15765 (all parts), Road vehicies - Diagnostics anController Area Networks (CAN), 2004.

[8] ISO - International Organization for Standardization, ISO 13400 (all parts), Road vehicles - Diagnostic communication over Internet Protocol (DoIP), 2011.

[9] Marc Stephan Krützfeldt, Hans-Christian Reuss, Sascha Dohmke, Steuergerätesimulation von EOBD-Umfängen als wesentlicher Bestandteil eines Prüf- und Freigabeprozesses, ASIM 2011 - 21. Symposium Simulationstechnik, Winterthur, 2011.

[10] Vector Informatik, „VN5610 - Funktionales Interface mit USB-Schnittstelle für Ethernet und CAN," [Online]. Available: http://vector.com/vi_vn5610_de.html.

16 Automatisierte Absicherung von Diagnose-Funktionen am Beispiel von On-Board Diagnose (OBD)

Dr. Björn Butting, MBtech Group GmbH & Co. KGaA, Sindelfingen
Andreas Ködderitzsch, Robert Schmidt, Daimler AG, Böblingen

Abstract

On-Board-Diagnostics-Tests are – on the current status – executed manual and under taking account of different emission relevant components. The consequences are complex tests, which take a lot of time and cause high costs. The solution for time and cost reduction is the complete automation of the test process.

The example of the automation of the On-Board-Diagnostics-Test used in this article, illustrates the different challenges that have to be managed while changing from manual to automated testing as well as solution statements for a smooth implementation. There is explained a tool, with which the fulfilling legal requirements of the Californian Air Resources Board (CARB) to the OBD system of motor vehicles can be checked automated and very efficiently. This happens by importing standardized textual test descriptions into the test automation tool, based on the legal requirements. Furthermore, additional test modules and vehicle interfaces can be integrated on demand by the implementation of standardized data transmission paths. Thus enables the addressing and control of these test modules and vehicle interfaces with only one tool.

The result is a customized OBD test automation tool for automated execution of OBD test processes that reduces the testing time up to 50% and the costs correspondingly. In addition, other economic benefits, such as quality assurance of OBD functions and standardized documentation of test results are presented.

Kurzfassung

On-Board-Diagnose-Tests werden nach aktuellem Stand manuell und unter Berücksichtigung unterschiedlichster abgasrelevanter Komponenten durchgeführt. Die Folge sind aufwändige Tests, die viel Zeit in Anspruch nehmen und hohe Kosten verursachen. Die Lösung zur Zeit- und Kostenreduktion stellt eine vollständige Automatisierung des Testprozesses dar.

Am Beispiel der Automatisierung der On-Board-Diagnose-Tests illustriert der Beitrag sowohl unterschiedliche Herausforderungen, die bei der Umstellung vom manuellen auf das automatisierte Testen bewältigt werden müssen, als auch Lösungsansätze für eine reibungslose Umsetzung. Aufgezeigt wird ein Tool mit dem u.a. die zu erfüllenden gesetzlichen Anforderungen der kalifornischen Umweltbehörde (CARB) an das OBD-System von Kraftfahrzeugen automatisiert und somit höchst effizient abgeprüft werden können. Dies geschieht durch das Einlesen einer auf Basis von Gesetzesanforderungen standardisierten, textualen Testbeschreibung in das Testautomatisierungstool. Des Weiteren können durch die Implementierung standardisierter Datenübertragungswege weitere Testmodule und Fahrzeugschnittstellen bedarfsgerecht integriert werden. Dadurch wird die Ansprache und Kontrolle dieser Testmodule und Fahrzeugschnittstellen mit nur einem Tool ermöglicht.

Als Ergebnis des kundenspezifischen OBD-Testautomatisierungstools zur automatisierten Durchführung von OBD-Testprozessen wird eine Einsparung der Testzeit um bis zu 50% sowie eine entsprechende Reduktion der Kosten ausgewiesen. Zusätzlich werden weitere ökonomische Vorteile, wie z. B. Qualitätssicherung der OBD-Funktionen und standardisierte Dokumentation der Testergebnisse aufgezeigt.

1 Einleitung

Der vorliegende Beitrag beschreibt einen Ansatz, mit dem die zu erfüllenden gesetzlichen Anforderungen der kalifornischen Umweltbehörde (CARB) an das OBD-System von Kraftfahrzeugen automatisiert und somit höchst effizient abgeprüft werden können.

In Abschnitt 2 wird zur Einordnung in den Gesamtkontext eine kurze Einführung in das Thema Diagnose/OBD/CARB gegeben und auf die notwendigen Absicherungsmaßnahmen eingegangen.

Abschnitt 3 beschreibt das aktuelle Vorgehen bei der Absicherung von Diagnose-Funktionen und Abschnitt 4 geht auf die damit verbundenen Herausforderungen ein.

Der vorgeschlagene Lösungsansatz wird in Abschnitt 5 vorgestellt.

Der letzte Abschnitt 6 liefert eine Zusammenfassung und den Ausblick auf zukünftige Entwicklungen.

2 Kurzeinführung Diagnose/OBD/CARB

2.1 Der Themenkomplex Diagnose, OBD und CARB

Seit dem Einzug der ersten Elektrik und Elektronik in Fahrzeuge steigt ihre Beteiligung an dem, was ein Fahrzeug ausmacht, stetig. Aktuelle Entwicklungen zum Beispiel in den Bereichen Fahrerassistenzsysteme und Alternative Antriebe geben hier weitere starke Wachstumsimpulse.

Nicht nur müssen diese komplexen Systeme sorgfältig entwickelt und getestet werden, sondern es muss auch sichergestellt werden, dass sie ihre Funktionsbereitschaft im Betrieb kontinuierlich überwachen und im Fehlerfall definierte Maßnahmen einleiten. Dies umreißt den Themenkomplex der "Diagnose". Der Spezialfall "OBD" (On-Board-Diagnose) fokussiert hier auf die gesetzlichen Anforderungen der kalifornischen Umweltbehörde (CARB: Californian Air Resources Board). [1]

Seit 1991 ist in der OBD I-Richtlinie die Überwachung einzelner abgasrelevanter Komponenten gefordert. Die CARB fordert die Einhaltung des von ihr definierten Verhaltens in bestimmten, meist auf die Abgasnachbehandlung sowie auf die Diagnosequalität selbst bezogenen Fällen. Die seit 1996 gültige OBD II-Richtlinie ist die Fortführung dieses Ansatzes. Der vorliegende Beitrag behandelt einen automatisierten Ansatz zur Absicherung von Diagnosefunktionen am Beispiel der OBD-Funktionalität.

Das OBD-System überwacht alle abgasrelevanten Systeme, Funktionen und Komponenten im Fahrzeug, erfasst und meldet auftretende Fehler und speichert diese im Motorsteuergerät ab. Zu diesen Umfängen zählen z.B. Katalysator, Lambdasonde, Kraftstoffsystem, Kühlsystem und alle sonstigen Sensoren und Bauteile, welche bei Ausfall oder Fehlfunktion eine Erhöhung der Fahrzeugemissionen verursachen können oder die Qualität des Überwachungssystems mindern. Die kalifornische Umweltbehörde (CARB) fordert nach 13 CCR §1968.2 Abschnitt (j) (2), dass an bis zu sechs von der Behörde ausgewählten Serienfahrzeugen alle OBD-relevanten Diagnosen pro Modelljahr abgeprüft werden (sogenannte PVE: Production Vehicle Evaluation).

2.2 Notwendige Absicherung und Dokumentation zur Erreichung der CARB-Konformität

Zum Nachweis der Gesetzeskonformität fordert die CARB von den Fahrzeugherstellern (OEMs) ausgefüllte Diagnosebeschreibungen („Summary Sheets"). Jeder OEM ist verpflichtet, zu prüfen, ob das im Summary Sheet beschriebene Verhalten von den entsprechenden Fahrzeugen eingehalten wird.

M	N	O	R	S	T
Component / System	Fault code	PVE Generation of Failure	PVE Detailed Instruction	PVE Detailed Instruction	
					0
EVAP System Ventilation	P0447	Influence electrical signal via BB	open BP258 - start engine	open BP258 - start engine	0 0 0
EVAP System Ventilation	P0498	Influence electrical signal via BB	connect BP258 (ECU side) and BP202 - start engine	connect BP258 (ECU side) and BP202 - start engine	0 0 0
EVAP System Ventilation	P0499	Influence electrical signal via BB	connect BP258 (ECU side) and BP203 - start engine and drive until ventilation valve is activated	connect BP258 (ECU side) and BP203 - start engine and drive until ventilation valve is activated	0 0 0
EVAP System Ventilation	P2422	Influence electrical signal via BB	-Connect extra ventilation valve to Breakout box: Pin 1 to BP203 and Pin 2 to BP258 (ECU side) -Start engine and drive 180 seconds, then bring vehicle to stop and connect BP258 (Sensor Side) to BP202	-Short BP258 (ECU side) to BP203 with 15 Ohm, short BP258 (Sensor side) to BP202 -Start engine and drive 180 seconds Bring vehicle to stop and idle in „D" for 30 seconds	1 0 0

Bild 1: *Summary Sheet*

Die Dokumentation geschieht durch Ausfüllen der Summary Sheets mit Kopfdaten zum betreffenden Fahrzeug, dem Prüfenden/der prüfenden Organisation und für jeden zu prüfenden Fall (je eine Zeile des Summary Sheets) mit entsprechenden Kommentaren. [3] Das hier vorgestellte System unterstützt den OEM bei der Durchführung der hierfür benötigten Tests am Fahrzeug selbst für die sogenannte „PVE“ (Production Vehicle Evaluation).

Diese Tests beinhalten im Wesentlichen:

- ***Für jeden Sensor/Input (Injected Failure Modes)***
  - Out of Range Low (OORL)
  - Out of Range High (OORH)
  - Rationality (wo vorhanden)

- ***Für jeden Aktuator/Output (Injected Failure Modes)***
  - Actuator Circuits
  - Functional Response

- ***Für jede „Control Strategy” (Monitor Only)***
  - Performance Low
  - Performance High

Das aktuelle Vorgehen zur Absicherung wird im folgenden Abschnitt beschrieben.

3 Aktuelles Vorgehen in der Absicherung von Diagnose-Funktionen

Das aktuelle Vorgehen in der Absicherung von CARB-relevanten Diagnose-Funktionen ist vorwiegend manuell. Das bedeutet, es wird unter manueller Herstellung der im Summary Sheet beschriebenen Situation das geforderte Verhalten manuell abgeprüft. Dies geschieht unter Berücksichtigung unterschiedlichster abgasrelevanter Komponenten, wie zum Beispiel des Motorsteuergeräts, der Injektoren oder der Lambdasonden. Nachgestellt werden müssen dabei z.B. Kurzschlüsse zur Fahrzeugmasse, Kurzschlüsse zur Batteriespannung sowie offene Anschlüsse. Außerdem müssen die Aktivierung der MIL-Leuchte im Kombiinstrument, das Speichern entsprechender Fehler in den betroffenen Steuergeräten, die Simulation von CAN-Fehlern wie z.B. Botschaftenausfall und geändertes DLC sowie Lambdasondenfehler (Verfälschung von Werten aus der Lambdasonde) geprüft werden. [4]

Die Überprüfung erfolgt nach den von der CARB vorgegebenen Summary Sheets mit zum Beispiel um die 250 Zeilen, wobei jede Zeile einer oben beschriebenen Prüfsequenz entspricht. Im manuellen Ansatz werden somit schrittweise die einzelnen Diagnosebeschreibungen abgearbeitet sowie die erzielten Ergebnisse dokumentiert und kommentiert. Dies bedeutet eine häufige Wiederholung des Starten und Stoppen des Motors, der Herstellung der geforderten elektrischen Fehler und des gleichzeitigen Überwachens der Fehlerspeicher und CAN-Botschaften (XCP).

Das typische schrittweise Vorgehen kann folgendermaßen zusammengefasst werden:

- Durchzuführenden Testfall (Diagnosebeschreibung des Summary Sheets) lesen und verstehen

- Fahrzeugsystem überprüfen (Ausgangszustand, keine Fehler vorhanden)
- Fehler aufprägen, z.B. durch Open Circuit am Sensor
- Motor starten
- Warten bis Fehler erkannt wurde
- Motor stoppen
- OBD Diagnosedaten überprüfen und dokumentieren
- Motor starten
- Warten bis Fehler erkannt wurde
- Motor stoppen
- OBD Diagnosedaten überprüfen und dokumentieren
- Fehler ausbauen

Eine typische manuelle Absicherung aller CARB-relevanten Szenarien dauert zwei bis drei Monate an einem Fahrzeug.

4 Herausforderungen im Rahmen des aktuellen Vorgehens

Wie auch aus anderen Bereichen bekannt (zum Beispiel aus funktionalen Tests oder der Produktion von "Gleichteilen"), haben manuelle Vorgehensweisen bei monotonen, wiederkehrenden Aufgaben mit sehr großer Ähnlichkeit der durchzuführenden Schritte entscheidende Nachteile. Die hohe Anzahl sowie gegebenenfalls notwendige Wiederholungen im Fehlerfall oder bei Regressionstests kommen hier in der manuellen Durchführung erschwerend hinzu.

Als entscheidende Nachteile sind hier zu sehen, dass eine manuelle Durchführung fehleranfällig und schwer nachvollziehbar ist (Stichwort: Traceability), sowie nur mit großem Aufwand reproduzierbare Ergebnisse liefert (Wiederholbarkeit derselben Sequenz). Weiterhin ist dieses Vorgehen in der Regel mit einem hohen Zeitaufwand der durchführenden Personen durch die aufwändigen Eingriffe in das System und nicht zuletzt durch Wartezeiten verbunden. Andererseits sind genau solche Aufgaben durch ihre häufigen Wiederholungen der immer selben Schritte prädestiniert für eine (Voll-) Automatisierung.

5 Der vollautomatisierte Lösungsansatz und das umgesetzte System

5.1 Der vollautomatisierte Lösungsansatz

Um den zuvor beschriebenen Herausforderungen zu begegnen wurde ein vollautomatisierter Lösungsansatz entwickelt, der die Durchführung dieser Absicherung wesentlich erleichtert. Zur Beschreibung des Lösungsansatzes wird eine Trennung in „das Trägersystem“ und in „die Anwendung“ vorgenommen. Das Trägersystem repräsentiert das zugrundeliegende System bestehend aus Software, Hardware und mechanischen/mechatronischen Komponenten.

Lösungsbausteine des Trägersystems

- ***Softwarekomponenten***
  - Testautomatisierungssoftware (Framework)
  - Testabläufe in elektronisch lesbarer Form (erweiterte Summary Sheets)
  - CAN (Manipulations-) Software
  - CCP/XCP Software
  - Genormte Diagnosesoftware (OBD-Scantool)
  - Ansteuersoftware O_2 Sensor Simulation
  - Ansteuersoftware Fehlersimulationsbox
  - Ansteuersoftware für Kamera
  - Ansteuersoftware Schlüssel-/Tastroboter
  - Ansteuersoftware Schaltroboter
  - Ansteuersoftware Rollenprüfstand

- ***Hardwarekomponenten***
  - CAN Interface Hardware
  - Diagnosehardware
  - O_2 Sensor Simulation
  - Fehlersimulationsbox für das zu prüfende Steuergerät
  - Kamera zur MIL Erkennung

- ***Mechanische/mechatronische Komponenten***
  - Schlüssel-/Tastroboter für Motoraus/KL15/Motorstart
  - Schaltroboter zur Gangwahl Neutral/Drive an Automatikgetrieben
  - Rollenprüfstand für „fahrendes Fahrzeug“

Lösungsbausteine der Anwendung

Die Anwendung besteht aus einer Software, die die Lösungsbausteine des Trägersystems zu einem funktionierenden Ganzen verbindet. Sie steuert über die jeweiligen Softwarekomponenten die Hardware und die mechanischen/mechatronischen Komponenten in der richtigen Reihenfolge mit den richtigen Daten an. Die Vorgabe der „richtigen Reihenfolge“ und der „richtigen Daten“ bezieht die Anwendung aus den Testabläufen in elektronisch lesbarer Form (erweiterte Summary Sheets). Damit ist die Anwendung in der Lage, die benötigten Sequenzen abzubilden. Eine typische Sequenz ist in *Bild 2* zu sehen.

Bei dem vorgestellten Lösungsansatz handelt es sich um ein modulares Konzept, das verschiedene Ausbaustufen ermöglicht. Die Basis-Ausbaustufe besteht aus CAN Interface Hardware, Diagnosehardware, Fehlersimulationsbox, Schlüssel-/Tastroboter und den für diese Komponenten benötigten Softwarekomponenten. Damit entfallen in dieser Ausbaustufe O_2 Sensor Manipulation, Kamera, Schaltroboter, CAN Manipulation und Rollenprüfstand. Die maximale Ausbaustufe umfasst alle Lösungsbausteine des Trägersystems.

Die Vollautomatisierung einer solchen Absicherung bringt einige spezielle Herausforderungen, durch den Übergang von manuellem Vorgehen zur Automatisierung, mit sich. Eine der von Systemseite kritischsten Herausforderungen liegt im Aufprägen der elektrischen Fehler. Die zu manipulierenden Systeme sind darauf ausgerichtet, elektrische Fehler zu erkennen. Es muss daher vermieden werden, unbeabsichtigt, sprich allein, durch einbringen der Fehlersimulationsmöglichkeiten schon einen Fehler auszulösen. Zum Beispiel muss die Kabelkonfektion bei den Injektoren auf das jeweilige System abgestimmt werden.

Auf der Seite der Eingangsdaten müssen bei der Vorbereitung der Summary Sheets Vorkehrungen getroffen werden, die die elektronische Lesbarkeit garantieren. Enthaltene Spalten dürfen zum Beispiel nicht gelöscht oder umbenannt werden, da sonst ein Einlesen und eine Zuordnung zu den entsprechenden Softwarevariablen nicht möglich ist.

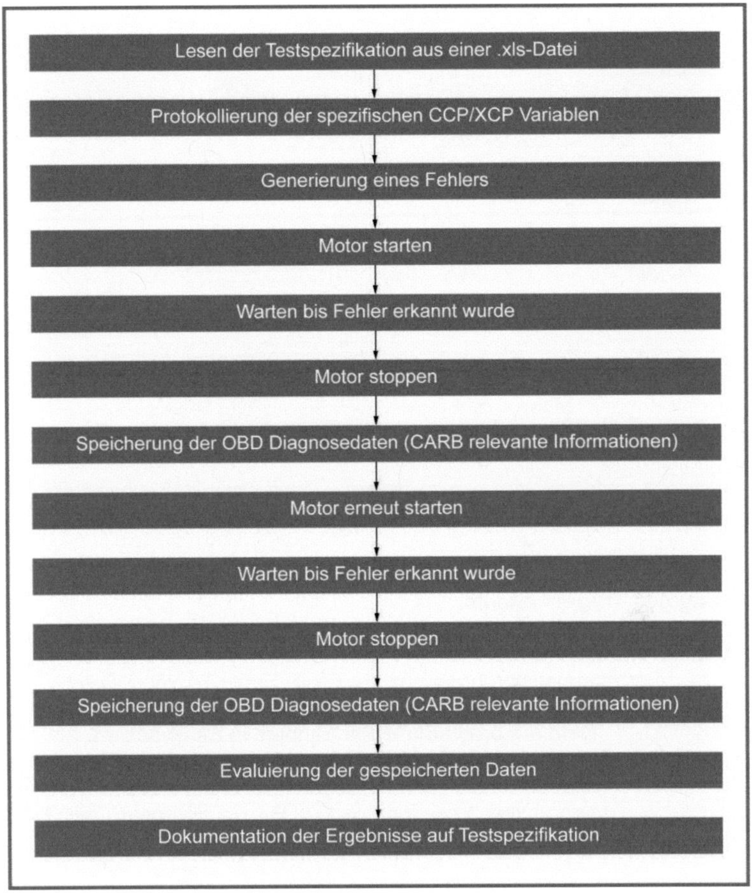

Bild 2: *Ablauf einer typischen Testsequenz*

Eine mehr „organisatorische“ Herausforderung ist es, die Behörde (CARB) von der Ergebnisqualität zu überzeugen. Ohne eine Akzeptanz der durch ein solches System generierten Ergebnisse durch die CARB, wäre der Mehrwert nur gering. Nach dieser theoretischen Beschreibung des vorgeschlagenen Lösungsansatzes, bestehend aus einem Trägersystem und der darauf basierenden Anwendung, folgt nun die Vorstellung der konkret umgesetzten Lösung. [5]

5.2 Das umgesetzte System

Das umgesetzte System beinhaltet alle Komponenten des Trägersystems und der Anwendung:

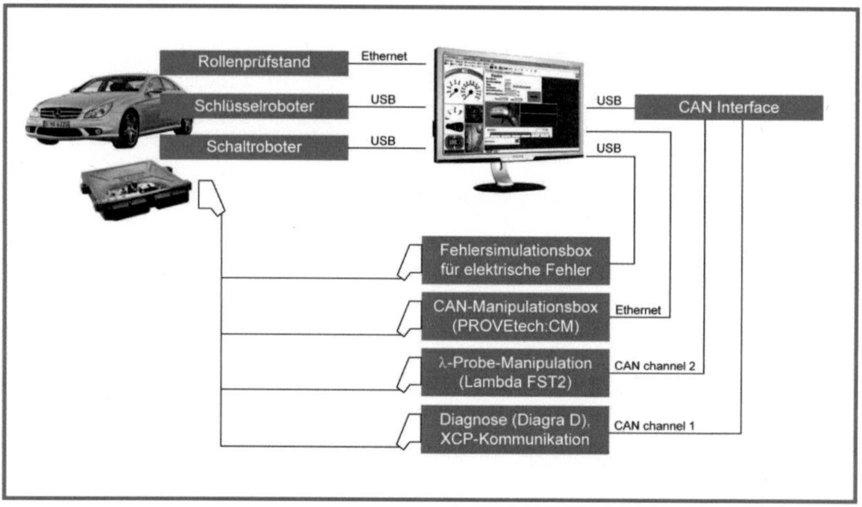

Bild 3: *Das umgesetzte Trägersystem*

Umsetzung des Trägersystems:

- ***Softwarekomponenten***
  - Testautomatisierungs-Software PROVEtech:TA von MBtech
    - PROVEtech:TA ist eine Testautomatisierungssoftware, die im Kern auf programmierten Skripten in Basic basiert.
  - Testabläufe in elektronisch lesbarer Form (erweiterte Summary Sheets)
    - Die Summary Sheets liegen als Excel-Dateien vor. Auch die benötigten Erweiterungen (z.B. Konfiguration der HW, XCP Informationen) sind darin enthalten.
  - CAN (Manipulations-) Software PROVEtech:CM von MBtech
    - Für Beschreibung siehe Hardware
  - CCP/XCP-Software
    - Ist Bestandteil von PROVEtech:TA
  - Diagnosesoftware/OBD-Scantool
    - Als Diagnosesoftware kommt DiagRA D von RA Consulting zum Einsatz.

- Ansteuersoftware O_2 Sensor Simulation
    - Für die O_2 Sensor Simulation wird Lambda-FST von IAV verwendet. Die Ansteuerung erfolgt über CAN.
- Ansteuersoftware Fehlersimulationsbox
    - Über PROVEtech:TA eingebundene Software
- Ansteuersoftware für Kamera
    - Über PROVEtech:RE eingebunden Software (dll). PROVEtech:RE ist eine Hardwareabstraktionsschicht von MBtech.
- Ansteuersoftware Schlüsselroboter
    - Über PROVEtech:TA eingebundene Software
- Ansteuersoftware Schaltroboter
    - Über PROVEtech:TA eingebundene Software
- Ansteuersoftware Rollenprüfstand
    - Über PROVEtech:TA eingebunden

- ***Hardwarekomponenten***
    - CAN Interface Hardware
        - PROVEtech:CM von MBtech (Hardware). PROVEtech:CM ist ein Produkt zur CAN Daten Manipulation.
        - CAN Hardware von Vector Informatik mit einem Kanal für die Anbindung der O_2 Sensor Simulation sowie einem Kanal für die Diagnose über DiagRA D und die XCP-Kommunikation.
    - Diagnosehardware
        - Keine separate Hardware. Siehe CAN Interface Hardware.
    - O_2 Sensor Simulation
        - Für die O_2 Sensor Simulation wird Lambda-FST von IAV verwendet.
    - Fehlersimulationsbox für das Motorsteuergerät.
        - Fehlersimulationsbox von Berger/Daimler AG
    - Kamera zur MIL Erkennung
        - Typ acA2500 von Basler

- ***Mechanische/mechatronische Komponenten***
    - Schlüsselroboter für Motor AN/AUS
        - Unverkäufliches Produkt von Daimler
    - Schaltroboter zur Gangwahl
        - Unverkäufliches Produkt von Daimler AG
    - Rollenprüfstand für „fahrendes Fahrzeug“
        - Rollenprüfstand von Daimler

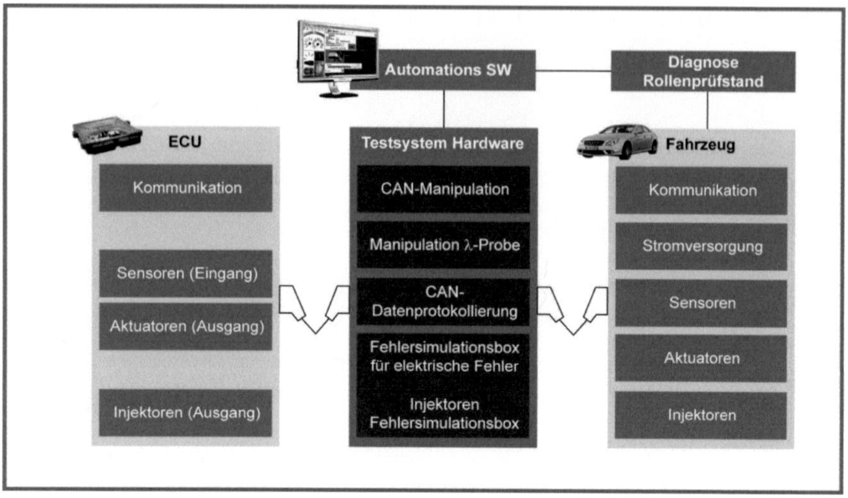

Bild 4: *Überblick System Architektur*

Umsetzung der Anwendung

Die Anwendung ist als Funktionsbibliothek in PROVEtech:TA umgesetzt. Das folgende Bild zeigt die Konfigurationsmaske der Anwendung.

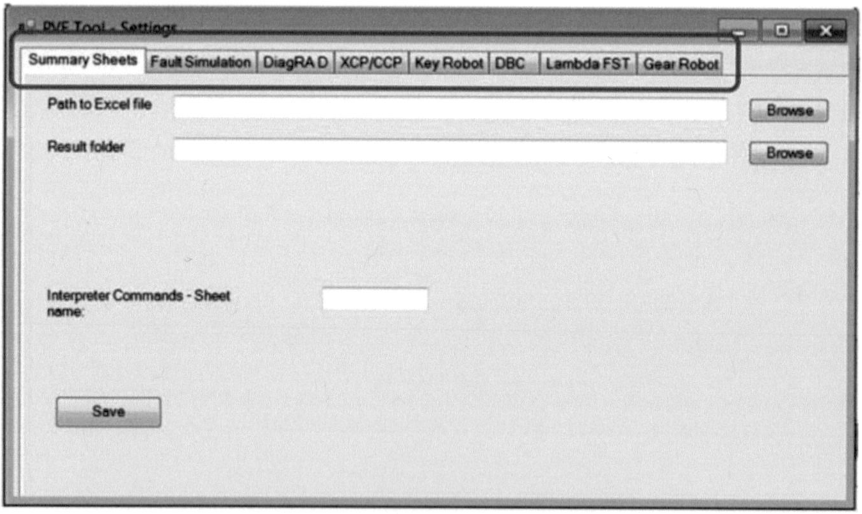

Bild 5: *Konfiguration der Applikation*

Über die Anwendung kann ein Summary Sheet geladen werden (siehe *Bild 6*).

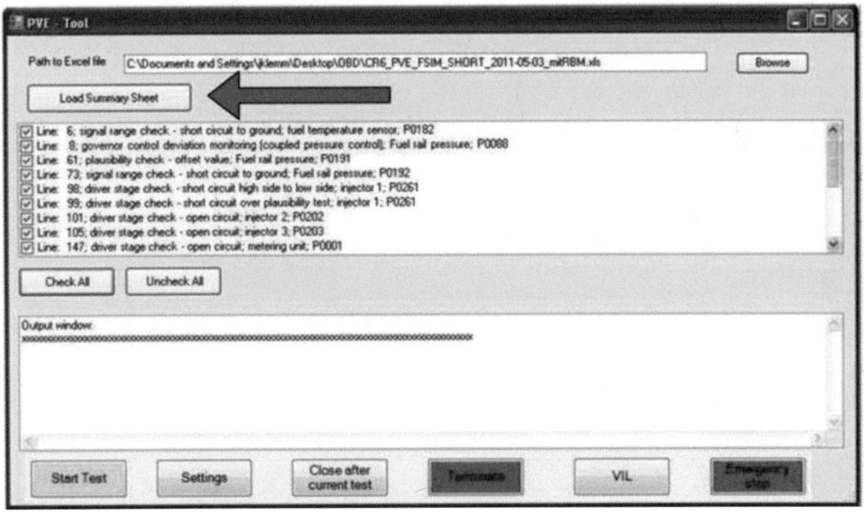

Bild 6: *Beispiel-Ansicht der laufenden Applikation*

Nach dem Laden und der Auswahl der gewünschten Tests wird die vollautomatisierte Durchführung über den Button links unten („Start Test") gestartet. Die Ergebnisse werden in das geladene Summary Sheet zurückgeschrieben. Durch diese flexible Anwendung ist auch die Durchführung einer großen Anzahl an Tests, zum Beispiel über Nacht, realisierbar. [5]

6 Zusammenfassung

Vorgestellt wurde ein zukunftsweisender Lösungsansatz zur vollautomatisierten Durchführung der durch die US-Behörde (CARB) geforderten Validierungstests.

Der Hauptnutzen für den Anwender liegt in der reduzierten Dauer und Fehleranfälligkeit des automatisierten Ansatzes gegenüber des bisherigen manuellen Vorgehens. Die Dauer der Testdurchführung wird signifikant verkürzt, da die Durchführung „unbemannt" stattfinden kann.. Weiterhin bietet das modulare Konzept die Möglichkeit zur schrittweisen Migration hin zu einer vollautomatisierten Lösung, wodurch das Risiko solch tiefgreifender Prozess/Ablauf/System-Änderungen minimiert werden kann.

Das auf diesem Ansatz basierende System wird bei der Daimler AG bereits erfolgreich in der Absicherung der OBD-Umfänge eingesetzt und kontinuierlich weiterentwickelt.

Auch in Zukunft werden ständige Anpassungen an Veränderungen auf der Fahrzeugseite vorgenommen, Stichwort z.B. Alternative Antriebskonzepte. Auch Änderungen auf Seiten der durch die CARB geforderten Tests werden schrittweise integriert. Aktuell steht, zum Beispiel die Erweiterung des Systems um eine vollautomatisierte Erkennung des MIL-Status über ein Kamerasystem kurz vor dem Abschluss.

Literatur

[1] Zimmermann, Werner (2007): Bussysteme in der Fahrzeugtechnik: Protokolle und Standards (ATZ/MTZ-Fachbuch). Vieweg+Teubner Verlag.

[2] Interne Quelle: Dokumentation und Bedienungsanleitung des entwickelten Werkzeugs.

[3] Interne Quelle: CARB Dokumente.

[4] Frank, Helmut (2012): Diagnosewerkzeuge für WWH-OBD. http://www.all-electronics.de/texte/anzeigen/47292/Diagnosewerkzeuge-fuer-WWH-OBD

Die Autoren – the Authors

Prof. Dr.-Ing. Bernard Bäker
Lehrstuhl Fahrzeugmechatronik
Technische Universität Dresden
Institut für Automobiltechnik Dresden - IAD

Dipl.-Ing. Andreas Unger
Lehrstuhl Fahrzeugmechatronik
Technische Universität Dresden
IAM GmbH, Dresden

Maik Albert
Technische Universität Dresden
Dresden

Dipl.-Ing. Sebastian Alfes
Daimler AG
Stuttgart und TU Darmstadt

Uwe Barthoff
Softing Automative Electronics GmbH
Haar

Dr. Stephanie Bayer
ESCRYPT GmbH
München

Dr. Björn Butting
MBtech Group GmbH & Co. KGaA
Sindelfingen

Dipl.-Math. Thomas Enderle
ESCRYPT GmbH
München

Dipl.-Ing. Gerald Fauter
ETAS GmbH
Feuerbach

Alexander Fischer
Robert Bosch GmbH
Schwieberdingen

Dipl.-Ing. Sandro Friedrich
IAV GmbH
Berlin

M.Sc. Ronny Giera
Semantis Information Builders GmbH
Oberursel

Dr.-Ing. Michael Grimm
Forschungsinstitut für Kraftfahrzeuge und Fahrzeugmotoren Stuttgart
Stuttgart

Dipl.-Ing. Nino Häberlen
Robert Bosch GmbH
Schwieberdingen

Dipl.-Ing. Andreas Heinz
Forschungsinstitut für Kraftfahrzeuge und Fahrzeugmotoren Stuttgart
Stuttgart

Markus Helmling
Vector Informatik GmbH
Stuttgart

Prof. Dr.-Ing. Rolf Isermann
TU Darmstadt
Darmstadt

Sina Kaprolat
IAV GmbH
Berlin

Andreas Ködderitzsch
Daimler AG
Böblingen

Martin Kolbe
Dr. Ing. h.c. F. Porsche AG
Weissach

Dipl.-Ing. Jochen Krause
Adam Opel AG
Rüsselsheim

Dipl.-Ing. Marc Stephan Krützfeldt
Forschungsinstitut für Kraftfahrzeuge
und Fahrzeugmotoren Stuttgart
Stuttgart

Jan Lautenbach
P+Z Engineering GmbH
Gaimersheim

Dr. rer. nat. Walter Lehle
Robert Bosch GmbH
Stuttgart

MBA Jens Leideck
Robert Bosch GmbH
Stuttgart

Dipl.-Ing. (FH) Hans-Jürgen Mäurer
DEKRA Automobil GmbH
Stuttgart

Dipl.-Ing. Georg Menzel
TU Dresden

Dipl.-Ing. Peter Müller
Lehrstuhl für Regelungssysteme
Technische Universität Kaiserslautern

Dipl.-Ing. Marc-Oliver Nandy
Daimler AG
Stuttgart

Dipl.-Ing. (FH) Thomas Ost
DEKRA Automobil GmbH
Stuttgart

Dipl-Ing. Arno von Querfurth
Daimler AG
Stuttgart

Prof. Dr.-Ing. Hans-Christian Reuss
Forschungsinstitut für Kraftfahrzeuge
und Fahrzeugmotoren Stuttgart
Stuttgart

Johannes Römer
P+Z Engineering GmbH
Gaimersheim

Dr. Ralf Schmidgall
DAIMLER AG
Stuttgart

Robert Schmidt
Daimler AG,
Böblingen

Julia Stumpf
Bertrandt Technikum GmbH
Mönsheim

Dr.-Ing. Jörg Supke
emotive GmbH & Co. KG
Ostfildern-Stuttgart

Dipl.-Ing. Wolfgang Tiebel
Robert Bosch GmbH
Stuttgart

Petr Vyleta
ESCRYPT GmbH
München

Dr. Norbert Waleschkowski
Semantis Information Builders GmbH
Oberursel

Dipl.-Ing. Bernd Wenzel
M&K GmbH
Chemnitz

Dr.-Ing. Markus Willimowski
Robert Bosch GmbH
Stuttgart